数字测图

主　编　李金生　刘　岩
主　审　张桂英

中国水利水电出版社
www.waterpub.com.cn
·北京·

内 容 提 要

全书共包括6个项目（数字测图技术设计、数字测图外业数据采集、数字测图内业数据处理、EPS倾斜摄影三维测图、数字测图质量检查、数字测图技术总结编写）和2个教学辅助案例（数字测图技术设计和数字测图技术总结案例），以目前全国职业院校技能大赛使用的数字测图最新硬件设备（全站仪和GNSS-RTK）和软件（SouthMap）为例讲述数字测图内外业知识和技能，同时以EPS软件为例讲述倾斜摄影三维测图基本方法。

本书内容全面，实践性较强，可作为高职院校测绘地理信息类专业师生的教学用书，也可作为数字测图从业人员的参考用书。

图书在版编目（CIP）数据

数字测图 / 李金生，刘岩主编. -- 北京 : 中国水利水电出版社，2024.8
ISBN 978-7-5226-2011-4

Ⅰ. ①数… Ⅱ. ①李… ②刘… Ⅲ. ①数字化测图－教材 Ⅳ. ①P231.5

中国国家版本馆CIP数据核字(2024)第001396号

书　　名	**数字测图** SHUZI CETU
作　　者	主编　李金生　刘　岩 主审　张桂英
出版发行	中国水利水电出版社 （北京市海淀区玉渊潭南路1号D座　100038） 网址：www.waterpub.com.cn E-mail：sales@mwr.gov.cn 电话：(010) 68545888（营销中心）
经　　售	北京科水图书销售有限公司 电话：(010) 68545874、63202643 全国各地新华书店和相关出版物销售网点
排　　版	中国水利水电出版社微机排版中心
印　　刷	北京印匠彩色印刷有限公司
规　　格	184mm×260mm　16开本　15.75印张　383千字
版　　次	2024年8月第1版　2024年8月第1次印刷
印　　数	0001—1000册
定　　价	**59.00**元

前言

党的二十大报告指出："建设现代化产业体系。坚持把发展经济的着力点放在实体经济上，推进新型工业化，加快建设制造强国、质量强国、航天强国、交通强国、网络强国、数字中国。""教育、科技、人才是全面建设社会主义现代化国家的基础性、战略性支撑。全面建设社会主义现代化国家，必须坚持科技是第一生产力、人才是第一资源、创新是第一动力，深入实施科教兴国战略、人才强国战略、创新驱动发展战略。"数字测图相关工作务必严格遵守《中华人民共和国测绘法》《中华人民共和国测绘成果管理条例》和国家保密法律法规的规定，切实做好涉密测绘成果保密工作，测绘从业人员必须具有国家安全意识，坚决维护国家安全，防范化解重大风险。

"数字测图"课程作为测绘类专业的一门核心课程，在专业人才培养体系中起着重要作用，为满足培养适应测绘地理信息行业发展需要、面向测绘生产和管理一线的高素质技术技能人才的需要，作者在分析以往所用教材特点的基础上，编写了此书。

本书为项目任务式教材，每个项目由若干个典型工作任务组成，同时本书为数字化立体化新形态教材，通过二维码嵌入了教学微课、视频、动画、课堂测试题等多种教学资源。

本书由辽宁生态工程职业学院李金生副教授、刘岩副教授任主编，李金生负责全书统稿，辽宁生态工程职业学院李玲玲讲师、彭博讲师、娄安颖讲师任副主编，辽宁省交通高等专科学校鲁纯教授、辽宁城市建设职业技术学院王巍巍副教授、辽宁地质工程职业学院路海洋讲师、中国建筑材料工业地质勘查中心辽宁总队汪学君高级工程师参编。其中，李金生编写项目2任务2.3、任务2.4、任务2.5，项目3任务3.4、任务3.7、任务3.8，项目5任务5.3、任务5.4、任务5.5，同时编写了各项目前面的项目概述、学习目标及内容分解，项目后面的项目小结、课后习题及课堂测验，同时制作了书中除项目4的其他所有数字化资源；刘岩编写项目3任务3.5、任务3.6；李玲玲编写项目3任务3.1、任务3.2、任务3.3，项目5任务5.1、任务5.2、任务

5.6；彭博编写项目2任务2.1、任务2.2；娄安颖编写项目4及本项目的数字化资源；鲁纯编写课程导入；王巍巍编写项目1、附录1；路海洋编写项目6、附录2；汪学君编写项目2任务2.6。

本书编写中以全国职业院校技能大赛高职组“地理空间信息采集与处理”赛项所使用的设备及软件（南方测绘NTS-552R20全站仪，创享RTK，SouthMap软件）为例进行编写，从而保持仪器设备相对统一且版本较新，同时满足师生参加职业技能竞赛训练备赛需要，另外数字测图课程也是“测绘地理信息数据获取与处理”1+X职业技能等级证书考核的重点内容，所以教材编写中充分考虑“地理信息应用作业员”岗位要求、数字测图课程标准、全国职业院校技能大赛赛项、1+X职业技能等级证书考核要求，从而体现职业教育“岗课赛证”相统一的基本要求。

本书是辽宁省高等学校校际合作（联合培养）和辽宁省兴辽卓越建设项目成果之一。

本书在编写过程中，参考了已有同类教材、标准等有关文献，谨在此向教材、文献的作者致以衷心的感谢，也向关心支持本教材编写工作的所有同志们表示感谢。

由于水平有限，书中难免存在不足之处，恳请广大读者和专家提出宝贵意见，以便进一步修订和完善。

作者

2023年11月

“行水云课”数字教材使用说明

“行水云课”水利职业教育服务平台是中国水利水电出版社立足水电、整合行业优质资源全力打造的“内容”+“平台”的一体化数字教学产品。平台包含高等教育、职业教育、职工教育、专题培训、行水讲堂五大版块，旨在提供一套与传统教学紧密衔接、可扩展、智能化的学习教育解决方案。

本套教材是整合传统纸质教材内容和富媒体数字资源的新型教材，将大量图片、音频、视频、3D动画等教学素材与纸质教材内容相结合，用以辅助教学。读者可通过扫描纸质教材二维码查看与纸质内容相对应的知识点多媒体资源，完整数字教材及其配套数字资源可通过移动终端App“行水云课”微信公众号或中国水利水电出版社“行水云课”平台查看。

内页二维码具体标识如下：

- ⓕ 为教学动画
- ▶ 为教学视频
- Ⓛ 为教学微课
- ⓢ 为专业规范

资 源 索 引

续表

序号	名　　称	页　码
28	教学微课 3-2：等高线的绘制	108
29	教学视频 3-1：地物符号的分类及认识	65
30	教学视频 3-2：地物符号的有关规定	65
31	教学视频 3-3：地物符号的识别与区分	65
32	教学视频 3-4：地形图注记的种类及要求 1	65
33	教学视频 3-5：地形图注记的种类及要求 2	65
34	教学视频 3-6：几种展点方式的区别	91
35	教学视频 3-7：测点点号定位法	91
36	教学视频 3-8：屏幕坐标定位法	91
37	教学视频 3-9：编码引导法成图	95
38	教学视频 3-10：简码识别法成图	96
39	教学视频 3-11：植被符号的填充 1	102
40	教学视频 3-12：植被符号的填充 2	102
41	教学视频 3-13：编辑修改三角网（DTM）的方法 1	107
42	教学视频 3-14：编辑修改三角网（DTM）的方法 2	107
43	教学视频 3-15：编辑修改三角网（DTM）的方法 3	107
44	教学视频 3-16：建立 DTM 时如何考虑地性线的问题	108
45	教学视频 3-17：地性线对等高线绘制的影响	108
46	教学视频 3-18：等高线的注记与编辑	111
47	专业规范 3-1《国家基本比例尺地图图式　第 1 部分：1∶500 1∶1000 1∶2000 地形图图式》(GB/T 20257.1—2017)	52
48	专业规范 3-2《1∶500 1∶1000 1∶2000 外业数字测图技术规程》(GB/T 14912—2017)	52
49	专业规范 3-3《测绘技术设计规定》(CH/T 1004—2005)	52
50	专业规范 3-4《城市测量规范》(CJJ/T 8—2011)	52
51	项目 3 课后习题答案	133
52	课堂测验 3	133
53	课堂测验 3 答案	133
54	教学视频 4-1：新建工程	138
55	教学视频 4-2：OSGB 数据转换	142
56	教学视频 4-3：加载本地倾斜模型	142

续表

序号	名　　称	页　码
57	教学视频 4-4：加载超大影像	143
58	教学视频 4-5：五点房方式绘制房屋	147
59	教学视频 4-6：基于采房角方式绘制房屋	147
60	教学视频 4-7：基于墙面采集方式绘制房屋	148
61	教学视频 4-8：U 形台阶绘制	151
62	教学视频 4-9：带平台台阶的绘制	151
63	教学视频 4-10：平行线方式绘制道路	153
64	教学视频 4-11：内部道路文字注记的绘制	158
65	教学视频 4-12：面对象相交检查	161
66	教学视频 4-13：CASS9 输出	163
67	项目 4 课后习题答案	165
68	课堂测验 4	165
69	课堂测验 4 答案	165
70	教学微课 5-1：数字地图质量检查验收程序	170
71	教学微课 5-2：数字地图产品质量检查与评定	179
72	教学微课 5-3：数字地图质量检查验收的内容	179
73	专业规范 5-1《1∶500、1∶1000、1∶2000 地形图质量检验技术规程》(CH/T 1020—2010)	168
74	专业规范 5-2《数字线划图 (DLG) 质量检验技术规程》(CH/T 1025—2011)	168
75	专业规范 5-3《数字测绘成果质量检查与验收》(GB/T 18316—2008)	168
76	专业规范 5-4《测绘成果质量检查与验收》(GB/T 24356—2023)	168
77	项目 5 课后习题答案	202
78	课堂测验 5	202
79	课堂测验 5 答案	202
80	教学微课 6-1：大比例尺数字测图技术总结	208
81	专业规范 6-1《测绘技术总结编写规定》(CH/T 1001—2005)	208
82	项目 6 课后习题答案	209

目录

课 程 导 入

【课程导入概述】

数字测图是测绘地理信息类专业学生和从业者必备的一项专业核心能力。《数字测图》主要讲授大比例尺地面数字测图的原理及作业方法。主要面向一线测图员岗位，重点讲授地形图识读、测图仪器设备及软件操作使用、外业数据采集、地形图绘制及质量检查等数字测图基本知识和技能，融入数字测图技术规程和图式规范。

【学习目标】

通过课程导入，主要了解什么是数字测图，了解、剖析数字测图的概念，从大局观的视角全面认识数字测图系统的构成，认识所学专业的工作岗位及工作岗位对本课程的知识要求，同时培养学生爱岗敬业的精神。

任务1 职 业 岗 位 分 析

1. 工作任务分解

为了适应测绘地理信息行业的发展需求，适应不断变化的学情，本教材根据职业特点和岗位需求来设计教学内容，强化学生实践操作能力，培养学生专业素养和敬业精神，教材内容分课程导入和6个项目，共计30个任务，具体见表0－1。

表0－1　《数字测图》项目任务表

项　　目	任　　务
课程导入	任务1　职业岗位分析
	任务2　认识数字测图
项目1　数字测图技术设计	任务1.1　编制数字测图技术设计
	任务1.2　数字测图技术设计案例
项目2　数字测图外业数据采集	任务2.1　全站仪数据采集
	任务2.2　GNSS－RTK数据采集
	任务2.3　大比例尺数字测图的主要方法
	任务2.4　外业数据采集技巧
	任务2.5　绘制外业草图
	任务2.6　外业编码

续表

项　　目	任　　务
项目 3　数字测图内业数据处理	任务 3.1　熟悉 SouthMap 软件
	任务 3.2　识读地形图图式
	任务 3.3　草图法绘制地形图
	任务 3.4　编码法绘制地形图
	任务 3.5　绘制地物符号
	任务 3.6　绘制地貌符号
	任务 3.7　注记与编辑地形图
	任务 3.8　分幅、整饰与输出地形图
项目 4　EPS 倾斜摄影三维测图	任务 4.1　EPS 工程创建及软件界面认识
	任务 4.2　测图数据准备及加载
	任务 4.3　地形数据采集与编辑
	任务 4.4　数据检查与输出
项目 5　数字测图质量检查	任务 5.1　测绘成果质量检查验收制度
	任务 5.2　测绘成果质量检查验收实施过程
	任务 5.3　数字地图质量检查验收的内容与方法
	任务 5.4　数字测图的质量控制
	任务 5.5　数字测图成果常见质量缺陷
	任务 5.6　数字地图检查入库
项目 6　数字测图技术总结编写	任务 6.1　编制数字测图技术总结
	任务 6.2　数字测图技术总结案例

2. 职业岗位分析

经调研，测绘类专业毕业生应用数字测图的岗位：专业测绘单位的测量员，包括地图制图员、地形地籍测量员、房产测量员；工程施工单位工程测量员。次要职业：专业测绘单位的测量数据处理员、资料管理员等；测绘工程中的监理员等。

根据不同的职业需要完成的工作任务，需要掌握的本教材的不同的工作任务（表 0－2）。

表 0－2　　岗 位 内 容 分 解

职业及岗位		工作内容	工作任务	项　　目
专业测绘单位测量员岗位	地形地籍测量员	控制测量	图根控制网的技术设计、选点埋石、网形建立、外业实施、数据检查等	1. 全站仪数据采集。 2. GNSS－RTK 数据采集
		地形图、地籍图测绘	全野外数字化测图	1. 数字测图外业数据采集。 2. 数字测图内业数据处理
	地图制图员	普通地图绘制	1. 全要素地形图的编绘。 2. 专题性自然地图的编绘	数字测图内业数据处理
		专题地图绘制		
	房产测量员	控制测量	1. 设置各级房产测量控制点。 2. 外业碎部测量	1. 草图法外业数据采集。 2. 编码法外业数据采集
		碎部测量		
	资料管理员	资料管理	1. 工程上交资料管理。 2. 资料整理	1. 数字测图质量检查验收。 2. 数字地形图的入库

续表

职业及岗位		工作内容	工作任务	项　目
工程施工单位测量员岗位	工程测量员	地形图测绘	根据施工设计要求测绘工作区域地形图	1. 全站仪数据采集。 2. GNSS-RTK 数据采集。 3. 数字测图内业数据处理
		工程测量	1. 纵横断面图测绘。 2. 计算土方量。 3. 竣工测量	数字测图内业数据处理
相关岗位	仪器维修员	仪器维修	1. 测绘仪器检验、校正。 2. 测绘仪器维护、修理	1. 全站仪认识和使用。 2. GNSS 接收机认识和使用
	培训师	仪器营销与培训	测绘仪器、绘图软件的使用培训	1. 全站仪认识和使用。 2. GNSS 接收机认识和使用。 3. 绘图软件认识和使用
	测绘监理员	测量监理	1. 仪器检验。 2. 外业数据质量检查。 3. 数据处理质量检查。 4. 项目提交资料检查	1. 全站仪认识与使用。 2. GNSS 接收机认识与使用。 3. 数字测图技术设计方法。 4. 数字测图技术总结。 5. 数字测图质量检查验收

任务2　认识数字测图

1. 数字地图的概念及其优点

（1）数字地图的概念。数字地图是指以数字形式存储在磁盘、磁带或光盘等介质上的地图。通常看到的地图是绘制在纸、塑料薄膜或其他实物上的，而电子地图是存储在计算机的软盘、硬盘、光盘或磁带等介质上的，地图的内容是以数字形式表示的，需要通过特定的计算机软件、计算机屏幕对其进行显示、读取、检索和分析。数字地图的信息量可以远大于普通地图。

（2）数字地图的优点。数字地图可以非常方便地对其内容进行任意形式的要素组合、拼接，形成新的地图；可以以任意比例尺、任意范围绘图输出，且易于修改，可极大地缩短成图时间；可以很方便地与卫星影像、航空照片等其他信息源结合，生成新的图种；可以利用数字地图记录的信息，派生新的数据，例如，地图上等高线表示地貌形态，但非专业人员很难看懂，利用数字地图的等高线和高程点可以生成数字高程模型，将地表起伏以数字形式表现出来，可以直观立体地表现地貌形态，这是普通地形图不可能达到的表现效果。

在人类所接触到的信息中约有80%与地理位置和空间分布有关。因此，因特网（Internet）和地理信息系统等现代信息技术的发展，对空间信息服务软件和提供服务的方式、方法的要求也越来越高。运用空间信息技术的工具和手段，为监测全球变化和区域可持续发展服务，为社会各阶层服务。空间信息作为全球变化与区域可持续发展研究提供获取时空变化信息的技术方法、为政府部门提供空间分析和决策支持、为普通大众提供日常信息服务的功能越来越引起人们的重视，“数字地球”应运而生。

数字地图是“数字地球”的重要组成部分，“数字地球”这一工程实现了地球资源的数字化、信息化，解决了目前存在的海量地学数据分散、保存方法落后、查询困难、利用率低等问题。测绘工作者面前主要工作是测绘信息化，数字测图是信息化的基础工作，是测绘信息化的前期工作。

2. 数字测图的概念及其特点

（1）数字测图的概念。传统的地形图测绘工作是由经纬仪（平板仪）通过测量角度、距离、高差，并做记录，在室内进行适当的计算、处理，绘制成地形图的过程。由于用此方法所绘制的地形图是由测绘人员利用比例尺或量角器等工具模拟测量数据，并按照图式符号展绘到白纸或聚酯薄膜上，所以又被称作白纸测图或模拟法测图。

近些年来，随着计算机技术、光电测绘仪器、数字化绘图软件的产生与发展，数字测图应运而生，并被广泛应用于测绘生产、土地管理、水利水电工程、环境保护、城市规划、军事工程等各个部门。数字测图作为一种全解析机助测图技术，与白纸测图相比具有明显的优势，是近些年来测绘发展的前沿技术。作为反映测绘技术现代化水平的标志之一，数字测图技术已经逐步取代了白纸测图，成为大比例尺测图的主流。目前几乎所有的测绘部门都已形成了数字地图的规模生产。

随着电子技术和计算机技术日新月异的发展以及在测绘领域中的广泛应用，20 世纪 80 年代生产了电子速测仪，90 年代生产了全球导航卫星定位系统（GNSS），并逐步构成了野外数据采集系统，将其与内业机助制图系统相结合，形成了一套从野外数据采集到内业制图全过程、数字化和自动化的测量制图系统，人们通常将其称为数字测图或机助成图。广义的数字测图一般包括：利用全站仪或 GPS RTK 等测量仪器进行的野外数字测图；利用手扶跟踪数字化仪或扫描数字化仪将纸质地形图数字化；利用航空摄影像片或遥感影像进行数字化等技术。利用上述技术将采集到的地形数据传输到计算机，再由成图软件进行处理、编辑、绘图，最后生成数字地图。在实际应用中，所说的大比例尺数字测图主要指利用全站仪等工具进行野外采集并在室内成图，即野外数字测图。

数字测图的基本思想：将采集的各种有关的地物和地貌信息转化为数字形式，传输到计算机后，在计算机内进行必要处理，从而获得内容丰富的电子地图。如果有需要，可利用输出设备（显示器、绘图仪）将电子地图进行多种形式的输出，绘制地形图或各种专题地图。

（2）数字测图的特点。现阶段，白纸测图已经逐步被数字测图所替代，这是因为数字测图相比白纸测图而言，具有诸多优点。

1）点位精度高。传统的平板测图、经纬仪测图，图面上的点位精度主要受到展绘误差和测定误差影响，而测定误差主要受到测角和测距的影响，展绘误差主要受到刺点等误差的影响。实际上，图上的误差可达±0.5mm。经纬仪利用三角高程测量的方法在测定地形点高程时，当视距在 150m 时，高程测定误差可达±6cm。利用全站仪进行数据采集，虽然测角、测距的精度大大提高，但如果依旧采用白纸绘图的方法，由于受到展绘误差的影响，其绘制的地形图中点位精度仍然不会明显提高。而数字测图则不同，测定地物点位的误差在距离300m内约为±1.5cm，测定的地形点高程误差约为1.8cm。全站仪所测的数据作为电子信息，可以实现自动记录、存储、传输、处理、成图，在全过程中原始数据的精度无损失，从而可以获得高精度的测量成果。因此，数字测图集中体现了测绘仪器的更新、绘图工具的发展所带来的地图成果精度的提高。

2）测图绘图的自动化。数字测图使野外测量实现数据的自动结算与记录，内业数据自动处理、自动绘图，地形图以数字形式存储，方便用户的查询与使用，其作业效率高、劳动强度小，产生错误的概率低，绘制的地形图更加准确、美观、规范。

3）改进了作业方式。传统的测图模式主要是通过手工操作，外业数据采集时需要人工记录、人工绘制地形图；对地形图的应用如量算距离或面积，都是通过人工的方式。而数字测图的过程中，实现了数据的自动记录、自动结算处理，内业自动成图，自动化程度高，测图过程中的各个环节出错概率小，在相应的绘图软件中能够自动提取坐标、量算距离与面积、提取方位角等信息，绘制的地形图精确、规范、美观。

4）便于图件成果的更新。经济的快速发展加速了城乡建设的速度，建筑物变化频繁，采用数字测图克服了传统白纸测图更新困难的缺点，其成果是以数字形式存储于计算机内，当测区内的房屋、道路等地物发生改扩建、变更时，只需对变化的地物进行修补测，然后在原有数字地图的基础上进行补绘，避免了数据的重复采集，节省了大量人力物力，保持地形图的现势性与可靠性，做到数字地图的“一劳永逸”。

5）避免图纸变形带来的地形图误差。纸质地图上的地物信息随着时间的推移，纸质地图会产生形变，从而给地图带来误差。数字地图的成果是以数字信息的形式保存，即使随着时间的推移，也不会造成精度的损失。

6）成果的输出形式多种多样。绘制好的数字地图不但可以在屏幕中显示出来，还可以通过打印机、绘图仪等设备输出，并可根据不同用户的需要，绘制各种比例尺的地形图、专题图。

7）便于成果深加工。现阶段的绘图软件均可以实现地物的分层存储，可以在一幅数字地图上无限制的存放信息。信息的分层存储，方便了生产者对数据的深加工。通过打开、关闭图层操作，提取感兴趣信息，便可方便获取、制作满足用户需要的各种专题图、综合图，拓展了测绘工作的服务领域。

8）可以作为GIS的重要数据源。地理信息系统（GIS）具有信息查询、检索、空间分析以及辅助决策等功能，已经被广泛应用于经济建设、办公自动化以及人们的日常生活。据统计，要建立一套完备的地理信息系统，其数据采集方面的投入将占整个系统花费的80%，而地形图是GIS的主要数据源。GIS为了发挥其辅助决策的功能，需要保证所使用数据的现势性，而数字地图能够提供现势性强的空间数据信息。一般来说，通过某种绘图软件绘制的数字地图，经过一定的格式转化，即可输入到GIS的数据库，为GIS所用。

3. 数字测图技术的发展历史及趋势

（1）数字测图的发展历史。20世纪50年代，开始研究制图自动化的问题，即将地图资料转换成计算机可识别的形式，在计算机中进行存储、处理，并实现自动绘制地形图的工作。这一研究同时也推动了与制图相关的设备的研制，包括数字化仪、扫描仪、绘图仪以及各类计算机接口技术。

20 世纪 70 年代，制图自动化已经形成了规模化生产，美国、加拿大等发达国家建立了自动制图系统，并逐步得以应用。此时的自动制图设备主要包括数字化仪、扫描仪、计算机以及显示设备。

20 世纪 70 年代，光电测量仪器的问世使大比例尺数字测图开始发展。20 世纪 80 年代全站仪的迅猛发展加快了数字测图的研究与应用，并于 80 年代末期出现了全站仪采集、电子手簿记录、绘图软件绘图的数字测图系统。

20 世纪 80 年代，数字摄影测量的发展为数字测图提供了多种数字化产品，如数字地形图、专题图、数字地面模型等。

我国对数字测图的研究开始于 20 世纪 80 年代初，其发展过程大体分为以下两个阶段。

第一阶段：主要实现了全站仪野外采集数据、电子手簿记录、人工绘制草图、室内将测量的数据传输到计算机，再按照草图的标注编辑图形文件生成数字地形图，最后由绘图仪绘制地形图。

第二阶段：虽然仍采用着野外测记模式进行野外数据的采集工作，但绘图软件有了实质性的进展。一方面出现了智能化的外业数据采集软件；另一方面，计算机成图软件能够直接对接收到数据进行处理。

20 世纪 90 年代，GPS RTK 技术的出现大大提高了野外数据采集的速度，已成为野外开阔地区数字测图数据采集的主要方法。

（2）数字测图的发展趋势。随着科技的进步和 GIS 的发展，全野外数字测图技术必将在以下几个方面得到快速发展。

1）全站仪与 GPS RTK 技术相结合。全野外数字测图技术的一个发展趋势是全站仪与 GPS RTK 技术相结合的作业模式。在野外数据采集过程中，全站仪与 GPS RTK 技术相结合可以实现两种仪器的优势互补：实时动态定位技术（RTK）具有定位精度高、作业速度快、不需要点间通视、全天候作业等突出优点，使测一个点的时间缩短为几秒钟，定位精度达到厘米级，作业的效率相对于全站仪有很大程度的提高。但是在建筑物密集区，由于建筑物的遮挡容易造成卫星失锁现象，使 RTK 作业难以进行，此时需要利用全站仪进行数据的采集工作。也就是说，RTK 与全站仪的联合作业模式是在野外数据采集过程中，对于开阔的、便于 RTK 进行作业的地区采用 RTK 技术进行数据采集；对于遮蔽较强、不便于 RTK 作业的地区，利用 RTK 快速建立图根控制点，再利用全站仪进行碎部点的采集。这样，降低了传统导线测量建立图根控制网的工作强度，有效地控制了测量误差的积累，提高了野外碎部点采集的精度。最后将两种仪器采集的数据整合形成完整的数据文件，在特定的绘图软件下完成地形图的编辑、整饰工作。因此，该作业模式的最大优势在于，保证了作业精度的前提下，可以极大地提高作业效率。因此随着 GPS RTK 技术的普及以及绘图软件功能的不断完善，全站仪与 RTK 技术相结合的作业模式必将在全野外数据采集中得到越来越广泛的应用。

2）空间信息与属性信息的采集。随着 GIS 技术的不断发展，其空间查询与分析功能将不断增强与完善，数字测图技术作为 GIS 的主要数据源，必须更好地满足 GIS 对数据的需求。为了实现 GIS 的查询与分析功能，要求数字地图不但要有空间信息，还要包括属性信息。因此，在野外数据采集时，不仅要采集空间数据，同时还必须采集相应的属性数据。目前用于生产的各种数字测图系统中，大多只包含简单的图形绘制软件，造成了前期数据采集和后期 GIS 数据库的构建脱节，使 GIS 数据建设复杂化。因此，建设规范化的数字测图系统（包括科学的编码体系、标准的数据格式、统一的分层标准、完善的数据转换交换工程）越来越受到测绘作业单位的重视。

3）数字测图系统的高度集成。发展创造需求，需求指引发展，测图系统的集成是必然趋势。GPS 和全站仪相结合的新型全站仪已被用于多种测量工作，掌上电脑和全站仪的结合或者全站仪自身的功能不断完善，到时如果全站仪的无反射镜测量技术进一步发展，精度达到测量标准要求，那么测量工作只需携带一台新型全站仪和一个三脚架，操作员也只需一人。展望未来，随着科技的进一步发展，将来的大比例尺测图系统将没有全站仪和三脚架，只是操作员的工作帽上安着 GPS 接收器以及激光发射和接收器，用于测距和测角，眼前搭配小巧的照准镜，手中拿着带握柄的掌上电脑处理数据、显示图形，腰上别着的无线数据传输器则将测得的数据实时传回测量中心，测量中心则收集各个测区的测量数据，生成整体大比例尺地形数据库。这就是大比例尺数字测图的美好明天。

【课程导入小结】

课程导入首先从项目任务的角度按照数字测图作业流程对教材内容进行了分解，对测绘从业人员的岗位进行了分析，然后讲述了数字地图的概念及优点、数字测图的概念及特点、数字测图技术的发展历史及趋势。

项目 1

数字测图技术设计

【项目概述】

本项目主要学习数字测图技术设计的编写依据、编写原则及编写内容，重点学习大比例尺数字测图技术设计的方法。以一个具体的数字测图技术设计案例为依托，引导学生完成本校校园 1∶500 数字测图技术设计。

【学习目标】

通过本项目学习，让学生理解数字测图技术设计的编制依据、原则及内容，掌握大比例尺数字测图技术设计的编写方法。

【内容分解】

项目	重难点	任务	学习目标	主要内容	实训教学组织
数字测图技术设计	大比例尺数字测图技术设计	任务 1.1：编制数字测图技术设计	理解大比例尺数字测图技术设计的主要内容	大比例尺数字测图技术设计的编制依据、编制原则及编制内容	以附录 1 为例，理解大比例尺数字测图的编制方法，为完成“校园 1∶500 数字地形图测绘技术设计”做好准备
		任务 1.2：数字测图技术设计案例	以案例为依托，学习数字测图技术设计的编制方法	以 W 市工业园区 C 区 1∶500 数字化地形图测绘技术设计书为例，掌握数字测图技术设计编写内容	以本校校园地形图测绘为项目载体，完成“校园 1∶500 数字地形图测绘技术设计”

任务 1.1　编制数字测图技术设计

数字测图技术设计是为数字地形图测绘项目制定的，是数字测图生产的主要技术依据，编制出切实可行的、能保证测绘成果符合技术标准的、能满足顾客要求的，并能获得最佳的社会效益和经济效益的技术性、规范性、指导性技术设计文件是影响测绘成果（或产品）能否满足顾客要求和技术标准的关键因素，每个测绘项目作业前都应进行技术设计的编制。

1.1.1 数字测图技术设计编制依据

数字测图技术设计的编制依据包括：有关的法规和技术规范、上级下达任务的文件或合同书、地形测量的生产定额、成本定额和装备标准及测区已有的资料等。

其中，技术规范首先要参照国家标准，对于国家标准没有明确规定的，或特殊的工程项目，也可以参照地方标准与行业标准，但须经过论证后方可实施。常用现行标准列举如下：

(1)《国家三、四等水准测量规范》(GB/T 12898—2009)。

(2)《1∶500 1∶1000 1∶2000 外业数字测图技术规程》(GB/T 14912—2017)。

(3)《1∶500 1∶1000 1∶2000 地形图数字化规范》(GB/T 17160—2008)。

(4)《全球定位系统（GPS）测量规范》(GB/T 18314—2009)。

(5)《国家基本比例尺地图图式 第 1 部分：1∶500 1∶1000 1∶2000 地形图图式》(GB/T 20257.1—2017)。

(6)《城市测量规范》(CJJ/T 8—2011)。

(7)《卫星定位城市测量技术》(CJJ/T 73—2019 等)。

(8)《基础地理信息数字成果 1∶500、1∶1000、1∶2000 数字高程模型》(CH/T 9008.2—2010)。

(9)《测绘技术设计规定》(CH/T 1004—2005)。

(10)《测绘作业人员安全规范》(CH 1016)。

1.1.2 数字测图技术设计编制原则

(1) 从测区的实际情况出发，充分考虑顾客的要求，引用适用的国家、行业或地方的相关标准，重视社会效益和经济效益。

(2) 技术设计方案应先考虑整体而后局部，并考虑长期发展；要根据作业区实际情况，考虑作业单位的资源条件（如人员的技术能力和软件、硬件配置情况等），挖掘潜力，选择最适用的方案。

(3) 尽量采用新技术、新方法和新工艺。

(4) 认真分析和充分利用已有的测绘成果（或产品）和资料；对于外业测量，必要时应进行实地勘察，并编写踏勘报告。

(5) 当测区面积较大时，可以分区分别进行设计。

1.1.3 数字测图技术设计编制内容

项目技术设计书的内容通常包括概述、测区自然地理概况与已有资料情况、引用文件、成果（或产品）主要技术指标和规格、技术设计方案等部分。

1. 概述

主要说明任务的来源、目的、任务量、测区范围和作业内容、行政隶属以及完成期限等任务基本情况。

2. 测区自然地理概况与已有资料情况

(1) 作业区自然地理概况。应根据不同专业测绘任务的具体内容和特别，特别需要说明与测绘作业有关的作业区自然地理概况。

1) 作业区的地形概况、地貌特征：居民地、道路、水系、植被等要素的分布与主要特征，地形类别、困难类别、海拔高度、相对高差等。

2）作业区的气候情况：气候特征、风雨季节等。

3）其他需要说明的作业区情况等

（2）已有资料情况。主要说明已有资料的数量、形式、主要质量情况（包括已有资料的主要技术指标和规格等）和评价、说明已有资料利用的可能性和利用方案等。

3. 引用文件

说明专业技术设计书编写过程中所引用的标准、规范或者其他技术文件，文件一经引用，构成专业技术设计书设计内容的一部分。

4. 成果（或产品）主要技术指标和规格

根据具体成果（或产品），规定其主要技术指标和规格，一般包括成果（或产品）类型及形式、坐标系统、高程基准、时间系统、比例尺、分带、投影方法、分幅编号及其空间单元，数据基本内容、数据格式、数据精度以及其他技术指标等。

5. 技术设计方案

具体内容应根据各专业测绘活动的内容和特点确定。设计方案的内容一般包括以下几个方面。

（1）硬件、软件环境及其要求包括：规定对生产过程所需的主要测绘仪器、数据处理设备、数据存储设备、数据传输网络等设备的要求；其他硬件配置方面的要求（如对于外业测绘，可根据作业区的具体情况，规定对生产所需的主要交通工具、主要物资、通信联络设备以及其他必需的装备等要求）。规定对生产过程中主要应用软件的要求。

（2）作业的技术路线或流程。说明项目实施的主要生产过程和这些过程之间输入、输出的接口关系。必要时，应用流程图或其他形式清晰、准确地规定出生产作业的主要过程和接口关系。

（3）各工序的作业方法、技术指标和要求。规定各专业活动的主要过程、作业方法和技术、质量要求。特殊的技术要求，采用新技术、新方法、新工艺的依据和技术要求。

（4）生产过程中的质量控制环节和产品质量检查的主要要求。内容主要包括：

1）组织管理措施。规定项目实施的组织管理和主要人员的职责和权限。

2）资源保证措施。对人员的技术能力或培训的要求；对软件、硬件装备的需求等。

3）质量控制措施。规定生产过程中的质量控制环节和产品质量检查、验收的主要要求。

4）数据安全措施。规定数据安全和备份方面的要求。

（5）数据安全、备份或者其他特殊的技术要求。

（6）上交和归档成果及其资料的内容和要求。

（7）有关附录，包括设计附图、附表和其他有关内容。

任务 2.2　数字测图技术设计案例

详见附录 1。

【项目小结】

本项目主要讲述数字测图技术设计的编制依据、原则及内容，重点讲述大比例尺数字测图技术设计的编写方法。

【课后习题】

一、单项选择题

1. 测绘技术设计分为项目设计和专业技术设计。项目设计一般由（　　）具体负责编写。

A. 承担项目的法人单位　　B. 承担相应测绘专业任务的法人单位

C. 分包项目的法人单位　　D. 分包测绘专业任务的法人单位

2. 测绘技术设计分为项目设计和专业技术设计。专业技术设计一般由（　　）具体负责编写。

A. 承担项目的法人单位　　B. 承担相应测绘专业任务的法人单位

C. 分包项目的法人单位　　D. 分包测绘专业任务的法人单位

二、多项单选题

技术设计的目的是（　　）。

A. 制定切实可行的技术方案　　B. 保证测绘成果符合技术标准和用户要求

C. 获得最佳的经济效益　　D. 获得最佳的社会效益

项目 1
课后习题答案

三、判断题

编写技术设计书只要依据有关的法规和技术标准即可，无须依据上级下达的文件或合同书。（　　）

【课堂测验】

请扫描二维码，完成本项目课堂测验。

课堂测验 1

课堂测验 1 答案

弘扬地图文化，讲好地图故事

以文化视野诠释地图，用地图解读文化。地图与文化就是一对孪生兄弟，地图文化作为一种科学文化，与人类社会的演进及生产力发展、社会科技进步、地图历史、地图哲学、地图产业密切相关。地图与文化见证着社会进步和经济发展，地图与文化也为我们述说着一段段历史变迁。

其实，与漫长的地图文化发展史相比，地图文化研究还是一个新领域。从2020年中国测绘学会年会上获悉，我国地图的起源与5000年中华文明史可谓一脉相承，“地图文化”既不全等于“地图”，又不全等于“文化”。用著名地图学家、中国工程院院士王家耀的话说，“地图是表达复杂地理世界的人类最伟大的创新思维。”

什么是地图文化？在地图活动（设计、生产、应用）过程中形成的文化，就是地图文化。地图文化是不同时期、不同地域、不同社会的地图所承载的相应特殊文化形态，是地图“科学-技术-工程-产业”知识链和“地图设计→处理（生产）→应用”产业链实现过程中创造的精神财富和物质财富总和。

地图本身就是一种文化现象，是表达复杂地理世界最伟大的创新思维。从原始社会地图起源，到古代地图、近代地图、现代地图，地图有着几乎和世界最早文化同样悠久的历史，最主要的是地图具备了科学表达非线性复杂地理世界的本质功能。地图作为一门科学语言，能跨越自然语言和文化而被广泛接受，比如，地图上的比例尺，保证了地理空间可以同等对待；地图采用经过科学抽象的符号系统和简化的形式，重构了复杂的地理世界；地图坐标系和投影系统，保证了地图符号的精确性和名称注记的准确性、客观性、可量测性。

地图承载了测绘全部测量元素，测量结果通过地图反映出来，比如各种比例尺地形图上，都包括时空基准（大地坐标系、高程系）、大地控制（GPS/BDS、CORS）、遥感影像（数字正射影像）、地图投影和坐标网（地理坐标网、直角坐标网）、地理要素或现象（自然、社会、经济、人文）等。甚至测绘测不出来的东西，地图上也有。比如经济统计图，其中的经济现象不是测绘测出来的，利用各省的GDP可以做一幅专题图；再比如人口地图，可以细分成人口密度图等。

项目 2

数字测图外业数据采集

【项目概述】

大比例尺数字测图作业通常分为外业数据采集和内业数据处理编辑两大部分。外业数据采集是数字测图的基础和依据，也是数字测图的重要环节，直接决定成图质量与效率。外业数据采集就是利用数据采集设备（主要是全站仪和 GNSS - RTK）在野外直接测定地形特征点的位置，并记录测点的连接关系及其属性，为内业成图提供必要的信息。本章主要介绍数字测图外业数据采集设备、图根控制测量、外业教据采集原理与方法、测记法、编码法外业数据采集等内容。

【学习目标】

通过本项目的学习，了解外业数据采集碎部点测量的综合取舍原则；掌握图根控制测量的原理和方法、外业数据采集的原理与方法、草图法、编码法外业数据采集的方法，掌握南方 SouthMap 软件的应用等；要求学生能够熟练使用全站仪、GNSS - RTK 等设备进行野外数据采集。

【内容分解】

项目	重难点	任务	学习目标	主要内容	实训教学组织
数字测图外业数据采集	全站仪进行野外数据采集的原理及方法；RTK 进行野外数据采集的原理及方法；草图的绘制方法；碎部点采集过程中输入编码的方法	任务 2.1：全站仪数据采集	掌握全站仪的基本原理、基本使用方法、全站仪数据采集基本方法	全站仪测量基本原理；全站仪基本使用方法；全站仪图根导线；全站仪数据采集基本方法	给各组分发一套全站仪测图设备，学生分组完成全站仪测图（测站设置、后视定向、定向检查，数据采集）
		任务 2.2：GNSS - RTK 数据采集	掌握 RTK 基本原理、基本使用方法、RTK 加密图根点、RTK 数据采集基本方法	RTK 测量基本原理；RTK 基本使用方法；RTK 图根导线；RTK 数据采集基本方法	给各组分发一套 GNSS - RTK 测图设备，学生分组完成 RTK 测图（基准站设置、移动站设置、参数解算、点校正、检核，数据采集）
		任务 2.3：大比例尺数字测图的主要方法	掌握利用全站仪和 RTK 进行外业数据采集的方法和技巧	碎部点数据采集的技巧和方法：包括距离交会法、延长线法、平行线法、垂直线法等	选择几处具有代表性的地物，特意设置测站无法观测的点位，让学生用辅助方法解决问题

续表

项目	重难点	任务	学习目标	主要内容	实训教学组织
数字测图外业数据采集	全站仪进行野外数据采集的原理及方法； RTK 进行野外数据采集的原理及方法； 草图的绘制方法； 碎部点采集过程中输入编码的方法	任务 2.4：外业数据采集技巧	掌握野外数据采集时草图的绘制方法，培养正确绘制草图的能力	数据采集的具体方法； 草图员和观测员、司镜员之间的配合； 草图员练习草图绘制（包括点状地物记录、线状地物和面状地物绘制）	学生分组进行测区碎部点数据采集，绘制测站草图； 练习全站仪数据采集的方法； 跑点的方法； 外业草图的绘制
		任务 2.5：外业编码	掌握编码法测图外业数据采集时的编码方法	数据编码（国家标准地形要素分类与编码、全要素编码、简编码，无码作业和有码作业）	指定一定测绘区域，要求学生在外业采集数据时输入编码，内业采用简码识别法成图

任务 2.1 全站仪数据采集

2.1.1 认识全站仪

全站仪是在电子经纬仪和电子测距技术基础上发展起来的一种智能化测量仪器，是由电子测角、电子测距、电子计算机和数据存储单元等组成的三维坐标测量系统，测量结果能自动显示，并能与外围设备交换信息的多功能仪器。由于该仪器能较完善地实现测量和处理过程的一体化，所以称为全站型电子速测仪，简称全站仪。

1. 全站仪的结构

全站仪的基本结构包括电子测角系统、光电测距系统双轴液体补偿装置和微处理器（测量计算系统），有些自动化程度高的全站仪还有自动瞄准与跟踪系统。全站仪按照一定的程序操作，测量并自动计算来实现每一专用设备的功能。

（1）电子测角系统。电子测角系统的机械转动部分及光学照准部分与一般光学经纬仪基本相同，它们的主要区别在于电子测角系统采用电子度盘而非光学度盘。从度盘上取得电信号，再转化成数字。并将结果储存在微处理器内，根据需要进行显示和换算。

（2）光电测距系统。光电测距机构与普通电磁波测距仪相同，与望远镜集成在一起。在现代全站仪的光电测距系统中，有的还具有无(免)棱镜激光测距技术（如南方全站仪 NIS－R 系列、拓普康 GPT 系列），它是在测距时将激光（可见或不可见）射向目标，经目标表面漫反射后，测距仪接收到漫反射光而实现距离测量。

（3）自动瞄准与跟踪系统。全站仪正朝着测量机器人的方向发展，自动瞄准与跟踪是重要的技术标志。全站仪自动跟踪是以 CCD 摄像技术和自动寻找瞄准技术为基础，自动进行图像判断，指挥自身照准部和望远镜的转动、寻找、瞄准、测量的全自动的跟踪测量过程。

（4）测量计算系统。全站仪是测量光电化技术与微处理技术的有机结合，它是全站仪的核心部件，如同计算机的 CPU，由它来控制和处理电子测角、测距的信号，控制各项固定参数，如温度、气压等信息的输入、输出；还由它进行设置观测误差的改正、有关数据的实时处理及自动记录数据或控制电子手簿等。微处理器通过键盘和显示器控制整个测量工作，包括对数据的处理、传输、显示、存储等。

（5）其他辅助设备。全站仪的辅助设备包括整平装置、对中装置等。除双轴光电液体补偿之外，有的全站仪还具有视准差、横轴误差、指标差等修正功能，以提高单盘位观测精度。

2. 全站仪的测量原理

（1）电子测角原理。全站仪电子测角由电子经纬仪部分进行，电子经纬仪在结构和外观上与光学经纬仪类似，但读数系统不同。电子经纬仪不是按照度盘上的分划线，而是从度盘上取得电信号，再将电信号转换为数字并显示角度值。

全站仪测角的光电度盘主要有编码度盘、光栅度盘、动态度盘 3 种形式。因此，电子测角也就有编码测角、光栅测角、动态测角 3 种形式。

1）编码度盘测角原理。由一组排列在圆形玻璃上具有相邻的透明区域或不透明区域的同心圆上刻得编码所形成的编码度盘。在玻璃圆盘上刻划若干同心圆带，每一个环带表示一位二进制编码，称为码道，如图 2-1 所示。如果将全圆划成若干扇区，则每个扇形区有若干梯形，如果每个梯形分别以“亮”和“黑”表示“0”和“1”的信号，则该扇形可用二进制数表示其角值。

2）光栅度盘测角原理。均匀地刻有许多一定间隔细线的直尺或圆盘称为光栅尺或光栅盘。刻在直尺上用于直线测量的为直线光栅，刻在圆盘上的等角距的光栅称为径向光栅，如图 2-2 所示。设光栅的栅线（不透光区）宽度为 a，缝隙宽度为 b，栅距 $d=a+b$，通常 $a=b$，它们都对应一角度值。在光栅度盘的上下对应位置上装上光源、计数器等，使其随照准部相对于光栅度盘转动，可由计数器累计所转动的栅距数，从而求得所转动的角度值。

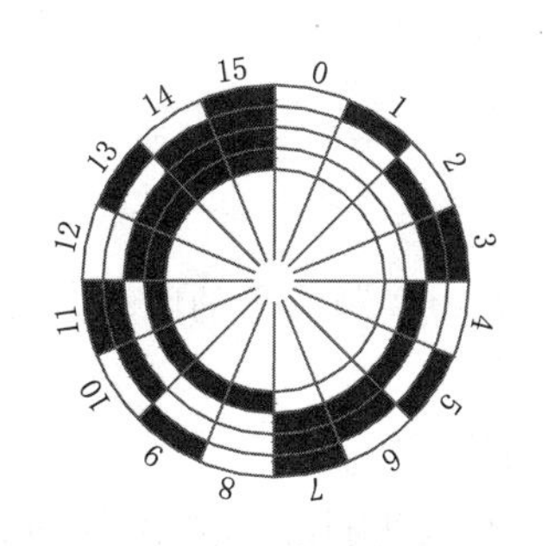

图 2-1　编码度盘

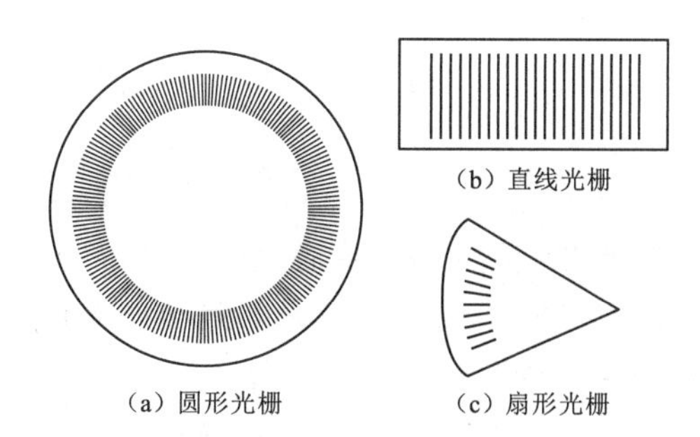

图 2-2　光栅度盘

（2）光电测距仪原理。随着各种新颖光源（激光、红外光等）的相继出现，物理测距技术也得到了迅速的发展并出现了以激光、红外光和其他光源为载波的光波测距仪和以微波为载波的微波测距仪，通称为电磁波测距仪（光电测距仪），简称测距仪。光电测距与传统的钢尺或基线丈量距离相比，具有精度高、作业迅速、受气候及地形影响小等优点。

光电测距的原理是以电磁波（光波等）作为载波，通过测定光波在测线两端点间的往返传播时间，以及光波在大气中的传播速度，来测量两点间距离的方法。若电磁波在测线两端往返传播的时间为 t，光波在大气中的传播速度为 c，则可求出两点间的水平距离 S，见式（2－1）。

$$S=\frac{1}{2}\times c\times t_{2s} \tag{2-1}$$

式中：c 为光波在大气中的传播速度，取 3×10^{8} m/s；t_{2s} 为光波在被测两端点间往返传播一次所用的时间，s。

从式（2－1）可知，光电测距仪主要是确定光波在待测距离上所用的时间 t_{2s}，据此计算出所测距离。因此测距的精度主要取决于测定时间 t 的精度，时间 t_{2s} 的测定可采用直接方式，也可采用间接方式，如要达到±1cm 的测距精度，时间量测精度应达到 10^{-10}s 以上，这对电子元件的性能要求很高，难以达到。根据测定光波传播时间的方法，光电测距仪可分为脉冲式和相位式两种。

1）脉冲式光电测距仪。脉冲式光电测距仪是由测距仪发射系统发出脉冲，经被测目标反射后，再由测距仪的接收系统接收，直接测定脉冲在待测距离上所用的时间 t_{2S}，即测量发射光脉冲与接收光脉冲的时间差，按照式（2－1）求得距离的仪器。脉冲式光电测距仪具有功率大、测程远等优点，但测距的绝对精度较低，一般只能达到米级，不能满足地籍测量和工程测量所需的精度要求。目前具有高精度测距的是相位式光电测距仪。

2）相位式光电测距仪。相位式光电测距仪是将测量时间变成测量光在测线中传播的载波相位差，通过测定相位差来测定距离的仪器。相位式光电测距仪是一种间接测定时间的光电测距仪，通常用于高精度的测量。基本原理是由光源发出的光通过调制器后，成为光强随高频信号变化的调制光。通过测量调制光在待测距离上往返传播的相位差 φ 来解算距离。见式（2－2）、式（2－3）。

$$t_{2s}=\frac{\varphi}{\omega}=\frac{\varphi}{2\pi f} \tag{2-2}$$

$$S=\frac{1}{2}c\times\frac{\varphi}{2\pi f}=\frac{c\varphi}{4\pi f} \tag{2-3}$$

式中：c 为光波在大气中的传播速度，取 3×10^{8} m/s；f 为调制信号的频率。

3. 南方 NTS－552 全站仪的常规功能操作

下面以南方 NTS－552 全站仪为例，介绍全站仪的使用方法。

（1）NTS－552 简介。南方 NTS－552 智能安卓全站仪进行了操作系统和面板的全新升级，Android 6.0 操作系统，数据处理能力，内存空间，可扩展程度，人机交互体验都进行了全面的升级，高性能核心处理器复杂运算轻松处理，实现了移动智能化测量。南方 NTS－552 全站仪外观如图 2－3 所示，显示符号及含义见表 2－1。

（2）南方 NTS－552 全站仪的基本操作。南方 NTS－552 全站仪的主界面如图 2－4 所示。

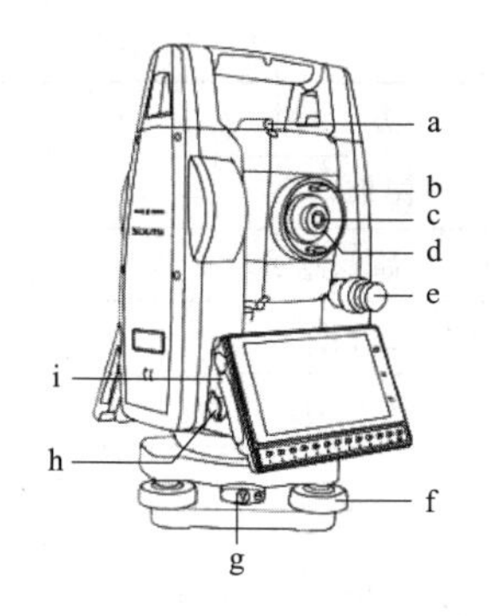

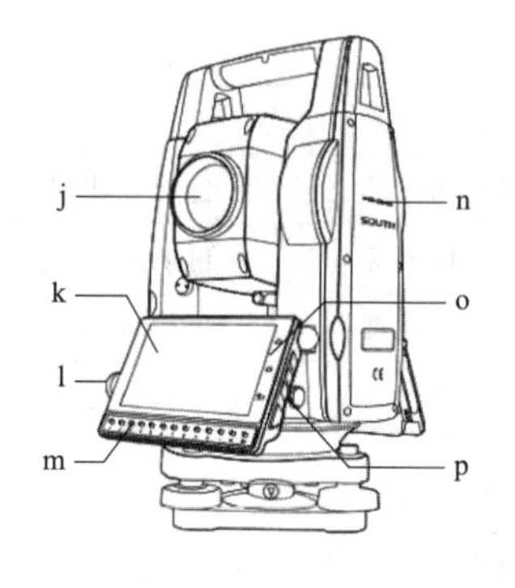

图 2-3 南方 NTS-552 全站仪外观

a—粗瞄器；b—物镜调焦螺旋；c—目镜；d—目镜调焦螺旋；e—竖直制微动；f—脚螺旋；
g—基座锁定钮；h—电缆接口；i—接口；j—物镜；k—液晶显示屏；l—水平制微动；
m—数字按键；n—仪器中心标志；o—触屏主控键；p—功能键

表 2-1　　显示符号及含义

显示符号	含　　义	显示符号	含　　义
V	垂直角	E	东向坐标
V%	垂直角（坡度显示）	Z	高程
HR	水平角（右角）	m	以米为距离单位
HL	水平角（左角）	ft	以英尺为距离单位
R/L	HR 与 HL 的切换	dms	以度分秒为角度单位
HD	水平距离	gon	以哥恩为角度单位
VD	高差	mil	以密为角度单位
SD	斜距	PSM	棱镜常数（以毫米为单位）
N	北向坐标	PPM	大气改正值

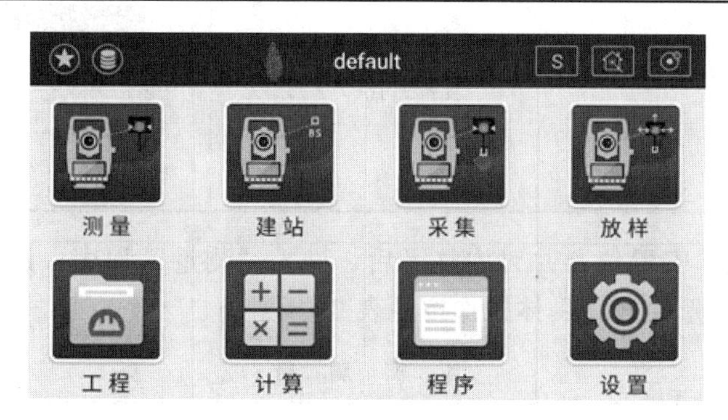

图 2-4 全站仪主界面

南方 NTS-552 全站仪的快捷键名称与功能见表 2-2。

表 2-2　　南方 NTS-552 全站仪的快捷键名称与功能

图标	名　称	功　　能
★	快捷功能键	点击该键或在主菜单界面左侧边缘向右滑动可唤出该功能键的快捷设置，包含激光指示、十字丝照明、激光下对点、温度气压设置、棱镜常数

续表

图标	名　称	功　　能
	数据功能键	包含点数据、编码数据及数据图形
C	测量模式键	可设置 N 次测量、连续精测或跟踪测量
N	合作目标键	可设置目标为反射板、棱镜或无合作
OFF	电子气泡键	可设置 X 轴、XY 轴补偿或关闭补偿

在测量程序下可以完成基本的测量工作。

1）角度测量。安置仪器并对中整平后，进入“测量”程序，按照表 2－3 进行操作。

表 2－3　　　　角　度　测　量

操作过程	操　作	显　　示
①照准左目标，进入测量程序	照准左目标	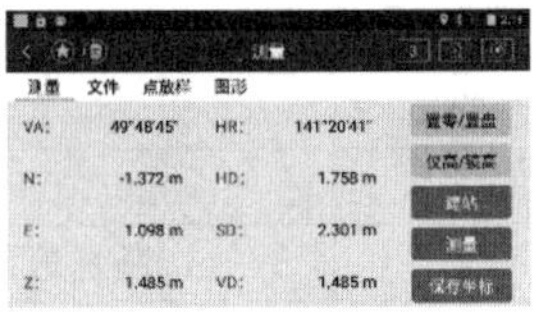 文件 点放样 图形 VA: 49°48′45″ HR: 141°20′41″ 置零/置盘 N: -1.372 m HD: 1.758 m E: 1.098 m SD: 2.301 m Z: 1.485 m VD: 1.485 m
②选择［置零/置盘］，可以直接设置为零，或者通过输入设置当前的角度值，HR：输入水平角度值	选择［置零/置盘］	 HR: 000°00′00″ 取消
③照准右目标，读取相应的垂直角度或水平角	照准右目标	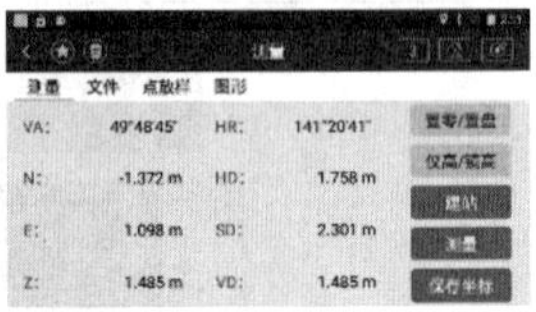 文件 点放样 图形 VA: 49°48′45″ HR: 141°20′41″ 置零/置盘 N: -1.372 m HD: 1.758 m E: 1.098 m SD: 2.301 m Z: 1.485 m VD: 1.485 m

2）距离测量。安置仪器并对中整平后，进入“测量”程序，设置大气改正数和棱镜常数，选择测量模式，具体操作按照表 2－4 进行。

表 2－4　　　　距　离　测　量

操作过程	操　作	显　　示
①在快捷功能键下，设置温度气压，棱镜常数	选择	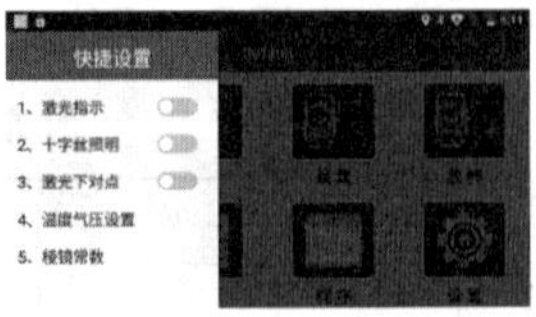 快捷设置 1、激光指示 2、十字丝照明 3、激光下对点 4、温度气压设置 5、棱镜常数

续表

操作过程	操作	显示
②在 S 测量模式键下，选择测量模式：精测单次、N 次测量、连续测量或跟踪测量	选择 S	
③在【测量】程序中，选择“测量”，进行距离测量	选择“测量”	

2.1.2 全站仪图根控制测量

利用全站仪进行图根控制测量，可采用图根导线、图根三角、交会测量等方法。由于导线的形式灵活，受地形环境条件的限制较小，所以全站仪图根导线测量是图根控制测量的主要方法。除此之外，一步测量法和辐射点法也是图根控制测量的方法。

1. 全站仪导线测量

全站仪导线测量的布设形式与传统的导线测量相同，一般分为四种：单一闭合导线、单一附合导线、支导线及导线网。全站仪导线测量可以同时测定水平角、垂直角、距离、前后视点高差。可以同时进行三要素的测量并且观测方便，与传统导线测量相比提高了工作效率。

2. 一步测量法

一步测量法适合小面积区域测量，不需单独进行图根控制测量，将图根导线与碎部测量同时作业，在测定导线后，提取各条导线测量数据进行导线平差，然后按新坐标对碎部点进行坐标重算，这样可以在一定程度上提高外业工作效率。

3. 辐射点法

辐射点法就是在某一通视良好的等级控制点上，用极坐标测量方法，按全圆方向观测方式依次测定周围几个图根控制点。这种方法的优点：一是图根点只需与测站通视，易于选择有利于测图的最佳位置；二是无须平差计算，可直接获得坐标，只要采取一定的措施，相对于测站的点位精度可控制在 5cm 之内，常用于以地形为主的数字测图。为了保证图根点的可靠性，通常需要另选图根控制点，再对各图根控制点进行第二次观测，取两次观测值的均值作为图根控制点的最终坐标。

2.1.3 碎部点数据采集方法

在野外数据采集中，若用全站仪测定所有独立地物的定位点及线状地物、面状地物的转折点（统称碎部点）的坐标，不仅工作量大，而且有些点无法直接测定。因此，必须灵活运用测算法将测、算结合来确定碎部点坐标。

碎部点数据采集有多种作业模式，对应的作业方式也不尽相同，以全站仪测记法野外数据采集为例，进入测区后，领镜（尺）员首先对测站周围的地形、地物分布情况大概看一遍，认清方向，做到心中有数。观测员指挥立镜员到事先选好的某点上准备立镜定向，自己快速架好仪器，开机，选择测量状态，进行测站定向。定向完成后，锁定全站仪度盘，通知立镜者开始跑点。立镜员在碎部点立棱镜后，观测员及时瞄准棱镜，用对讲机联系、确定镜高（为保证测量速度，棱镜高不宜经常变化）及所立点的性质，输入镜高、地物代码（无码作业时直接按回车键），确认准确照准棱镜后，按回车键。待仪器发出响声，说明测点数据已进入仪器内存，测点的信息已被记录下来，绘图员绘制草图并记录点号、属性、连接关系等信息。一个测站上的测量工作完成后，绘草图人员对所绘草图仔细检核，主要看图形与属性记录有无疏漏和差错。立镜员找一个已知点重测进行检核，以检查施测过程中是否存在误操作、仪器碰动或出故障等原因造成的错误。确定无误后，关闭仪器电源，搬站。到下一测站，重新按上述采集方法、步骤进行施测。

1. 碎部点测量的跑镜方法

野外实测时，数字测图的碎部点坐标采集并非打点越多越好，而是点位的选择是否适当。有时，打点过多不仅会增加外业时间和劳动量，而且会使数据量增加，处理困难，给内业成图带来一些麻烦。因此，在地形测量中，跑尺打点是一项重要的工作。立尺（镜）点和跑尺线路的选择对地形图的质量和测图效率都是有直接的影响。

(1) 跑棱镜的一般原则。野外数字测图时，地形点就是立尺点，测图开始前，绘图员和跑尺（镜）员应先在测站上研究需要立尺（镜）的位置和跑尺方案。在地形线明显的地区，可沿地形线在坡度变换点上依次立尺，也可沿等高线跑尺，一般常采用“环行线路法”和“迂回线路法”。在进行外业测绘工作的时候，碎部点测量应首先测定地物和地貌的特征点，还可以选一些“地物和地貌”的共同点进行立尺（镜）并观测，这样可以提高测图的工作效率。

(2) 地物点的测绘。地物点应选在地物轮廓线的方向变化处。如果地物形状不规则，一般地物凹凸长度在图上大于0.4mm均应表示出来。如测绘1∶500地形图时，实地地物凹凸长度大于0.2m的要进行实测。

测量房屋时，应选房角为地形点，应用房屋的长边控制房屋，不可以用短边两点和长边距离画房屋，那样误差太大。有些成片房屋的内部无法直接测量，可用全站仪把周围测量出来，里面的用钢尺丈量。

测量水塘时，选有棱角或弯曲的地点为地形点。

测量电杆时一定要注意电杆的类别和走向。有的电杆上边是输电线，下边是配电线或通信线，应表示主要的。成排的电杆不必每一根都测，可以隔一根测一根或隔几根测一根，因为这些电杆是等间距的，在内业绘图时可用等分插点画出。但有转向的电杆一定要实测。测量道路时可只测路的一边，量出路宽，内业绘图时即可绘制道路。主要沟坎必须表示，画上沟坎后，等高线才不会相交。

地下光缆也应实测，但有些光缆如国防光缆须经相关部门批准后方可在图上标出。

(3) 地貌测绘。地面上的山脊线、山谷线、坡度变化线和山脚线都称为地性线，地性线上的坡度变换点是表示地貌的主要特征点，如果测出这些点，再测出更多的地形点，便能正确而详细地表示实地的情况。一般地形点间最大距离不应超过图上3cm，如1∶500比例尺地形图为15m。

地形点的最大间距不应大于表2-5的规定。

表2-5　地形点的最大间距　单位：m

比例尺		1∶500	1∶1000	1∶2000	1∶5000
一般地区		15	30	50	100
水域	断面间距	10	20	40	100
	断面上测点间距	5	10	20	50

（4）城镇建筑区地形图测绘。

1）在房屋和街巷测量时，对于1∶500和1∶1000比例尺地形图，应分别实测；对于1∶2000比例尺地形图，小于1mm宽的小巷，可适当合并；对于1∶5000比例尺地形图，小巷和院落连片的可合并测绘。

2）街区凸凹部分的取舍，可根据用图的需要和实际情况确定。

3）各街区单元的出入口及建筑物的重点部位，应测注高程点，主要道路中心在图上每隔5cm处和交叉、转折、起伏变换处，应测注高程点；各种管线的检修井，电力线路、通信线路的杆（塔），架空管线的固定支架，应测出位置并适当标注高程点。

4）对于地下建（构）筑物，可只测量其出入口和地面通风口的位置和高程。

2. 综合取舍的一般原则

地物、地貌的各项要素的表示方法和取舍原则，除应按现行国家标准（规范）地形图图式执行外，还应参考相关规定。

2.1.4　数据采集前的准备工作

1. 实地踏勘划分测区

作业前应由主要技术人员和作业人员去现场进行必要的测区踏勘，了解测区的行政区划，社会情况，自然地理，水文气象，通信和交通运输等与生产、生活有关的各方面情况。并掌握测区已有平面及高程控制网（点）的位置，标志类型及保存情况。

对于测区面积比较大的情况，需要对测区进行必要的划分，可以按照自然带状地物如街道、河流等为边界线构成分区界限，分成若干个相对独立的分区，并做好测区内图幅编号的编制。

2. 资料准备

外业数字测图作业前，应收集有关测量资料，主要包括以下资料：

（1）控制测量成果：测区内及其外围的国家级或地区级全球卫星导航系统连续运行基准站、GNSS点、三角点、等级导线点、水准的平面和高程成果及点之记等。

（2）地图资料：测区范围内各种比例尺的地形图、影像图、周围已测地形图资料及其他相关资料等。

（3）其他辅助资料：包括地名、境界、电力等相关资料。

3. 仪器设备与人员安排

（1）仪器设备：根据技术设计书的技术要求、作业方法及任务情况配备仪器设备。

（2）人员安排：根据测区任务量、工程工期要求等组织项目的技术人员和作业人员，对项目参与人员应进行必要的技术培训，完成技术交底工作。技术交底应向作业人员提供作业技术指标要求等。

2.1.5 全站仪数据采集操作

目前全野外数字测图，可分为两种作业模式：数字测记模式和电子平板测绘模式。本任务将以南方 NTS-552 全站仪为例，讲解全站仪数字测记模式进行野外数据采集的方法。

1. 安置仪器

在测站点上完成仪器安置（队中、整平），量取仪器高，保存至毫米，长按电源开关（键）2s 左右，直到屏幕亮起，准备观测。

2. 选择/新建工程文件

选择/新建工程文件，有两种方式：

其一，可以在测量程序下选择“文件”，进入文件界面，如图 2-5 所示。①工程列表：工程名称列表，首行为输入坐标的列表；②点名列表：点名称列表，首行为坐标点数量。

选择“新建”可以新建工程文件，也可以在工程列表中选择已有工程文件，选择“当前”将该工程设置为作业使用的当前工程。

其二，可以选择快捷键“default”：默认工程（当前工程）名称，如图 2-6 所示，进入工程列表界面，单击“+”键可以新建工程，也可以在当前列表中选择已有工程文件。

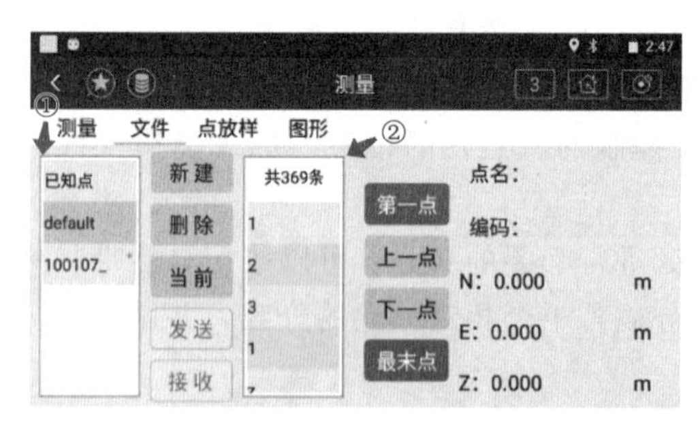

图 2-5 文件界面

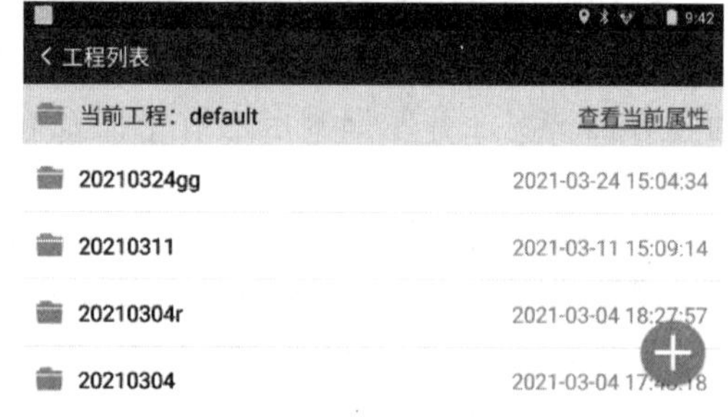

图 2-6 工程列表界面

3. 建站

在进行测量之前都需要先进行建站的工作，NTS-500 系列全站仪提供多种建站方式，本任务中主要讲解通过已知点建站方式。选择建站程序菜单，进入建站程序，如图 2-7 所示。已知点建站方式建站操作见表 2-6。

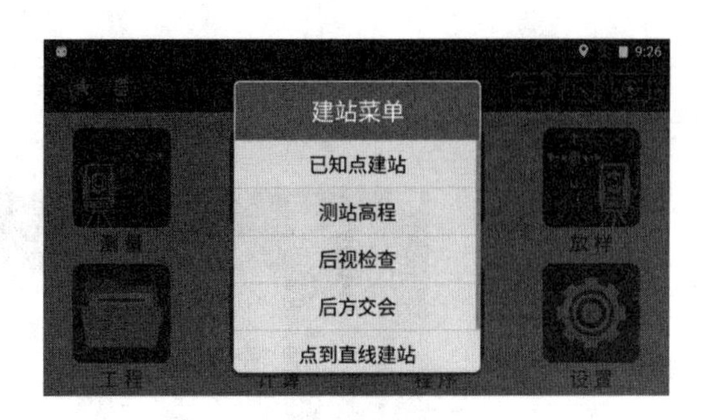

图 2-7　建站程序界面

表 2-6　　建站操作

操作步骤	按　键	界面显示
①在主菜单按“建站”键，选择“已知点建站”功能	【已知点建站】	
②设置测站点坐标。①②	【调用】【新建】或【GNSS 采集】③	
③选择需要调用的已知点作为建站点，选择完毕返回建站页面	【确定】	

续表

操作步骤	按　　键	界　面　显　示
④以同样的方式设置后视点，点击设置，照准后视点，如果无需不进行多点定向，点击设置完成建站	【设置】	

① 提供两种测站点坐标获取模式：直接输入、点库获取。

② 编码可以输入、编码库获取。

③ GNSS 获取（超站仪专用）。

4. 采集

在设站后，通过数据采集程序可以进行数据采集工作，如图 2－8 所示，选择“点测量”开始进行数据采集，见表 2－7。

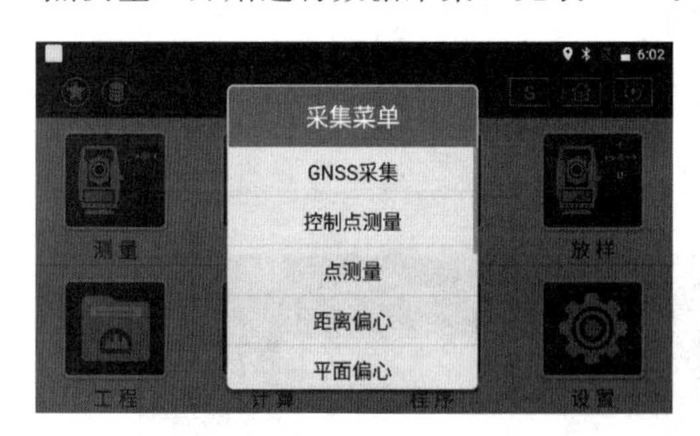

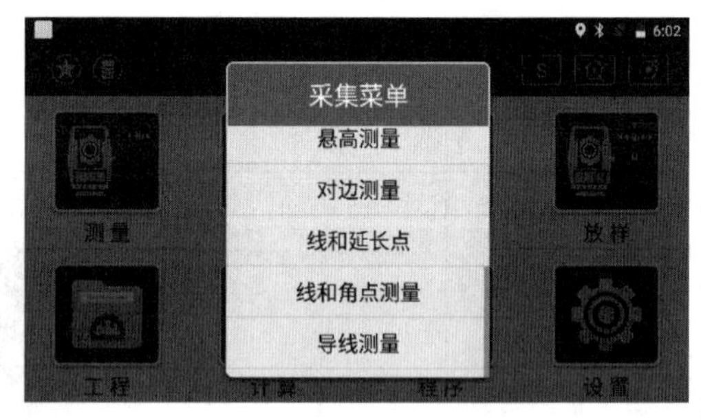

图 2－8　采集程序界面

表 2－7　　**数 据 采 集 操 作**

操作步骤	按　键	界　面　显　示
①建站完成后，在主菜单按下“采集”键，选择“点测量”进入测量界面。照准目标后按下“测量”键能测量当前目标点的水平角度值、垂直角度值和坐标值	【点测量】	

续表

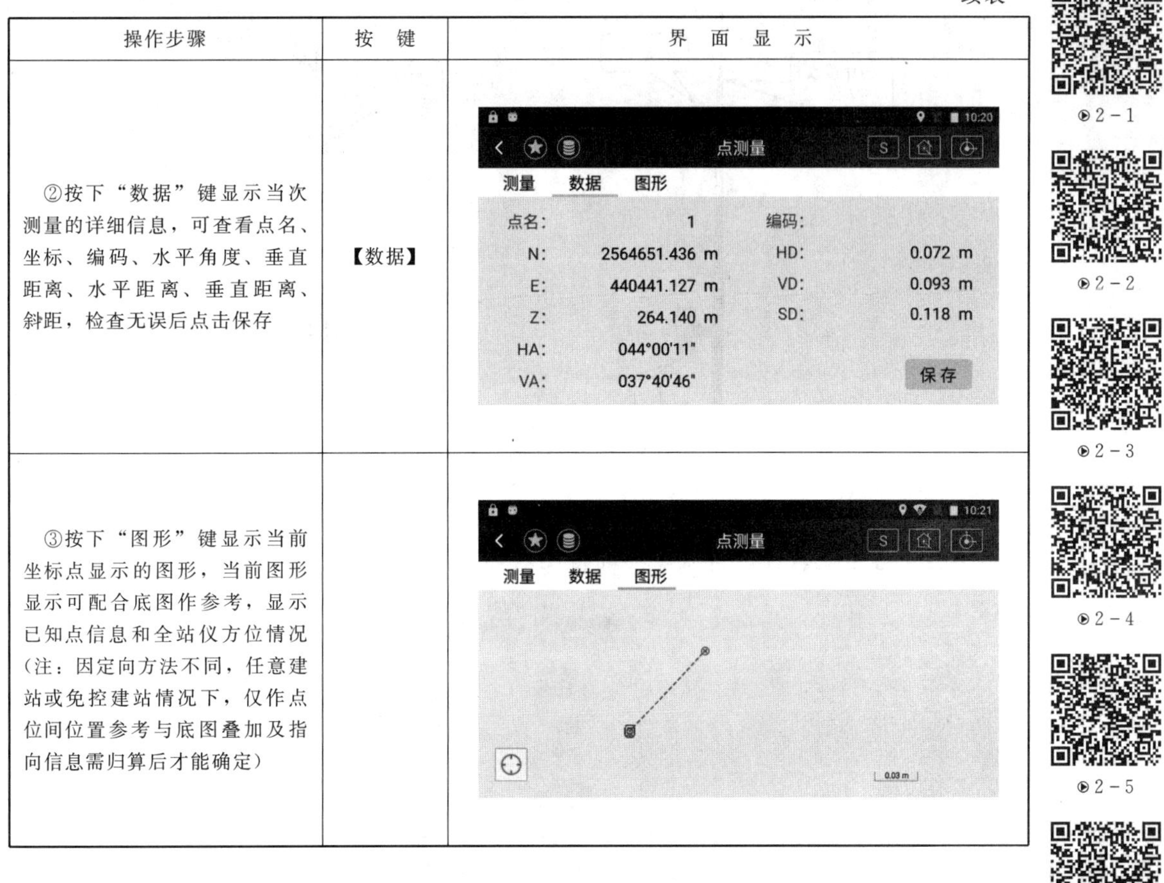

操作步骤	按　键	界　面　显　示
②按下“数据”键显示当次测量的详细信息，可查看点名、坐标、编码、水平角度、垂直距离、水平距离、垂直距离、斜距，检查无误后点击保存	【数据】	
③按下“图形”键显示当前坐标点显示的图形，当前图形显示可配合底图作参考，显示已知点信息和全站仪方位情况（注：因定向方法不同，任意建站或免控建站情况下，仅作点位间位置参考与底图叠加及指向信息需归算后才能确定）		

⊙2－1

⊙2－2

⊙2－3

⊙2－4

⊙2－5

⊙2－6

任务 2.2　GNSS－RTK 数据采集

2.2.1　南方创享测量系统认识

南方创享测量系统双频系统静态测量，可准确完成高精度变形观测、像控测量等。配合工程之星能够快速完成控制点加密、公路地形图测绘、横断面测量、纵断面测量等。依托南方（CORS）的成熟技术，为野外作业提供更加稳定便利的数据链。同时无缝兼容国内各类的 CORS 应用。能够完美地配合南方各种测量软件，做到快速、方便地完成数据采集。

创享测量系统主要由主机、手簿、配件三大部分组成，如图 2－9 所示。

2.2.2　工程之星软件认识

工程之星 5.0 软件是安装在北极星 H3 Plus 及自由光 H5 手簿上的 RTK 野外测绘软件。它以工程化图形化的界面形式设计了常用的碎步测量、点放样、线放样等功能，还增加了曲线放样、道路放样以及电力线勘测、塔基断面放样等功能，文件导出形式多样，便于在野外完成测量工作，提高工作效率。

下面简单介绍工程之星软件。

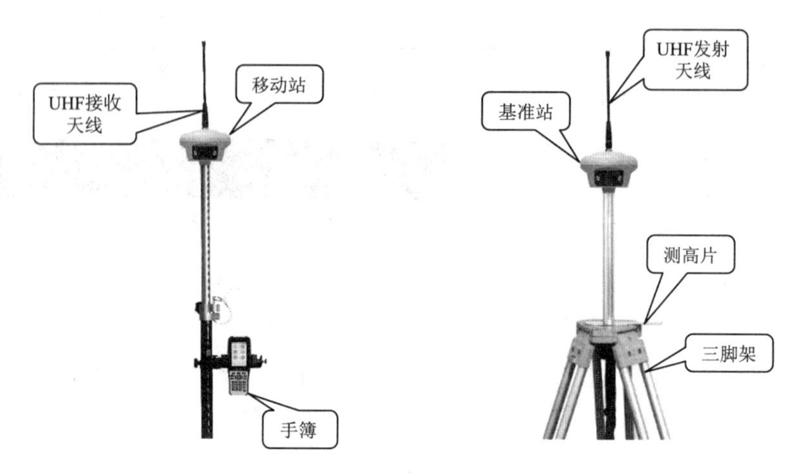

图2-9 创享测量系统示意图

1. 工程之星主界面

运行工程之星软件，进入主界面视图，如图2-10所示。

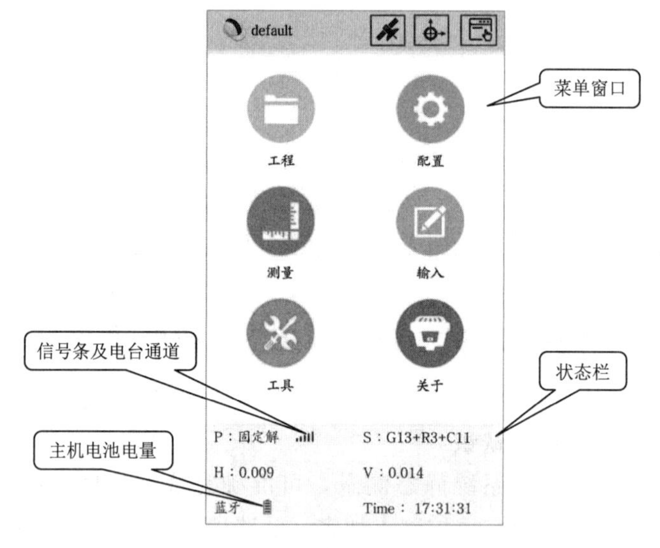

图2-10 软件主界面视图

主界面窗口分为六个主菜单栏和状态栏。

菜单栏显示所有菜单命令，内容分为六个部分：工程、配置、测量、输入、工具、关于。

状态栏“P”代表当前的解状态，包括固定解、浮点解、差分解、单点解；“S”代表GPS（G）、GLONASS（R）、北斗（C）、GALILEO（E）的搜星颗数；“H”和“V”分别代表水平残差和竖直残差；Time代表时间；信号条、电台通道及主机电池电量。

2. 新建工程

工程之星是以工程文件的形式对软件进行管理的，所有的软件操作都是在某个定义的工程下完成的。每次进入工程之星软件，软件会自动调入最后一次使用工程之星时的工程文件。一般情况下，每次开始一个地区的测量施工前都要新建一个与当前工程测量所匹配的工程文件。

工程菜单中包括六个子菜单：新建工程、打开工程、文件导入导出、关闭主机声音、关闭主机、退出。

3. 配置

配置菜单有六个子菜单：工程设置、当前坐标系统设置、坐标系统管理库、仪器设置、网络（电台）设置、仪器连接。

4. 测量

配置菜单有六个子菜单：工程设置、当前坐标系统设置、坐标系统管理库、仪器设置、网络（电台）设置、仪器连接。

在进行测量之前，需要在“配置”“工程设置”“限制”里面对限差、采点状态限制等做设置。测量菜单操作的默认前提要求 GPS 主机处于固定解的状态，测量过程中需要注意软件当前所处的状态。

5. 输入

输入菜单中共包括五个一级菜单：坐标管理库、道路设计、求转换参数、校正向导、底图导入。主要包含以下五个方面的功能：

（1）坐标管理库。坐标管理库是查看和调用工程中的所有点的坐标库，可以是平面坐标、经纬度坐标、空间直角坐标。

（2）道路设计。“道路设计”功能是道路图形设计的简单工具，输入线路设计所需要的要素，软件会按要求计算出线路点坐标并绘制出线路走向图。道路设计菜单包括两种道路设计模式：元素模式和交点模式。

（3）求转换参数。由于 GPS 接收机直接输出来的数据是 WGS－84 的经纬度坐标，因此为了满足不同用户的测量需求，需要把 WGS－84 的经纬度坐标转化到施工测量坐标，这就需要软件对参数进行设置。这里涉及的参数主要是四参数和校正参数。

（4）校正向导。开始测量之前通过控制点及其坐标对移动站进行校正。

（5）底图导入。在外业测量时，可以把测区已有的 DXF 格式图形导入软件指导外业测量。

6. 工具

工具菜单提供了测量施工经常用到的一些测量小工具。主要包括：串口调试、坐标转换、坐标计算、其他计算、数据后处理、其他工具。

7. 关于

“关于”菜单是用来显示工程之星软件信息和系统运行信息。点击后，下拉菜单会出现“主机注册”“主机信息”“软件信息”“软件注册”和“云平台”五个工具。

2.2.3 GNSS－RTK 图根控制测量

GNSS 的自动化程度高，测量工作可以在任何时间、任何地点连续进行，一般不受天气状况的影响，测站之间无须通视，定位精度高。目前，GNSS 图根控制测量有两种方法：一种是快速静态作业法；另一种是 RTK 实时动态测量法。

1. 快速静态作业法

快速静态定位测量就是利用快速整周模糊度解算法原理所进行的 GNSS 静态定位测量。快速静态定位模式要求 GNSS 接收机在每一流动站上，静止地进行观测。在观测过程中，同时接收基准站和卫星的同步观测数据，实时解算整周未知数和用户站的三维坐标，如果解算结果的变化趋于稳定，且其精度已满足设计要求，便可以结束实时观测。在图根控制测量中，利用快速静态测量大约 5min，即可达到图根控制点点位的精度要求。因此，快速静态定位具有速度快、精度高、效率高等特点。

2. RTK 实时动态测量法

RTK 实时动态测量前需要在一控制点上静止观测数分钟（有的仪器只需 2～10s）进行初始化工作，之后流动站就可以按预定的采样间隔自动进行观测，并连同基准站的同步观测数据，实时确定采样点的空间位置。

利用实时动态 RTK 进行图根控制点测量时，一般将仪器存储模式设定为平滑存储，然后设定存储次数，一般设定为 5～10 次（可根据需要设定），测量时其结果为每次存储的平均值，其点位精度一般为 1～3cm。实践证明 RTK 实时动态测量图根控制点能够满足大比例尺数字测图对图根控制测量的精度要求。

2.2.4 GNSS - RTK 数据采集操作

RTK 技术是全球卫星导航定位技术与数据通信技术相结合的载波相位实时动态差分定位技术，包括基准站和移动站，基准站将其数据通过电台或网络传给移动站后，移动站进行差分解算，便能够实时地提供测站点在指定坐标系中的坐标。

根据差分信号传播方式的不同，RTK 分为电台模式和网络模式两种，本节先介绍电台模式，内置电台基站模式如图 2 - 11 所示。

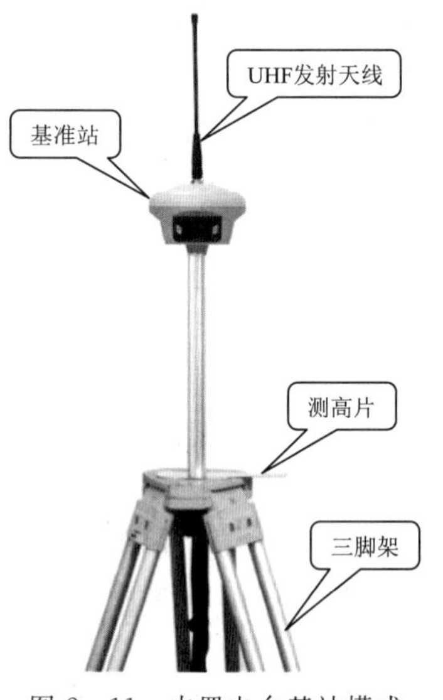

图 2 - 11 内置电台基站模式

1. 架设基准站

基准站一定要架设在视野比较开阔、周围环境比较空旷、地势比较高的地方；避免架在高压输变电设备附近、无线电通信设备收发天线旁边、树荫下以及水边，这些都会对 GPS 信号的接收以及无线电信号的发射产生不同程度的影响。

架好三脚架，放电台天线的三脚架最好放到高一些的位置，两个三脚架之间保持至少 3m 的距离；用测高片固定好基准站接收机（如果架在已知点上，需要用基座并做严格的对中整平），打开基准站接收机，将接收机设置为基准站内置电台模式。

2. 启动基准站

首先将手簿和基准站连接，打开安卓工程之星 5.0，点击“配置”→“仪器连接”→“蓝牙”。如图 2 - 12 所示。

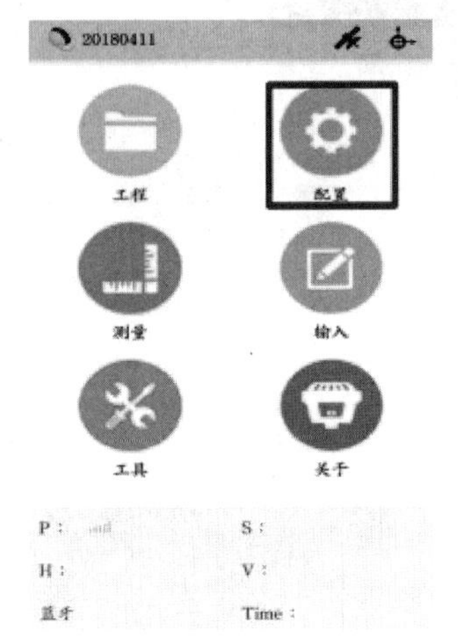

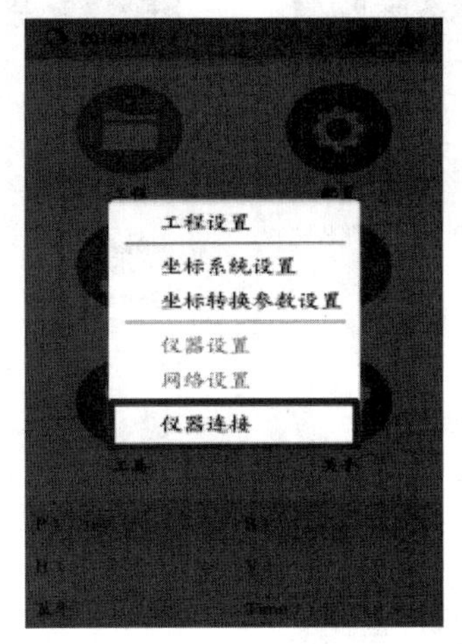

图 2-12 设备连接

(1) 如图 2-12 所示，进行设备连接。

(2) 点击搜索按钮，即可搜索到附近的蓝牙设备。

(3) 选中要连接的设备，点击连接即可连接上蓝牙。

第一次启动基准站时，需要对启动参数进行设置，设置步骤：点击“配置”→“仪器设置”→“基准站设置”，点击基准站设置则默认将主机工作模式切换为基准站，如图 2-13 所示。

差分格式：一般都使用国际通用的 RTCM32 差分格式。

发射间隔：选择 1s 发射一次差分数据。

基站启动坐标：如图 2-14 所示，如果基站架设在已知点，可以直接输入该已知控制点坐标作为基站启动坐标（建议输入经纬度坐标作为已知点坐标启动，若已知点输入地方坐标或平面坐标启动时，务必先在工程之星手簿上将参数设置好并使用，再输入地方坐标或平面坐标启动）；如果基站架设在未知点，可以点击“外部获取”按钮，然后点击“获取定位”来直接读取基站坐标来作为基站启动坐标。

天线高：有直高、斜高、杆高（推荐）、侧片高四种，并对应输入天线高度（随意输入）。

截止角：建议选择默认值（10）。

PDOP：位置精度因子，一般设置为 4。

数据链：内置电台。

数据链设置：

通道设置：1～16 通道选其一。

功率档位：有“HIGH”和“LOW”两种功率。

空中波特率：有“9600”和“19200”两种（建议 9600）。

协议：Farlink（注意基站与移动站协议要一致）。

以上设置完成后，点击“启动”即可发射。

注意：判断电台是否正常发射的标准是数据链灯是否规律闪烁。

图 2-13　基准站设置

图 2-14　基站启动坐标设置

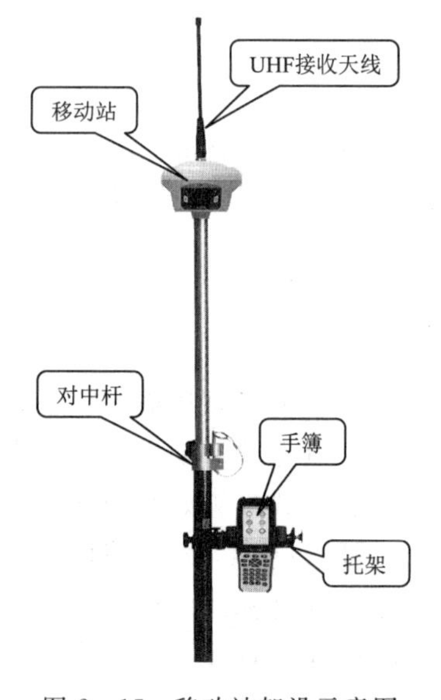

图 2-15　移动站架设示意图

第一次启动基站成功后，以后作业如果不改变配置可直接打开基准站，主机即可自动启动发射。

3. 架设移动站

确认基准站发射成功后，即可开始移动站的架设。步骤如下。

（1）将接收机设置为移动站电台模式。

（2）打开移动站主机，将其并固定在碳纤对中杆上面，拧上 UHF 差分天线。

（3）安装好手簿托架和手簿，如图 2-15 所示。

4. 设置移动站

移动站架设好后需要对移动站进行设置才能达到固定解状态，步骤如下：

（1）手簿与移动站连接，“配置”→“仪器连接”。

（2）“配置”→“仪器设置”→“移动站设置”，点击移动站设置则默认将主机工作模式切换为移动站。

（3）数据链：内置电台。

（4）数据链设置。

1）通道设置：与基站通道一致。

2）功率档位：有“HIGH”和“LOW”两种功率。

3）空中波特率：有“9600”和“19200”两种（建议 9600）。

4）协议：Farlink（注意基站与移动站协议要一致）。

设置完毕，如图 2-16 所示，等待移动站达到固定解，即可在手簿上看到高精度的坐标。

5. 新建工程

操作：“工程”→“新建工程”。

单击“新建工程”，出现新建作业的界面。首先在工程名称里面输入所要建立工程的名称，新建的工程将保存在默认的作业路径“\SOUTHGNSS_EGStar\”里面，如图 2-17 所示。如果之前已经建立过工程，并且要求套用以前的工程，可以勾选套用模式，然后点击“选择套用工程”，选择想要使用的工程文件，然后单击“确定”。

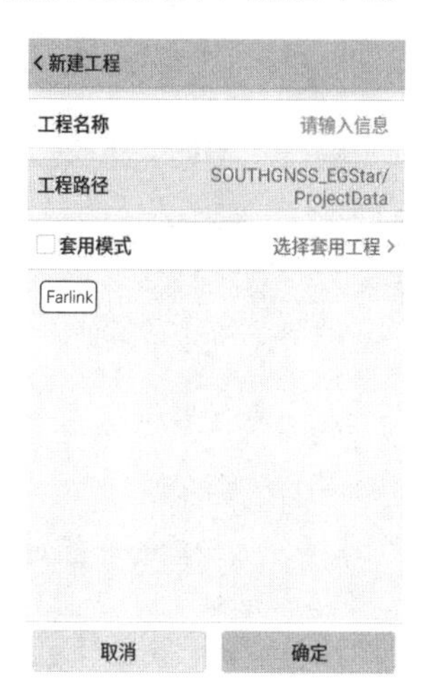

图 2-16 电台设置　　图 2-17 输入工程名

6. 求转换参数

GPS 接收机输出的数据是 CGCS2000 经纬度坐标，需要转化到施工测量坐标，这就需要软件进行坐标转换参数的计算和设置，转换参数就是完成这一工作的主要工具。求转换参数主要是计算四参数（七参数）和高程拟合参数，可以方便直观地编辑、查看、调用参与计算四参数和高程拟合参数的控制点。在进行四参数的计算时，至少需要两个控制点的两套不同坐标系的坐标参与计算才能最低限度的满足控制要求。高程拟合时，如果使用 3 个点的高程进行计算，高程拟合参数类型为加权平均；如果使用 4～6 个点的高程，高程拟合参数类型平面拟合；如果使用 7 个以上的点的高程，高程拟合参数类型为曲面拟合。控制点的选用和平面、高程拟合都有着密切而直接的关系，这些内容涉及大量的布设经典测量控制网的知识。

求转换参数的做法大致是这样的：假设利用 A、B 这两个已知点来求转换参数，那么首先要有 A、B 两点的 GPS 原始记录坐标和测量施工坐标。A、B 两点的 GPS 原始记录坐标的获取有两种方式：一种是布设静态控制网，采用静态控制网布设时后处理软件的 GPS 原始记录坐标；另一种是 GPS 移动站在没有任何校正参数作用时，固定解状态下记录的 GPS 原始坐标。其次在操作时，先在坐标库中输入 A 点的已知坐标，之后软件会提示输入 A 点的原始坐标，然后再输入 B 点的已知坐标和 B 点的原始坐标，录入完毕并保存后（保存文件为 *.cot 文件）自动计算出四参数（七参数）和高程拟合参数。下面分别讲解四参数计算和七参数计算。

（1）四参数计算。在软件中的四参数指的是在投影设置下选定的椭球内 GPS 坐标系和施工测量坐标系之间的转换参数。需要特别注意的是参与计算的控制点原则上至少要用两个或两个以上的点，控制点等级的高低和点位分布直接决定了四参数的控制范围。经验上四参数理想的控制范围一般都为 20～30km^2。

操作："输入" → "求转换参数"，如图 2-18 所示。首先点击右上角的设置按钮，将"坐标转换方法"改为"一步法"，点击"确定"，则可以开始四参数的设置。如图 2-19 所示。

图 2-18　求转换参数

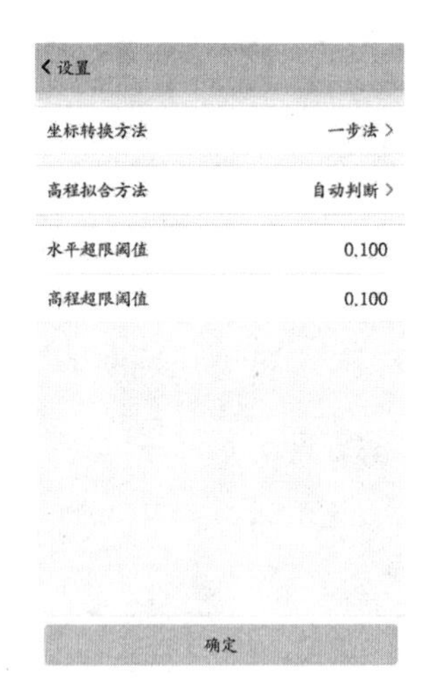

图 2-19　四参数解算设置

添加：点击"添加"，输入已知平面坐标，如图 2-20 所示，大地坐标可以点击更多获取方式，里面有"定位获取"和"点库获取"，输入完成以后，点击"确定"，添加完第一个坐标 Pt1。同样的方法添加第二个坐标 Pt2，如图 2-21 所示，如果输入有误，可以单击 Pt1 或 Pt2，进行修改或者删除，如图 2-22 所示。然后点击"计算""应用"，如图 2-23、图 2-24 所示。将该参数应用到该工程以后，可以在"配置""转换参数设置"，"四参数"中查看四参数的北偏移、东偏移、旋转角和比例尺，如图 2-25 和图 2-26 所示。

图 2-20　添加坐标

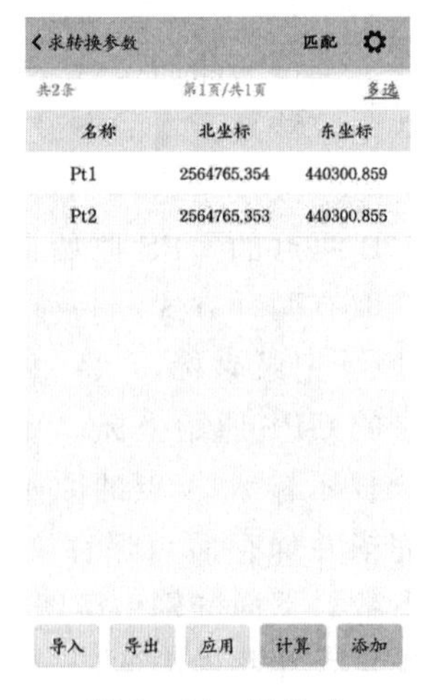

图 2-21　转换点

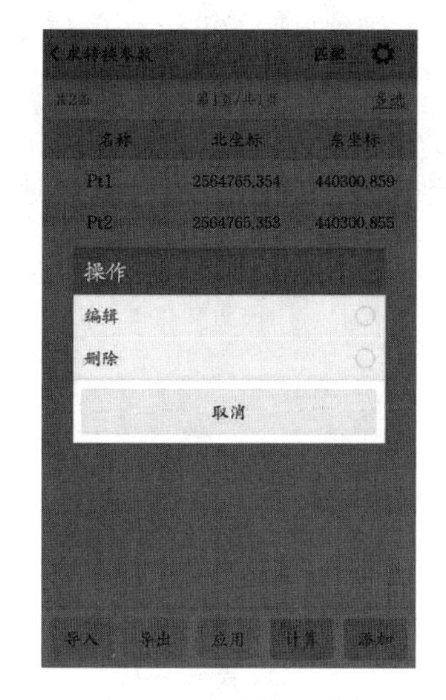

图 2－22　编辑与删除

图 2－23　计算

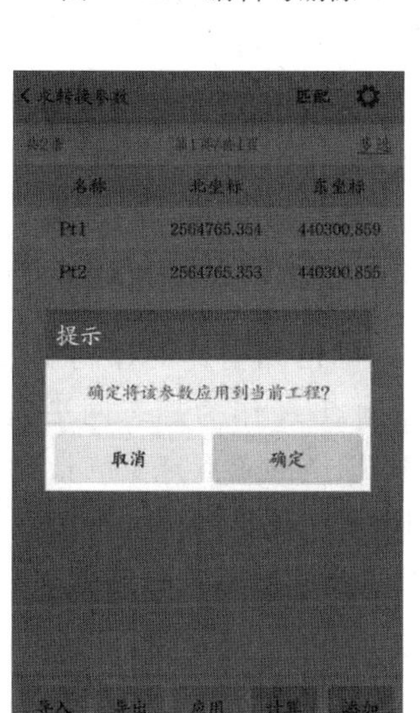

图 2－24　应用

图 2－25　坐标转换参数设置

（2）七参数计算。计算七参数的操作与计算四参数的基本相同，相关操作参见四参数。

七参数的应用范围较大（一般大于 $50km^2$），计算时用户需要知道 3 个已知点的地方坐标和 CGCS2000 坐标，即 CGCS2000 坐标转换到地方坐标的 7 个转换参数。

注意：3 个点组成的区域最好能覆盖整个测区，这样的效果较好，如图 2－27 所示。

七参数的格式是 *X* 平移，*Y* 平移，*Z* 平移，*X* 轴旋转，*Y* 轴旋转，*Z* 轴旋转，缩放比例（尺度比）。

使用四参数方法进行RTK的测量可在小范围（20～30km^2）内使测量点的平面坐标及高程的精度与已知的控制网之间配合很好，只要采集两个或两个以上的地方坐标点就可以了，但是在大范围（比如几十甚至几百平方公里）进行测量的时候，往往四参数不能在部分范围起到提高平面和高程精度的作用，这时候就要使用七参数方法。

图2-26 四参数

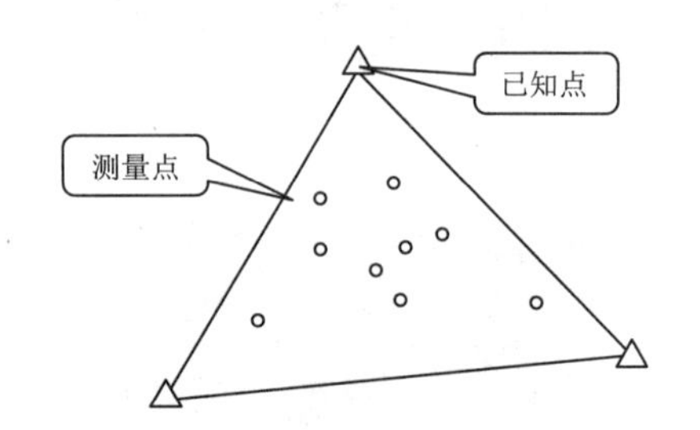

图2-27 3个已知点与测区示意图

首先需要做控制测量和水准测量，在区域中的已知坐标的控制点上做静态控制，然后在进行网平差之前，在测区中选定一个控制点A作为静态网平差的CGCS2000参考站。使用一台静态仪器在该点固定进行24h以上的单点定位测量（这一步在测区范围相对较小，精度要求相对低的情况下可以省略），然后再导入到软件里将该点单点定位坐标平均值记录下来，作为该点的CGCS2000坐标，由于做了长时间观测，其绝对精度能达到2m左右。接着对控制网进行三维平差，需要将A点的CGCS2000坐标作为已知坐标，算出其他点位的三维坐标，但至少3组以上，输入完毕后计算出七参数。

七参数的控制范围和精度虽然增加了，但7个转换参数都有参考限值，X轴、Y轴、Z轴旋转一般都必须是秒级的；X轴、Y轴、Z轴平移一般小于1000。若求出的七参数不在这个限值以内，一般是不能使用的。这一限制还是很严格的，因此在具体使用七参数还是四参数时要根据具体的施工情况而定。

操作："输入"→"求转换参数"。首先点击右上角的设置按钮，将"坐标转换方法"改为"七参数"，点击"确定"，则可以开始七参数的设置。操作同四参数求法类似，只是七参数至少要添加3个已知点的工程坐标和原始坐标，添加完成后，如图2-28所示，点击"计算""应用"，如图2-29、图2-30所示。将该参数应用到该工程以后，可以在"配置""转换参数设置""七参数"中查看3个坐标平移量、旋转角度以及尺度因子，如图2-31、图2-32所示。

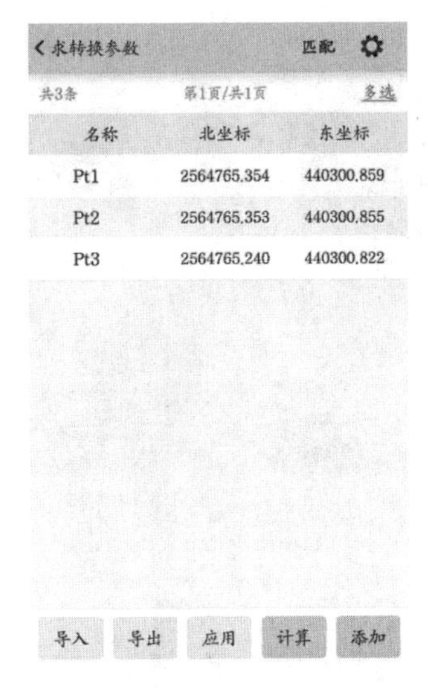

图 2－28 点添加

图 2－29 计算结果

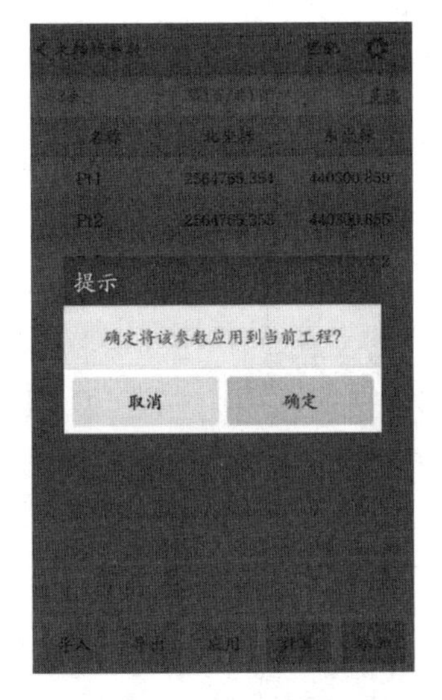

图 2－30 七参数应用

图 2－31 七参数设置

7. 点测量

(1) 操作："测量" → "点测量"，如图 2－33 所示。

在测量显示界面下面有 4 个显示按钮，在工程之星里面，这些按钮的显示顺序和显示内容是可以根据自己的需要来设置的（测量的存储坐标是不会改变的）。单击"显示"按钮，左边会出现选择框，选择需要选择显示的内容即可。这里能够显示的内容主要有点名、北坐标、东坐标、高程、天线高、航向、速度、上方位和上距离，如图 2－34 所示。

(2) 保存：保存当前测量点坐标，如图 2－35 所示，可以输入点名，继续保存测量点时，点名将自动累加，点击"确定"。

图 2 - 32　七参数查看

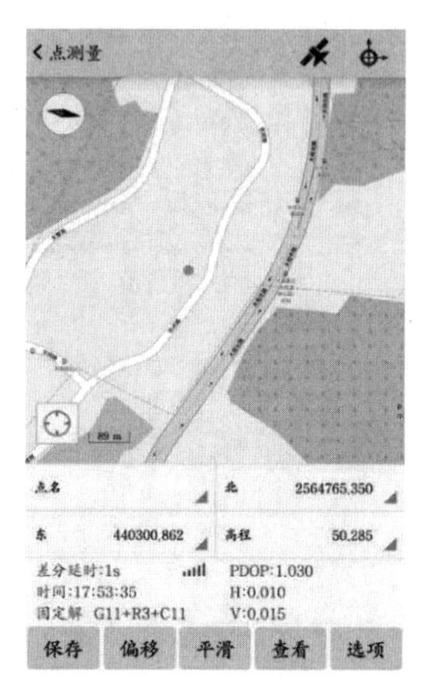

图 2 - 33　点测量

图 2 - 34　显示选择

图 2 - 35　保存测量点

（3）查看：查看当前工程“坐标管理库”的点坐标，与“输入”里面的“坐标管理库”功能一样。

（4）偏移存储：输入偏距、高差、正北方位角，然后点击“确定”，如图 2 - 36 所示。

（5）平滑存储：点击“平滑”，选择平滑次数，如图 2 - 37 所示，平滑次数为 5 次，点击“确定”，则该点的坐标是连续采集 5 次坐标的平均值。

（6）选项：点击“选项”“一般存储模式”里面有个快速存储，即采即存，而“常规存储”可以输入点名、编码、天线高等信息。

图 2-36　偏移存储

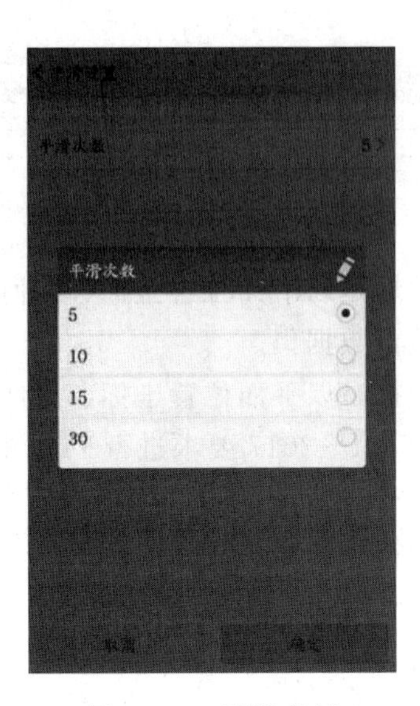

图 2-37　平滑存储

2-7

2-8

2-9

2-10

2-1

2-2

任务 2.3　大比例尺数字测图的主要方法

大比例尺地形图工程数字测图基本思想是在野外利用数据采集器将地表的地形信息和附带的地理信息数字化，并实现数字信息的传输、记录、处理、成图、绘图等作业过程的自动化和成果输出的多样化。

2.3.1　数字测图成果

1. 数字测图成果的描述

数字线划图（Digital Line Graph，DLG）是以点、线、面形式或地图特定图形符号形式表达地形要素的地理信息矢量数据集。点要素在矢量数据集中表示为一组坐标及相应的属性值；线要素表示为一串坐标组及相应的属性值；面要素表示为首尾点重合的一串坐标组及相应的属性值，数字线划图是我国基础地理信息数字成果的主要组成部分。

2. 数字测图成果的构成

数字线划图由数字线划图矢量数据（包括要素属性）、元数据及相关文件构成。

（1）矢量数据包含《国家基本比例尺地图图式　第 1 部分：1∶500 1∶1000 1∶2000 地形图图式》（GB/T 20257.1—2017）、《基础地理信息要素数据字典　第 1 部分：1∶500 1∶1000 1∶2000 比例尺》（GB/T 20258.1—2019）规定的定位基础（平面与高程），水系、居民地及设施、交通、管线、境界与政区、地貌、植被与土质等地形要素的空间坐标、属性和几何信息，以及注记、图廓整饰及图形数据等。

（2）元数据是关于数据的说明数据。图 2-38 为元数据的样例。

（3）相关文件是指需要随矢量数据同时提供的其他附件及说明信息。

3. 数字测图成果形式

数字线划图分为非符号化和符号化数据两类。

	产品名称	产品代号	图名	图号	比例尺分母	图幅等高距	产品生产日期	产品更新日期	出版日期	产品所有权单位名称	产品生产单位名称	产品出版单位名称	数据量	数据格式	西南图廓角点X坐标	西南图廓角点Y坐标	西北图廓角点X坐标	西北图廓角点Y坐标	东北图廓角点X坐标	东北图廓角点Y坐标
2	1:500数字线划图	DLG	无	74.75-08.00	500	1	2013.3	无	2013	辽宁省测绘地理信息局	辽宁省基础地理信息中心	辽宁省测绘地理信息局	242KB	DWG						
3																				

图 2-38　元数据样例示意图

非符号数据是以平面位置坐标、几何信息和属性值表示地形要素，即点线面形式的非符号化数量数据集。

符号化数据是以平面位置坐标、属性和地图特定符号的形式表示地形要素，是按照 GB/T 20257.1—2017 要求进行了地图符号化及编辑处理后的数量数据集。

如图 2-39、图 2-40 为同一地区 1∶2000 比例尺地形图的两种数据形式。图 2-39 为非符号化数字线划图；图 2-40 为符号化数字线划图。

图 2-39　非符号化数字线划图

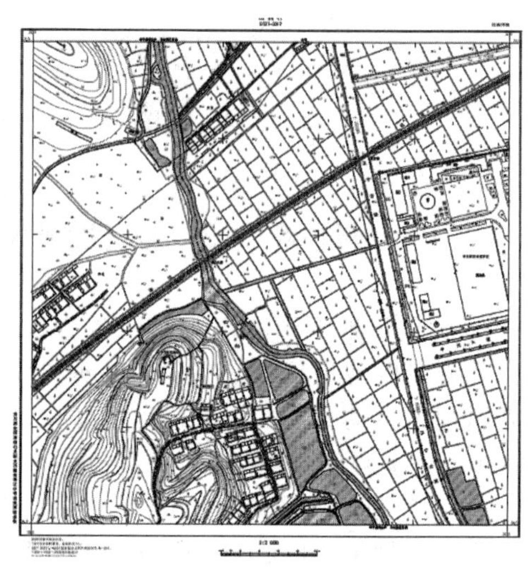

图 2-40　符号化数字线划图

由此可见，数字测图的成果形式为数字线划图（DLG），其非符号化数字线划图是地理信息入库数据的库前数据；符号化数字线划图是数字测图成果的符号化具体体现和应用。

注：上述图形来自虚拟的行业竞赛数据。

4. 数字测图成果要求

（1）数学基础。坐标系采用 2000 国家大地坐标系；必要时亦可采用依法批准的其他独立坐标系。地图投影采用高斯-克吕格投影，按 3°分带；确有必要时亦可按 1.5°分带。高程基准采用 1985 国家高程基准；确有必要时亦可采用依法批准的其他高程基准。

（2）分幅与编号。数字线划图分幅与编号见 GB/T 20257.1—2017 的规定。

（3）表示内容及方式。数字线划图表示的内容及方式见 GB/T 20257.1—2017 的规定。

（4）要素描述。要素描述包括名称、定义、数据类型、值域、代码以及图式表达等。要素描述按 GB/T 20257.1—2017、GB/T 20258.1—2019 的规定。根据用户需求或制图区域特征可补充增加要素，增加的要素应在相关文件中明示。

（5）基本等高距。基本等高距依据地形类别划分，按表 2－8 的规定。一幅图内宜采用同一种等高距，也可以图内线性地物为界采用两种等高距，但不应多余两种。

表 2－8 **基本等高距** 单位：m

比例尺	地形类别			
	平地（坡度＜2°）	丘陵地（2°≤坡度＜6°）	山地（6°≤坡度＜25°）	高山地（坡度≥25°）
1∶500	0.5	1.0（0.5）	1.0	1.0
1∶1000	0.5（1.0）	1.0	1.0	2.0
1∶2000	1.0（0.5）	1.0	2.0（2.5）	2.0（2.5）

注 1. 坡度按图幅范围内大部分的地面坡度划分。
2. 括号内表示依用途需要选用的等高距。

以上为《基础地理信息数字成果 1∶500、1∶1000、1∶2000 数字线划图》（CH/T 9008.1—2010）对数字线划图的要求。

5. 数字测图成果的特征

从数字测图成果本身的含义及应用范围等方面归纳分析，应具有下列基本特征：

（1）科学性。数字测图成果的生产、加工和处理等各个环节，都是依据一定的数学基础、测量理论和特定的测绘仪器设备以及特定的软件环境系统来进行的，因而数字测图数据成果具有科学性的特点。

（2）系统性。数字测图数据成果是根据一定的数学基础和投影法则，在一定的测绘基准和测绘系统的控制下，按照先控制、后碎步、先整体、后局部的原则，有着内在的关联，具有系统性。

（3）专业性。不同的测绘项目和不同的要求及不同的成果形式、不同的精度要求，都说明数字测图数据成果具有专业性。

（4）保密性。由于数字测图成果涉及自认地理要素和地表人工的形状、大小、空间位置及其属性，大部分成果会涉及国家安全和利益，具有保密性。

2.3.2 大比例尺数字测图的手段和方法

当前能够承担大比例尺 1∶500、1∶1000、1∶2000 数字测图从主要采集方式可分为全野外数字测图、摄影测量法数字测图；从数字测图成果的角度可分为新测和修测、补测，即修补测。对于没有电子数据的测区，可以采用扫描矢量化方式进行全野外数据采集或摄影测量法修补测。

选择哪种采集方式需要结合测区内的自然条件、控制点情况、生产单位的仪器设备、软硬件环境、技术人员等条件决定。选择哪种成图方法由测区合同约定和成图后使用情况等决定。

无论采用哪种成图方法，成图的标准是一致的，对于修补测来说，不仅是要对变化的地方进行修正，还要对修正后的数据与周围没有变化的进行图面接边、协调处理，使之成为具有当前现势性的新图。本书只介绍全野外采集方式的新测和修补测，摄影测量法数字测图将在摄影测量教材中阐述，本教材不展开阐述。

大比例尺地形图全野外数字测图的流程如图 2－41 所示。从图 2－41 可以看出，质量控制要贯穿于生产过程的始终。

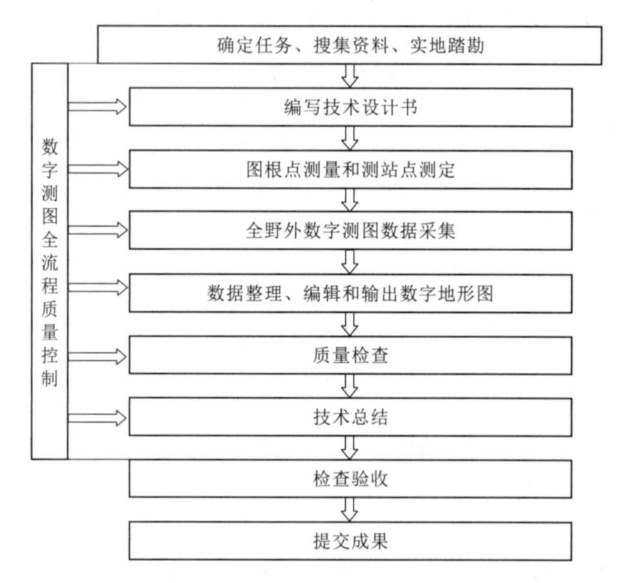

图 2－41 数字测图全流程质量控制

任务 2.4 外业数据采集技巧

使用全站仪或者 GNSS－RTK 全野外采集数据的过程中，全站仪经常受到通视障碍影响，而 RTK 经常遇到上部遮挡而导致信号不佳的情况，所以在实际全野外测图工作中，经常需要配合钢尺等辅助设备，完成数据采集工作。

1. 距离交会法

距离交会法是从两个已知点 A、点 B 分别量至另外一个未知点 P 的距离 S_{AP}、S_{BP} 从而确定未知点 P 的坐标的方法。距离交会法广泛用于全野外数字测图工作中，如楼房房角处信号不好，可以使用 GNSS－RTK 在另外两个信号良好的点上测量其坐标，然后用钢尺测量两段交会距离，即可解决高大建筑物下卫星信号不佳的问题。

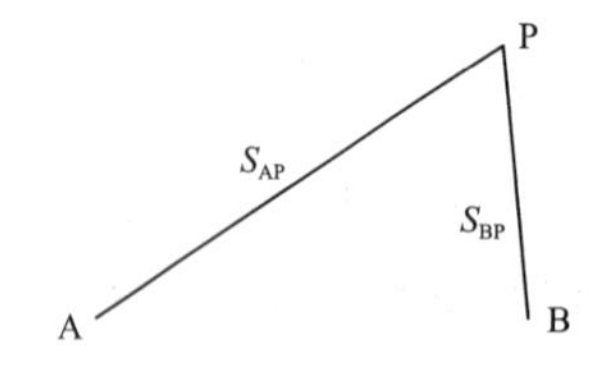

图 2－42 距离交会法示意图

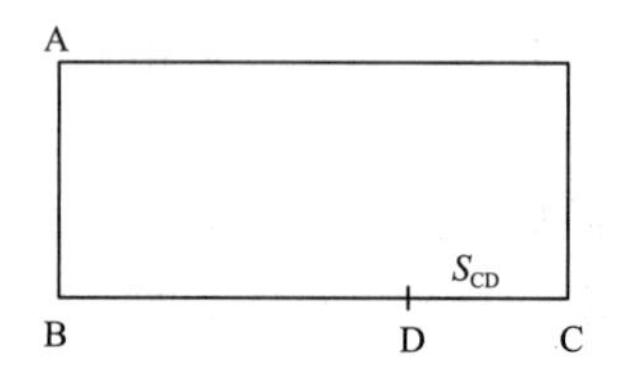

图 2－43 延长线法示意图

如图 2－42 所示，A、B 为已知点，P 为未知点。若丈量了边长 a、b，则在内业作图时用距离交会出 P 点所在位置。使用距离交会法时一定要用钢尺准确量取两段距离。

⊙2－11

2. 延长线法

如图 2－43 所示的矩形建筑物外业数据采集时欲用全站仪和采集 3 个房角，A、B 已采集完毕，C 点视线受阻，则可以在通视的 D 点上采集坐标，再用钢尺精确量取距离 S_{CD}，内业时，在 BD 方向延长 S_{CD} 得到 C 点的正确位置，采用三点法绘制矩形房屋。

3. 平行线法

如图 2－44 所示，北侧房屋 A、B 两点已测，南侧房屋 C 点已测，D 点无法测得，E 和 F 也无法测得，则可在外业量取 S_{CD}，为了验证南侧房屋是矩形，可以现场测量 S_{CE} 和 S_{DF} 进行判断，从而在内业从 C 点做 AB 的平行线，在平行线上量取距离 S_{CD} 得到待定点 D 的位置。

4. 垂直线法

如图 2－45 所示，南侧房屋 D 点通视不好，无法观测，且两座房屋不一定是垂直关系，此时可从北侧房屋的右下角点 E 拉紧一根线绳，作 AB 边的垂线找到垂足 F，判断是否垂直可用一把较大的三角尺的直角来检验，找到垂足之后分别用钢尺量取距离 S_{EF} 和 S_{DF}，即可得到目标点 D。

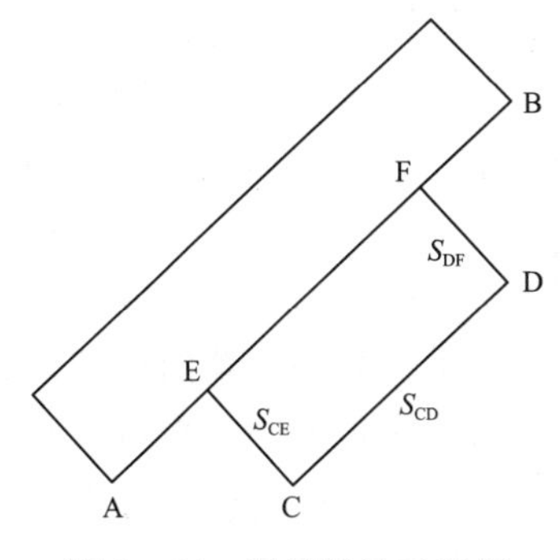

图 2－44　平行线法示意图

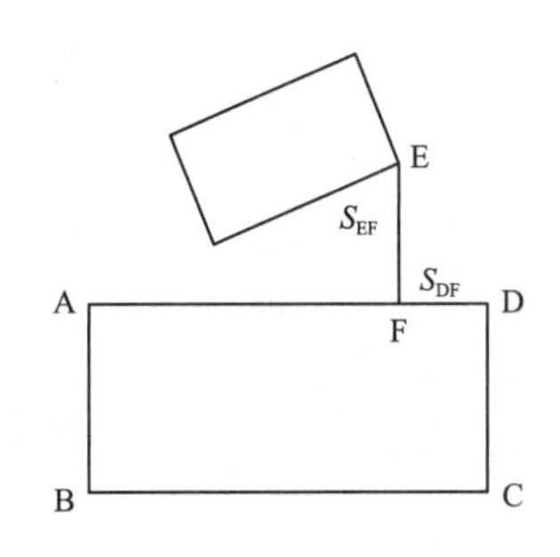

图 2－45　垂直线法示意图

⊙2－12

5. 全站仪后方交会设站法

⊙2－13

在外业数据采集工作中经常会遇到控制点数量不足的情况，后方交会设站法不仅能在控制点与测量点不通视的情况下使用，而且在不适合设置临时控制点的场地同样也可以使用，具体步骤如下：

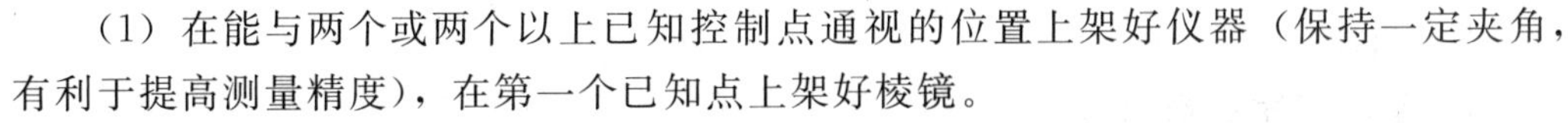

(1) 在能与两个或两个以上已知控制点通视的位置上架好仪器（保持一定夹角，有利于提高测量精度），在第一个已知点上架好棱镜。

⊙2－14

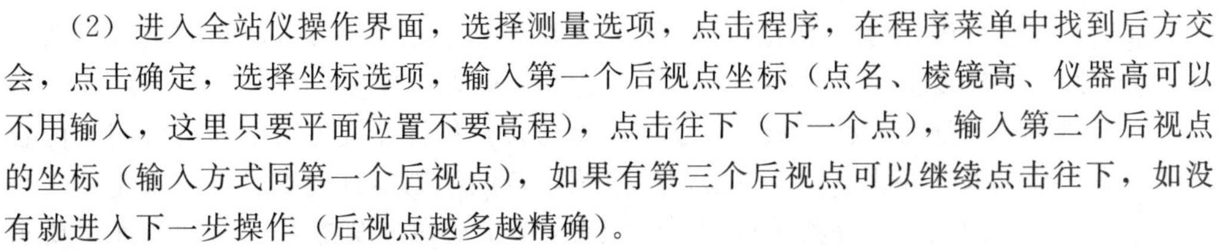

(2) 进入全站仪操作界面，选择测量选项，点击程序，在程序菜单中找到后方交会，点击确定，选择坐标选项，输入第一个后视点坐标（点名、棱镜高、仪器高可以不用输入，这里只要平面位置不要高程），点击往下（下一个点），输入第二个后视点的坐标（输入方式同第一个后视点），如果有第三个后视点可以继续点击往下，如没有就进入下一步操作（后视点越多越精确）。

⊙2－15

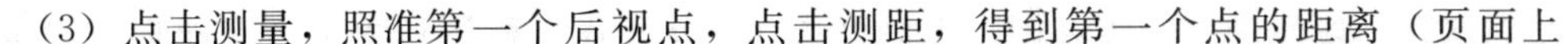

(3) 点击测量，照准第一个后视点，点击测距，得到第一个点的距离（页面上

会提示“是/否”两个选项，选择“是”)；照准第二个后视点，点击“测距”，得到第二个点的距离，点击计算，系统会自动生成站点坐标（仪器位置)，点击“OK”，进入设置方位角确定界面，选择是，就成功地把测站定向设置好了。

(4) 按返回键，回到程序菜单栏，选择数据采集，点击“确认”，开始数据采集工作。

总之，碎部测量过程中会遇到很多种情况，工作中应按照实际情况综合运用以上几种方法，使用这些方法时尽量多量取几组数据，找到检核条件，从而提高精度。

任务 2.5 绘制外业草图

2.4.1 草图的主要内容

目前多数数字测图系统在野外进行数据采集时，要求绘制较详细的草图。如果测区有相近比例尺的地图，则可利用旧图或影像图并适当放大复制，裁成合适的大小（如 A4 幅面）作为工作草图。在这种情况下，作业员可先进行测区调查，对照实地将变化的地物反映在草图上，同时标出控制点的位置，这种工作草图也起到工作计划图的作用。在没有合适的地图可作为工作草图的情况下，应在数据采集时绘制工作草图。草图可按地物的相互关系分块地绘制，也可按测站绘制。

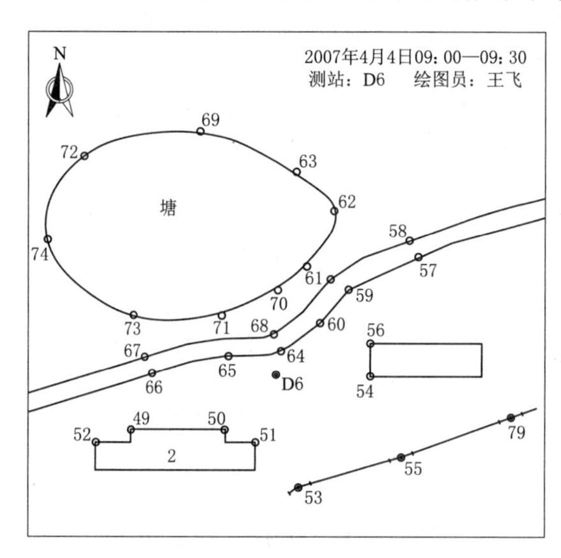

图 2-46　测区草图

草图的主要内容有：地物的相对位置、地貌的地性线、点名、丈量距离记录、地理名称和说明注记等。在用随测站记录时，应注记测站点点名、北方向、绘图时间、绘图者姓名等，最好在每到一测站时，整体观察一下周围地物，尽量保证一张草图把一测站所测地物表示完全，对地物密集处标上标记另起一页放大表示，如图 2-46 所示。草图上点号标注应清楚正确，并全站仪内存或电子手簿记录点号对应。

2.4.2 草图的绘制技巧

草图绘制是全野外数字测图中一项重要的基础性工作，规范、准确、清晰的草图对内业成图具有重要意义。如图 2-47 所示为一幅外业草图。

(1) 根据草图纸张规格、测区大小、地物分布密集程度及每测站周围可测绘内容的多少，大致规划好一张草图上可绘制的范围，草图绘制不宜过于密集或稀疏。

(2) 首先在图纸上写好测图日期、绘制者姓名，方便检索查找，草图纸通常要求归档保存一段时间。还需在图纸上画好指北向示意图，测图过程中所有地物一律以北

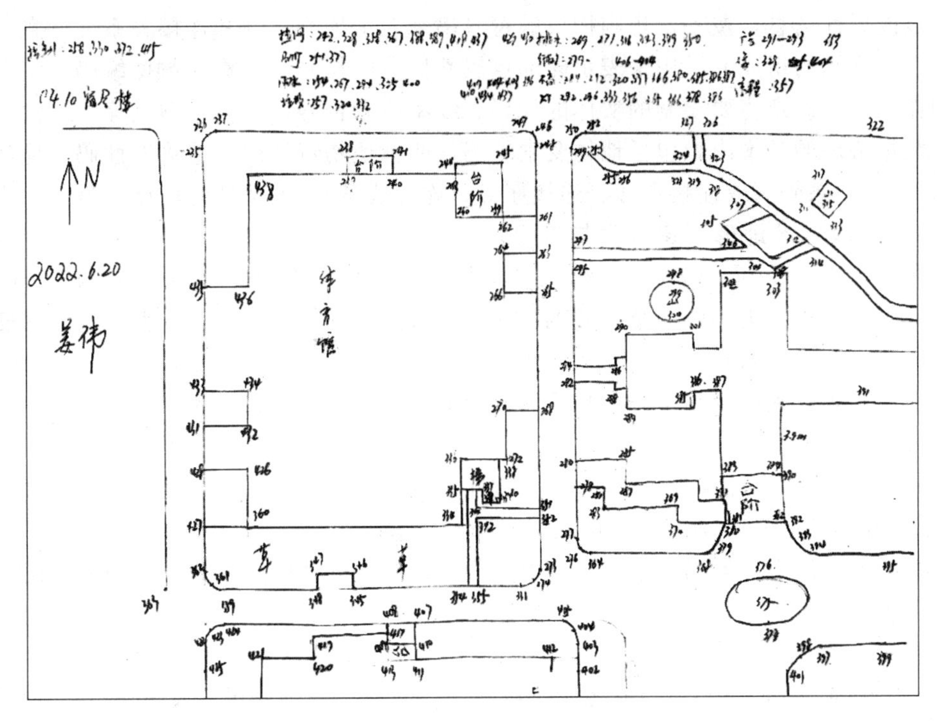

图 2－47　草图绘制示意图

⊙2－16

方向为标准方向绘制，字头朝北，避免画反画倒，不便于内业作图。

（3）草图上通常只绘制各类线状和面状地物，标明线状地物的连接关系，面状地物的分离、包含或邻接关系，线面状地物的穿越关系、共用边重叠关系，同时简要标注其属性。在绘制线状和面状地物时考虑好比例关系，尽量做到比例适中、协调一致。

（4）点状地物通常不标定其位置，而是直接写到草图纸上的某一集中位置，如图 2－46 中的上部。每一行先写点状地物名称，后面依次标记该地物对应的点号，便于内业时采用“点号定位法”成图，或者使用“编码引导法”自动绘制点状地物。

（5）草图图面点号和全站仪中存储的点号务必正确对应，所以外业测量过程中通常每隔固定点号要求观测者和草图员核对点号，确保点号正确。

（6）线状地物的垂直关系要标清垂足，线状地物的相交关系要标清交点，使用钢尺辅助丈量的数据需要清晰标明基点、延长线方向、长度、垂直、平行关系。

（7）草图绘制要求边走边看边判断，边测边量边绘图，做到图面清晰、明了、整齐，地物绘制不重复、不遗漏。

任务 2.6　外　业　编　码

仅有野外数据采集的碎部点坐标并不能满足计算机自动成图的要求，还必须将地物点的属性信息，按一定规则构成的符号串来表示地物属性和连接关系等信息。这种由一定规则的组成的，用来表示碎部点属性信息的符号串，称为数据编码。编码设置的作用，是确定将要绘制的实体的代码、线型或者符号、图层、颜色等。

数据编码的基本内容包括地物要素编码（或称地物特征码、地物属性码、地物代码）、连接关系码（或连接点号、连接序号、连接线型）、面状地物填充码等。

2.6.1 国家标准地形要素分类与编码

按照《1∶500 1∶1000 1∶2000 外业数字测图技术规程》（GB/T 14912—2017）规定，野外数据采集编码的总形式为“地形码＋信息码”。地形码是表示地形图要素的代码。

在《基础地理信息要素分类与代码》（GB/T 13923—2022）和《城市基础地理信息系统技术规范》（CJJ/T 100—2019）中对比例尺为 1∶500、1∶1000、1∶2000 地形图的代码位数的规定是 6 位十进制数字码组成，分别为按数字顺序排列的大类（1 位）、中类（1 位）、小类（2 位）、子类码（2 位）。

左起第 1 位为大类码；第 2 位为中类码，是在大类基础上细分形成的要素码；第 3 位、第 4 位为小类码，是在中类基础上细分形成的要素码；第 5 位、第 6 位为子类码，是在小类基础上细分形成的要素码。代码的每一位均用 0～9 表示，对于大类：1 为定位基础（含测量控制点和数学基础）、2 为水系、3 为居民地及设施、4 为交通、5 为管线、6 为境界与政区、7 为地貌、8 为植被与土质。表 2－9 为 8 个大类中大比例尺成图基础地理信息要素部分代码的示例。

表 2－9　　1∶500、1∶1000、1∶2000 基础地理信息要素部分代码

分类代码	要素名称	分类代码	要素名称
100000	定位基础	310000	居民地
110000	测量控制点	310100	城镇、村庄
110101	大地原点	310300	普通房屋
…	…	310500	高层房屋
110103	图根点	310600	棚房
110202	水准点	311002	地下窑洞
110300	卫星定位点	340503	邮局
…	…	380201	围墙
300000	居民地及设施	380403	凉台

数字测图中的数据编码要考虑的问题很多，如要满足计算机成图的需要，野外输入要简单、易记，便于成果资料的管理与开发。数字测图系统内的数据编码一般为 6～11 位，有的全部用数字表示，有的用数字、字符混合表示。目前，国内开发的测图软件已经有很多，由于国标推出得比较晚，目前使用的测图系统一般都是根据各自的需要、作业习惯、仪器设备及数据处理方法等设计自己的数据编码方案，如果要转换为国标规定的编码则通过转换程序进行编码转换。数据编码从结构和输入方法上区分，主要有全要素编码、块结构编码、简编码和二维编码。

2.6.2 全要素编码

全要素编码通常是由若干个十进制数组成。其中每一位数字都按层次分，都具有特定的含义。有的采用 5 位，有的采用 6 位、7 位、8 位，甚至 11 位编码的都有，各种编码都有各自的特点，但其中地物编码一般都是 3 位，只是将一些不是最基本的、规律的连接及绘图信息都纳入编码。如 SouthMap 数字测图系统的编码主要参照《国家基本比例尺地图图式　第 1 部分：1∶500 1∶1000　1∶2000 地形图图式》（GB/T 20257.1—2017）的章节号为所有的地形符号进行了编码。编码统一为 6 位数字，其规则是“1（或 2、3）＋图式序号＋顺序号＋次类号”。其中 3～9 章的内容第一位数字为 1，10～12 章的内容第一位数字为 2，对于地籍测量的内容第一位数字为 3；“图式序号”指 993 版图式中符号的章节号（去除点），如三角点章节为 3.1.1，则其图式序号为 311，示坡线的章节号为 10.1.3，则其图式序号为 013；“顺序号”为此类符号顺序号，从 0 开始；“次类号”指同一图式章节号中不同图式符号，从 0 开始。如简单房屋、陡坎（未加固）、水井在图式上的章节号分别为 4.1.2、10.4.2、8.5.1，则 CASS 赋予它们的编码分别为 141200、204201、185102。因为在图式的 8.5.1 下又将水井划分为依比例尺的水井和不依比例尺的水井，所以 SouthMap 依比例尺的水井编号为 185101，不依比例尺的水井编号为 185102。对于有辅助符号位的编码，在其骨架线编码后加“顺序号”，如围墙辅助符号位的边线编码为 144301－1，围墙辅助符号位的短线编码为 144301－2。

这种编码方式的优点是各点编码具有唯一性，计算机易识别与处理，但外业编码输入较困难，目前很少用。

2.6.3 简编码

简编码就是在野外作业时仅输入简单的提示性编码。经内业简码识别后，自动转换为程序内部码。SouthMap 系统的有码作业模式，是一个有代表性的简编码输入方案。SouthMap 系统的野外操作码（也称为简码或简编码）可区分为：类别码、关系码和独立符号码 3 种，每种只由 1～3 位字符组成。其形式简单、规律性强、无须特别记忆，并能同时采集测点的地物要素和拓扑关系；它也能够适应多人跑尺（镜）、交叉观测不同地物等复杂情况。

1. 类别码

类别码也称“地物代码”或“野外操作码”，见表 2－10，是按一定的规律设计的，不需要特别记忆。有 1～3 位，第 1 位是英文字母，大小写等价，后面是范围为 0～99 的数字，如代码 F0，F1，…，F6 分别表示特种房（坚固房），普通房，一般房屋，……，简易房。F 取“房”字的汉语拼音首字母，0～6 表示房屋类型由“主”列“次”。另外，K0 表示直折线型的陡坎，U0 表示曲线型的陡坎；X1 表示直折线型内部道路，Q1 表示曲线型内部道路。由 U，Q 的外形很容易想象到曲线。类别码后面可跟参数，如野外操作码不到 3 位，与参数间应有连接符“-”，如有 3 位，后面可紧跟参数，参数有下面几种：控制点的点名、房屋的层数、陡坎的坎高等。

野外操作码第一个字母不能是“P”，该字母只代表平行信息；Y0、Y1、Y2 三个野外操作码固定表示圆；可旋转独立地物要测两个点以便确定旋转角；野外操作码如以"U""Q""B"开头，将被认为是拟合的，所以如果某地物有的拟合，有的不拟合，就需要两种野外操作码；房屋类和填充类地物将自动被认为是闭合的；房屋类等如只测3个点，系统会自动给出第4个点；对于查不到SouthMap编码的地物以及没有测够点数的地物，如只测1个点，自动绘图时不做处理，如测两点以上按线性地物处理。

表2-10　类别码符号及含义

类　型	符号码及含义
坎类（曲）	K（U）+数（0—陡坎，1—加固陡坎，2—斜坡，3—加固斜坡，4—垄，5—陡崖，6—干沟）
线类（曲）	X（Q）+数（0—实线，1—内部道路，2—小路，3—大车路，4—建筑公路，5—地类界，6—乡、镇界，7—县、县级市界，8—地区、地级市界，9—省界线）
垣栅类	W+数（0，1—宽为0.5m的围墙，2—栅栏，3—铁丝网，4—篱笆，5—活树篱笆，6—不依比例围墙，不拟合，7—不依比例围墙，拟合）
铁路类	T+数[0—标准铁路（大比例尺），1—标（小），2—窄轨铁路（大），3—窄（小），4—轻轨铁路（大），5—轻（小），6—缆车道（大），7—缆车道（小），8—架空索道，9—过河电缆]
电力线类	D+数（0—电线塔，1—高压线，2—低压线，3—通信线）
房屋类	F+数（0—坚固房，1—普通房，2—一般房屋，3—建筑中房，4—破坏房，5—棚房，6—简易房）
管线类	G+数[0—架空（大），1—架空（小），2—地面上的，3—地下的，4—有管堤的]
植被土质	拟合边界
不拟合边界	H+数（0—旱地，1—水稻，2—菜地，3—天然草地，4—有林地，5—行树，6—狭长灌木林，7—盐碱地，8—沙地，9—花圃）
圆形物	Y+数（0—半径，1—直径两端点，2—圆周三点）
平行体	P+[X(0—9)，Q(0—9)，K(0—6)，U(0—6)，…]
控制点	C+数（0—图根点，1—埋石图根点，2—导线点，3—小三角点，4—三角点，5—土堆上的三角点，6—土堆上的小三角点，7—天文点，8—水准点，9—界址点）
例如：K0—直折线型的陡坎，U0—曲线型的陡坎，W1—土围墙，T0—标准铁路（大比例尺），Y012.5—以该点为圆心半径为12.5m的圆	

2. 关系码

关系码也称"连接关系码"，共有4种符号："+""—""A$"和"P"配合来描述测点间的连接关系。其中"+"表示连接线依测点顺序进行；"—"表示连接线依相反方向顺序进行连接；"A$"表示断点识别符；"P"表示绘平行体。见表2-11。

连接关系码代表着简码识别时点的连接顺序关系，线面状地物外业数据采集时尽可能地按其特征点店顺序观测，连接关系码尽可能使用"+"，而不使用"—"，如图2-48所示的四点房屋，正常情况下按顺序观测1、2、3、4，则1号点编码"F1"，其他3点按顺序全部编码"+"即可，绘图结果如a图所示。若观测顺序出现错误，按照b图的顺序观测，而依然用"+"编码则绘图结果如b图所示出现了错误。则应当按照c图所示的方法进行编码，1号点用"F1"，2号点用"—"表示"按相反顺序由2到1进行连接"，3号点用"1+"表示"隔一点与1号点相连"，4号点用"+"表示"与上一点相连"，4号点用"2+"表示也可以，效果相同。

表 2-11　　连接关系码的符号及含义

符号	含　义	符号	含　义
+	本点与上一点相连，连线依测点顺序进行	p	本点与上一点所在地物平行
−	本点与下一点相连，连线依测点顺序相反方向进行	np	本点与上 n 点所在地物平行
n+	本点与上 n 点相连，连线依测点顺序进行	+A＄	断点标识符，本点与上点连
n−	本点与下 n 点相连，连线依测点顺序相反方向进行	−A＄	断点标识符，本点与下点连
“+”“−”符号的意义：“+”“−”表示连线方向 1 → 2　　1 ← 2 1(F1) 2+　　1(F1) 2−			

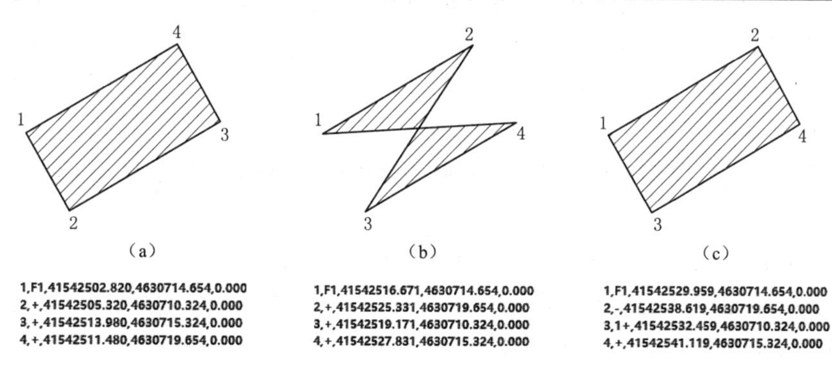

图 2-48　连接关系码的应用方法

3. 独立符号码

独立符号码也称“点状地物符号码”，是对只有一个定位点的独立地物设计的编码，用 A×× 表示，见表 2-12，如 A14 表示水井，A70 表示路灯等。

表 2-12　　部分独立地物（点状地物）编码及符号含义

符号类别	编码及符号名称				
水系设施	A00 水文站	A01 停泊场	A02 航行灯塔	A03 航行灯桩	A04 航行灯船
居民地	A16 学校	A17 肥气池	A18 卫生所	A19 地上窑洞	A20 电视发射塔
	A21 地下窑洞	A22 窑	A23 蒙古包		
管线设施	A24 上水检修井	A25 下水雨水检修井	A26 圆形污水篦子	A27 下水暗井	A28 煤气天然气检修井
	A29 热力检修井	A30 电信入孔	A31 电信出孔	A32 电力检修井	A33 工业、石油检修井
	A34 液体气体储存设备	A35 不明用途检修井	A36 消火栓	A37 阀门	A38 水龙头
	A39 长形污水篦子				
电力设施	A40 变电室	A41 无线电杆（塔）	A42 电杆		
道路设施	A45 里程碑	A46 坡度表	A47 路标	A48 汽车站	A49 臂板信号机
独立树	A50 阔叶独立树	A51 针叶独立树	A52 果树独立树	A53 椰子独立树	

续表

符号类别	编码及符号名称				
公共设施	A68 加油站	A69 气象站	A70 路灯	A71 照射灯	A72 喷水池
	A73 垃圾站	A74 旗杆	A75 亭	A76 岗亭（岗楼）	A77 钟楼（鼓楼、城楼）
	A78 水塔	A79 水塔烟囱	A80 环保监测点	A81 粮仓	A82 风车

2.6.4 其他编码方案

1. 块结构编码

块结构编码将整个编码分成几个部分，如分为点号、地形编码、连接点和接线型 4 部分分别输入。其中地形编码是参考图式的分类，用 3 位整数将地形要素分类编码。每一个地形要素都赋予一个编码，使编码和图式符号一一对应。如：100 代表测量控制点类；104 代表导线点；200 代表居民地类，又代表坚固房屋；210 代表建筑中的房屋。

2. 二维编码

二维编码（也称“主附编码”）对地形要素进行了更详细的描述，一般由 6～7 位代码组成。

二维编码没有包含连接信息，连接信息码由绘图操作顺序反映。二维编码数位多，观测员很难记住这些编码。因此，测图时需要对照实地现场利用屏幕菜单和绘图专用工具或用鼠标提取地物属性编码，绘制图形。

【项目小结】

碎部点点位信息主要由全站仪、GNSS－RTK 等设备采集，连接信息与属性信息可采用草图法、编码法或电子平板法采集（目前大多还是草图法）。本项目主要介绍了数字测图前的准备工作，图根控制测量，野外数据采集原理与方法，测记法、电子平板法（含掌上电子平板）野外数据采集等内容，并介绍了南方 SouthMap 系统的简码应用和测图精灵野外数据采集方法。

【课后习题】

一、单项选择题

1.《基础地理信息要素分类与代码》（GB/T 13923—2022）和《城市基础地理信息系统技术规范》（CJJ/T 100—2019）中对比例尺为 1∶500 、1∶1000 、1∶2000 地形图的代码位数的规定是（　　）位十进制数字码组成。

A. 3　　B. 4　　C. 5　　D. 6

2. 关系码（亦称连接关系码），共有 4 种符号：“＋”“－”“A＄”和“P”配合来描述测点间的连接关系。其中“＋”表示连接线依（　　）进行连接。

A. 相反方向顺序　　B. 测点顺序

C. 表示绘平行体　　D. 表示断点识别符

3.（　　）是在测定碎部点的定位信息的同时输入简编码，带简编码的数据经内业识别，自动转换为绘图程序内部码，可以实现自动绘图。

A. 无码作业　　B. 有码作业

C. 点号定位法　　D. 坐标定位法

二、多项选择题

1. 利用全站仪进行图根平面控制测量，可采用（　　）和交会法等方法布设。

A. 图根导线（网）　　B. 极坐标法（引点法）

C. 辐射法　　D. 一步测量法

2. CASS 系统的野外操作码（也称为简码或简编码）可区分为（　　）3 种。

A. 类别码　　B. 关系码　　C. 独立符号码　　D. 条形码

3. 数据编码的基本内容包括（　　）。

A. 地物要素编码　　B. 连接关系码　　C. 面状地物填充码　　D. 颜色编码

4. 全站仪外业数据采集的步骤包括（　　）。

A. 测站设置　　B. 后视定向　　C. 定向检查　　D. 碎部点采集

三、判断题

1. 当测图高级控制点的密度不能够满足大比例尺数字测图的需求时，需加密适当数量的图根控制点，直接供测图使用，这项工作称为图根控制测量。（　　）

2. 由一定规则的组成的，用来表示碎部点属性信息的符号串，称为数据编码。（　　）

3. 简编码就是在野外作业时仅输入简单的提示性编码。经内业简码识别后，自动转换为程序内部码。（　　）

4. 无码作业就是用全站仪（或 GNSS - RTK）测定碎部点的定位信息（X，Y，Z），并自动记录在电子手簿或内存储器中，手工记录碎部点的属性信息与连接信息。（　　）

四、简答题

1. 什么是野外数据采集？野外数据采集主要包括哪些内容？
2. 数据采集前需要做好哪些准备工作？
3. 什么是数据编码？数据采集时为什么要简码？
4. 数字测图中常用的图根控制有哪些方法？各有何优缺点？
5. 野外数据采集主要有哪些模式？各有何优缺点？
6. 测记法模式中为什么必须测绘草图？测绘草图的主要内容是什么？
7. 简要阐述用南方灵锐 S86 型 RTK 进行数据采集的操作步骤和要求。
8. 南方 CASS 中的简码是如何规定的？

项目 2
课后习题答案

【课堂测验】

请扫描二维码，完成本项目课堂测验。

课堂测验 2

课堂测验 2 答案

用脚步丈量壮美山河，用忠诚诠释测绘精神

2021 年 2 月 17 日，自然资源部第一大地测量队（下称“国测一大队”）当选“感动中国 2020 年度人物”。两下南极、七测珠峰、39 次进驻内蒙古荒原、52 次深入高原无人区、52 次踏入沙漠腹地，用脚步丈量壮美山河，用忠诚诠释测绘精神。自 1954 年建队以来，国测一大队徒步行程累计 6000 多万 km。为国家苦行，为科学先行，他们用双脚丈量祖国大地，用血水汗水乃至生命绘出祖国的壮美河山，他们的英勇无畏感动了众多人。

国家测绘局第一大地测量队是全国测绘战线上一支思想作风好、技术业务精、艰苦奋斗、敢打硬仗、不怕牺牲、功绩卓著、无私奉献的英雄测绘大队。

建队 70 年来，先后完成和参与完成了全国大地测量控制网布测，中蒙、中苏、中尼边境联测，京、津、唐、张地震水准会战，2000 国家重力基本网的布测，全国天文主点联测，珠穆朗玛峰高程测量，南极中山站建站和第 21 次南极科考测量，国家 GPS A 级网和 B 级网、国家高程控制网、中国公路网 GPS 测绘工程、中华人民共和国大地原点的建设、施测和管理等国家重点测绘项目，为国家的经济建设提供了有力的测绘保障。

量天测地 70 余载，大队为祖国的测绘事业作出了贡献，争得了荣誉，1991 年国务院通令嘉奖，授予大队“功绩卓著，无私奉献的英雄测绘大队”荣誉称号。大队先后 26 次受到国家、省、部级表彰，有 25 人获得国家、省和市级各种荣誉称号，2005 珠峰复测有 4 人荣立一等功，12 人荣立二等功，9 人荣立三等功。

在丈量祖国壮美山河的征程上，国测一大队队员们以热血和生命凝铸了“热爱祖国、忠诚事业、艰苦奋斗、无私奉献”的测绘精神。

项目 3

数字测图内业数据处理

【项目概述】

本项目以地形地籍成图软件 SouthMap 为基础，主要讲述数字测图内业成图的基本过程和方法。包括熟悉 SouthMap 软件、识读地形图图式、草图法绘制地形图、编码法绘制地形图、绘制地形图地物符号、绘制等高线、注记与编辑地形图、分幅、整饰与输出地形图。

【学习目标】

通过本项目的学习，应掌握 SouthMap 内业成图方法和具体操作步骤。在此基础上，能熟练运用 SouthMap 地形地籍成图软件完成数字地形图的内业成图任务。

【内容分解】

项目	重难点	任务	学习目标	主要内容
数字测图内业数据处理	熟悉 SouthMap 软件和新版地形图图式； 地物符号的绘制；地貌符号及等高线的绘制； 草图法绘图和编码法成图； 数字地形图注记与编辑； 数字地形图分幅、整饰与打印	任务 3.1：熟悉 SouthMap 软件	熟悉 SouthMap 软件的主要功能、安装方法、主要菜单等	SouthMap 软件产品特点； SouthMap 软件应用领域； SouthMap 软件安装方法； SouthMap 软件界面结构和菜单介绍
		任务 3.2：识读地形图图式	认识地形图；掌握地形图比例尺、掌握地形图图式符号；识读常见的地物符号、地貌符号	地形图图式符号：符号的尺寸、定位点和定位线、符号的方向和配置、文字注记、各类常用符号的识读； 地物符号：地物符号的构成、位置、方向及注记； 地貌符号：等高线、用等高线表示地貌
		任务 3.3：草图法绘制地形图	掌握点号定位法、坐标定位法的具体过程	点号定位法成图：定显示区、展点、对照草图输入点号绘图； 坐标定位法成图：定显示区、展点、对照草图鼠标定位绘图
		任务 3.4：编码法绘制地形图	掌握编码引导法、简码识别法的具体过程	编码引导法成图：基本原理、具体过程； 简码识别法成图：基本原理、具体过程
		任务 3.5：绘制地物符号	掌握点状、线状、面状符号的绘制方法	点状符号的绘制方法；线状符号的绘制方法； 面状符号的绘制方法

续表

项目	重难点	任务	学习目标	主要内容
数字测图内业数据处理	熟悉 SouthMap 软件和新版地形图图式； 地物符号的绘制；地貌符号及等高线的绘制； 草图法绘图和编码法成图； 数字地形图注记与编辑； 数字地形图分幅、整饰与打印	任务 3.6：绘制地貌符号	掌握三角网的构建方法、等高线的绘制、注记及编辑方法；了解三维模型的绘制方法	DTM 的建立与修改：建立三角网、修改三角网； 绘制等高线； 等高线的修饰：等高线注记、等高线修剪；三维模型的绘制方法
		任务 3.7：注记与编辑地形图	掌握物地形图编辑的内容和方法；掌握地形图注记的内容与方法	地形图的编辑：普通编辑菜单、地物编辑菜单、复合线处理子菜单等； 地形图的注记：文字注记设置、分类注记、通用注记、变换字体、常见的文字注记
		任务 3.8：分幅、整饰与输出地形图	掌握地形图批量分幅的方法；掌握地形图图幅整饰内容；掌握地形图输出打印的方法	地形图批量分幅； 地形图图幅整饰：标准图幅、任意图幅、工程图幅、图廓整饰说明； 地形图的输出：打印机设置、设置图纸尺寸、打印范围、打印比例

ⓢ3-1

ⓢ3-2

ⓢ3-3

ⓢ3-4

学习本项目需要用到以下规范。

（1）《国家基本比例尺地图图式 第 1 部分：1∶500 1∶1000 1∶2000 地形图图式》（GB/T 20257.1—2017）。

（2）《1∶500 1∶1000 1∶2000 外业数字测图技术规程》（GB/T 14912—2017）。

（3）《测绘技术设计规定》（CH/T 1004—2005）。

（4）《城市测量规范》（CJJ/T 8—2011）。

任务 3.1 熟悉 SouthMap 软件

南方地理信息数据成图软件 SouthMap 是结合南方测绘 20 余年软件研发经验，基于 AutoCAD 和国产 CAD 平台，集数据采集、编辑、成图、质检等功能于一体的成图软件，主要用于大比例尺地形图绘制、三维测图、点云绘图、日常地籍测绘、工程土石方计算、职业教育等领域。

3.1.1 产品特点

1. 应用于数据生产全流程

满足地理空间信息数据生产业务全流程，包括覆盖数据输入、图形绘制、数据质检、数据输出和成果管理各环节。

2. 扩充数据输入接口

兼容多源数据输入，包含矢量数据、正射影像、三维模型和点云数据。数据吞吐量达到 GB 级，大影像数据和三维模型，加载均可达到秒级。

（1）矢量数据：DWG、MDB、Shapefile、DXF 等。

（2）正射影像：TIF、IMG、JPG 等。

（3）三维模型：OSGB 等。

（4）点云数据：LAS、PCG 等。

（5）坐标文件：*.dat、*.txt、*.csv、*.xls、*.xlxs 等。

3. 接轨最新采集技术

打通软硬件通信壁垒，支持蓝牙连接南方智能全站仪、RTK、无人机和激光扫描仪。内外业一体化，南方系列采集设备输出的测量文件，均支持一键导入成图。提高数据采集编辑效率。智能全站仪测图之星支持边测边成图，输出的测量文件，可一键导入自动成图。道桥隧设计和采集的曲线数据，支持直接读取，自动输出报表。南方无人机采集的倾斜三维模型，可以直接读取，采用裸眼 3D 技术采集成图。南方激光扫描仪采集的点云数据，可直接读取，完成点云裁剪、渲染、分类和立面测量。

4. 数据传输云同步

与云端平台、智能全站仪实现了数据联动传输，实现内外业一体化。智能全站仪可在线上传数据到南方云平台、更新和分享数据；南方云平台进行数据管理、任务分发，项目进度监控；SouthMap 直接从云端下载外业采集数据，并进行数据编辑、成图、质检和入库处理。多个小组可以实现同步作业，避免一份数据多次拷贝和传递。

5. 多模型工程土方计算

土方计算模块集三维立体化展示、模型数据种类多样、成果快速生成、智能化操作计算等优点于一身，适用于山坡、土堆、基坑、道路、沟渠等各类型土方工程。

6. 多类型公路曲线设计

兼容南方智能全站仪采集的线路数据，自动绘图，一键输出成果报表。支持交点法、线元法和偏角法，适用于各种复杂的公路曲线设计。

7. 支持多个图形平台

支持主流图形平台 AutoCAD 2008—2020 版（本页面展示主要为 AutoCAD 2020 平台），兼容国产图形平台中望 CAD 2018—2021 版，兼容国产图形平台浩辰 CAD 2020 版。

8. 紧密融合南方测绘教学平台

与南方测绘虚拟仿真教学系统和 1+X 教学实训平台深度融合。虚拟仿真教学系统：由虚拟水准仪、全站仪、RTK 等设备，在测绘虚拟仿真教学系统中采集的测量数据，可直接完成平差、自动化成图，成果图自动评分。1+X 教育实训平台：嵌入南方测绘 1+X 教学实训平台，助力测绘职业技能实训、测绘地理信息职业技能等级考试。支持多项技能等级考试，考试成果加密和自动评分。

9. 灵活的授权方式

提供硬件锁、云授权和软授权的灵活授权方式。满足用户的各种使用需求。硬件锁，单机网络一体，单机锁和网络锁模式可远程切换。云账号，联网登录账户即可使用。软锁，内网用户绑定电脑即可使用。

3.1.2 应用领域

1. 地形成图

SouthMap 软件严格遵循 GB/T 20257.1—2017 国家基本比例尺地图图式标准；提供标准绘图、快速绘图、自动绘图等方式高效绘图；提供多种地理信息数据处理工具，包括复合线处理、等高线处理等；支持添加多种规格图幅，包含标准图幅、任意图幅、批量分幅。如图 3－1 所示为数字地形图。

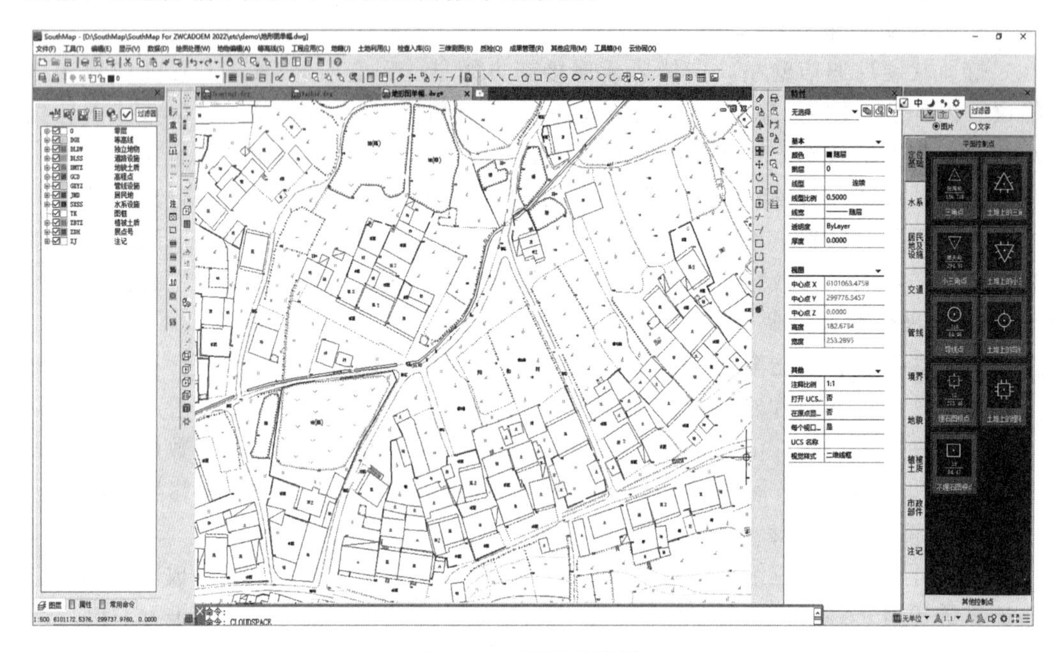

图 3－1　数字地形图

2. 地籍测量

严格依据最新《地籍调查规程》（TD/T 1001—2012）；支持快速成图编辑、属性录入和成果输出；支持批量输出地籍调查表、界址点成果表、宗地图等地籍成果。如图 3－2 所示为数字地籍图。

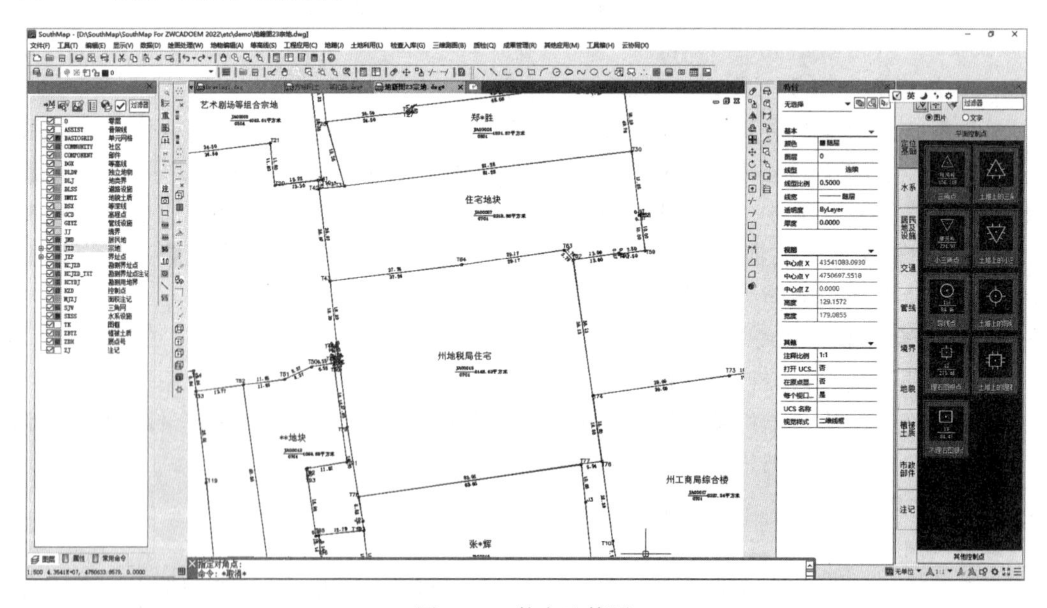

图 3－2　数字地籍图

3. 工程测量应用

提供三角网法、方格网法、断面法、等高线法等计算土方；三维立体化展示、模型数据种类多样、成果快速生成、智能化操作计算；支持多级放坡基坑自动计算和自动扣岛计算。如图 3－3 所示为方格网法土方量计算。

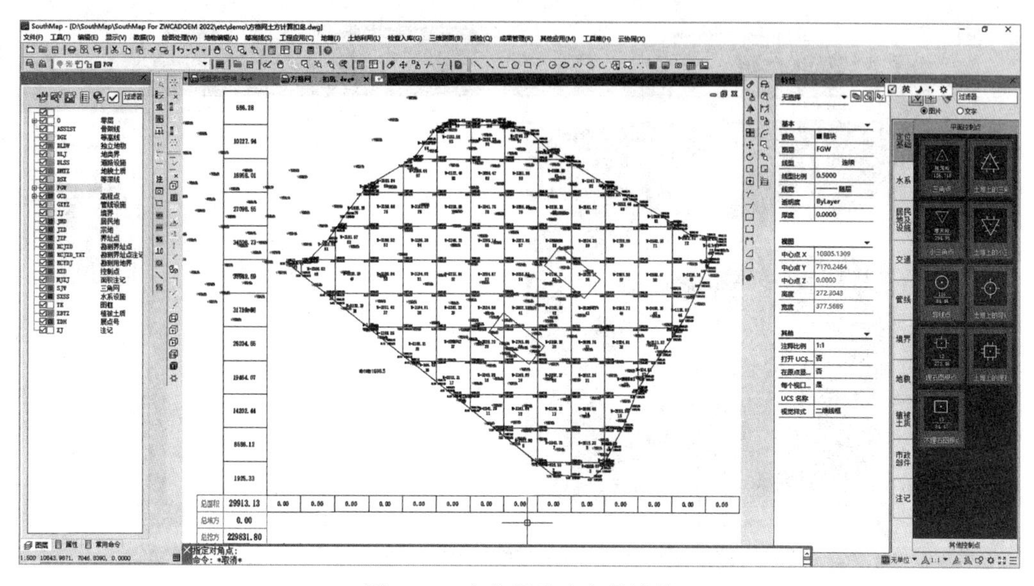

图 3－3　方格网法土方量计算

4. 业务流程质检

灵活自定义质检方案，满足编图和入库质检需求，保证数据质量。如图 3－4 所示为数字地图质检流程图。

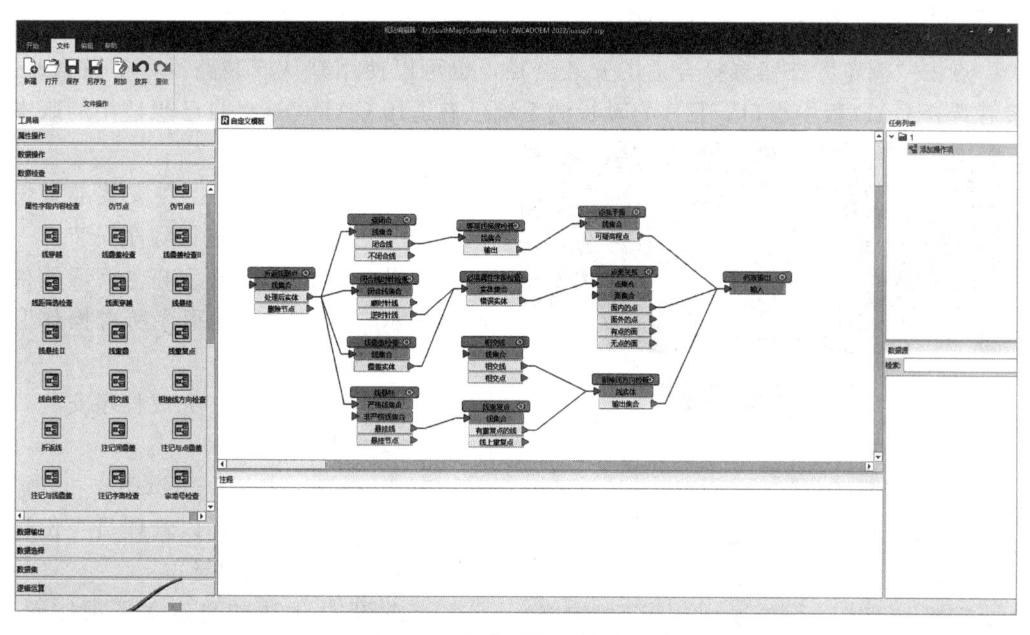

图 3－4　数字地图质检流程图

5. 三维测图

3D 模块嵌入软件，支持三维模型数据加载、浏览和编辑；提供多种绘房方式，面面相交绘房、直角绘房、房棱绘房和智能绘房；自动提取高程点，自动绘制等高线，高效计算土方。如图 3-5 所示为三维测图。

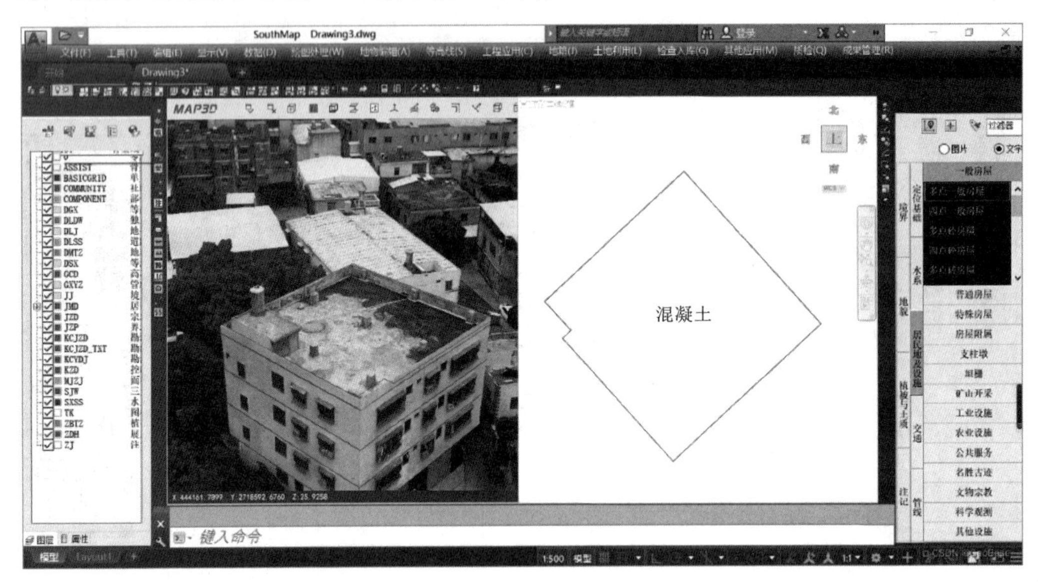

图 3-5 三维测图

3.1.3 安装方法

1. 系统安装

双击 SouthMap 软件安装包，弹出 SouthMap 安装向导窗口。点击“自定义选”，选择 CAD 版本窗口，以及安装路径，如图 3-6 所示。

点击“浏览”按钮选择合适的安装路径，也可以使用默认安装路径，不做修改。接着选择 CAD 版本窗口，程序自动检测系统已有适用 CAD，选择自己想适用的版本进行安装。

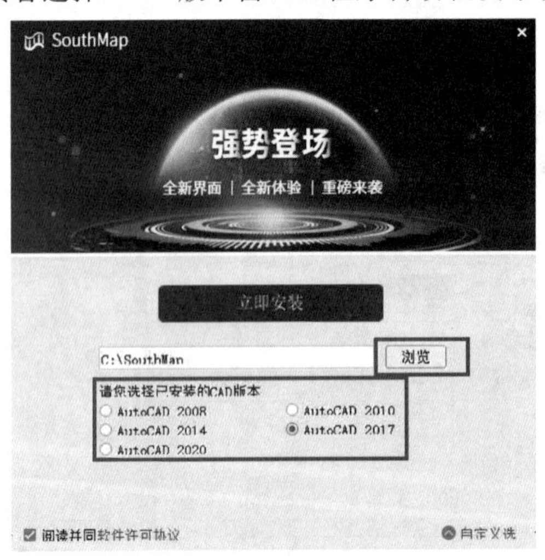

图 3-6 选择按照路径及 CAD 版本号

自定义选择完成后，在安装准备窗口点击“立即安装”，进行程序安装。

如果在安装过程中，出现杀毒软件此类提示，点击“允许程序所有操作”。如图 3-7 所示

点击“安装完成”，完成程序安装。

2. 安装加密狗驱动

右击 sense_shield_installer_pub_2.2.0.45290.exe，选择以管理员身份运行，打开加密狗安装向导。

点击图 3-8 中的自定义选项按钮，设置加密狗驱动的安装路径。

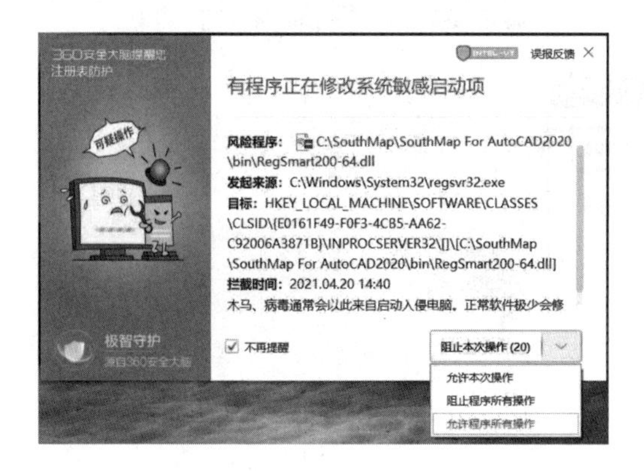

图 3-7　安全提醒

图 3-8　确定按照路径

点击立即安装按钮，安装加密狗驱动程序。安装完成后，点击立即体验按钮，打开注册用户许可工具，如图 3-9 所示。

图 3-9　注册用户许可

点击云账号旁边的“＋”号，然后点击“注册账号”，进入注册界面，如图 3-10 所示。根据要求进行填写相关注册信息，如图 3-11 所示。

注册完将账号发给供应商进行授权，授权完毕后会告知用户，随后刷新就能看到授权内容，然后重启软件即可进入软件，如图 3-12 所示。点击“我的软件”或者“点击红框内的数字”就可查看具体已经授权的软件。

若用户使用的是硬件加密狗，直接在本机电脑插上加密狗即可。若用户使用的是云锁加密，则需点击图 3-10 红框内的“＋”，输入云账户的用户名和密码登录云锁。

3. 软件启动

运行 SouthMap. exe 文件即可启动程序，或者通过桌面快捷方式或“开始”菜单启动。

图 3-10 注册界面

图 3-11 填写用户账号相关信息

4. 软件狗注册

软件支持本地和在线两种方式注册授权码，收到软件狗且安装驱动之后，电脑插上软件狗，打开软件。本地注册需要供应商提供对应软件狗的授权文件，收到文件后使用“文件”“软件狗授权”，如图 3-13 所示，弹出对话框点击“本地注册”，选择文件即可完成。在线注册需要电脑连接网络，同样使用“软件狗授权”功能，弹出对话框点击“在线注册”即可完成软件狗授权，如图 3-14 所示。

5. 系统退出

点击软件右上角的关闭按钮，软件将会关闭，如果当前有打开数据文件，系统将同时把数据文件关闭。用户也可以从文件菜单或快速访问工具栏中点击“退出”按钮关闭软件，效果相同。

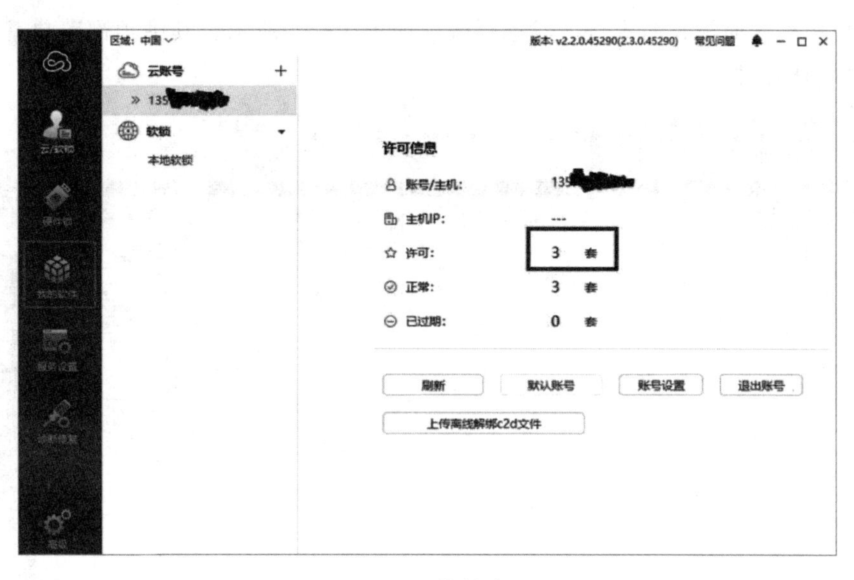

图 3-12　软件许可

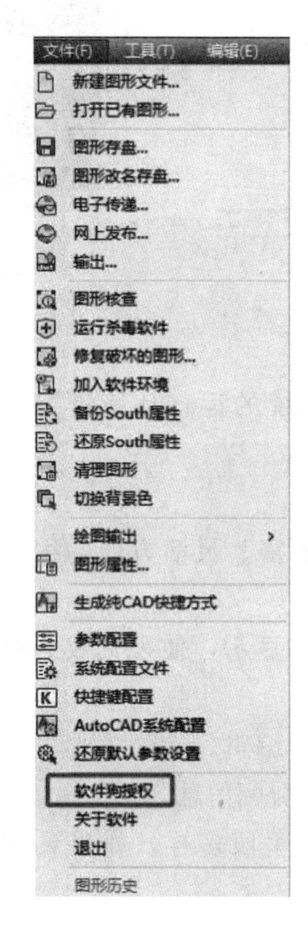

图 3-13　软件狗授权菜单

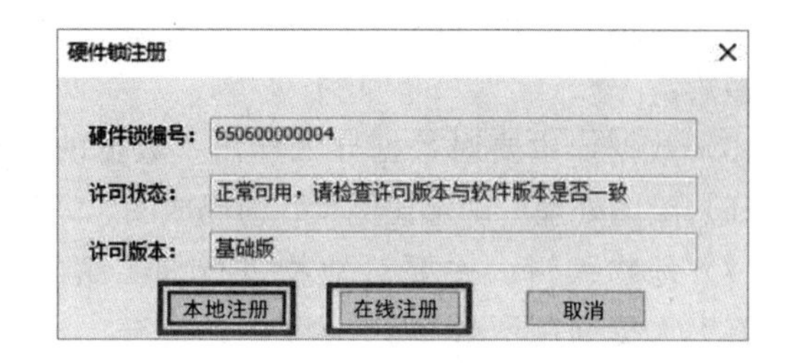

图 3-14　进行硬件锁注册

3.1.4　软件界面结构和菜单介绍

1. SouthMap 软件操作界面

如图 3-15 所示，软件主界面主要包括有：菜单栏、工具栏、图层属性面板、绘图区、地物绘制面板、命令行、状态栏等，如图3-15所示。其中顶部菜单基本包括了所有成图的操作。

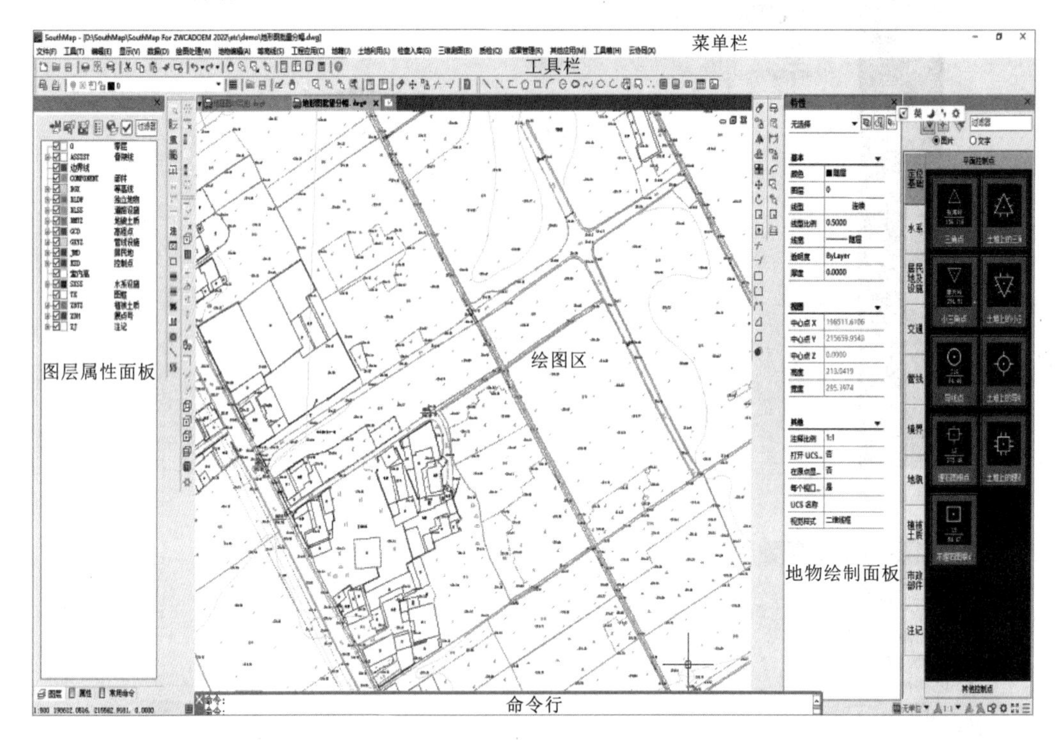

图3-15 软件操作界面

Southmap的19个顶部菜单功能如下。

(1) 文件。主要用于控制文件的输入、输出，对整个系统的运行环境进行修改设定。

(2) 工具。主要在编辑图形时提供绘图工具。

(3) 编辑。主要通过调用AutoCAD命令，利用其强大丰富、灵活方便的编辑功能来编辑图形及管理图层。

(4) 显示。提供观察一个图形多种方法及对象的三维动态显示，使视觉效果更加丰富多彩。

(5) 数据。主要对数据导入导出、数据的编辑及对编码的编辑。

(6) 绘图处理。确定比例尺、简码成图、高程信息的管理及分幅信息的生成、修改。

(7) 地物编辑。主要对地物进行加工编辑。内容丰富，手段多样，如果灵活应用，将大大提高制图效率。

(8) 等高线。通过本菜单可建立数字地面模型，计算并绘制等高线或等深线，自动切除穿建筑物、陡坎、高程注记的等高线。

(9) 工程应用。用于坐标查询、面积计算、断面图绘制和土方量计算等。

(10) 地籍。主要是地籍图的绘制、编辑、修改及报表的生成与管理。

(11) 土地利用。主要是图斑的检查、生成、编辑、生成、定界与生成报告等。

（12）检查入库。对图形进行属性、拓扑等多种质量检查，并输出 shp、mdb 等多种数据库格式。

（13）三维测图。可利用三维模型进行三维绘图。

（14）质检。可用来编辑检查规则，显示检查结果，使质检工作模块化。

（15）成果管理。

（16）其他应用。对地名图幅，宗地图的相关信息进行操作。

（17）绘图工具。用于处理图面属性赋值、高程点、坐标提取、断面、标注及等高线工具。

（18）云协同。注册或登录云平台，以及申请试用及购买，并将数据备份到云空间通过云平台共享。

（19）工具条。编辑常用工具。

2. 左侧图层属性面板

如图 3-16 所示，SouthMap 屏幕左侧设计了图层属性面板，其中图层面板可以以 CAD 和 GIS 两种方式显示实体图层供用户查看和定位；属性面板可以显示实体的各个属性供用户查看和编辑。

3. 右侧地物绘制面板

如图 3-17 所示，SouthMap 屏幕的右侧设置了“地物绘制面板”，这是一个交互绘图菜单。此面板所有符号和文字注记的设计，均参考 GB/T 20257.1—2017 版图式。

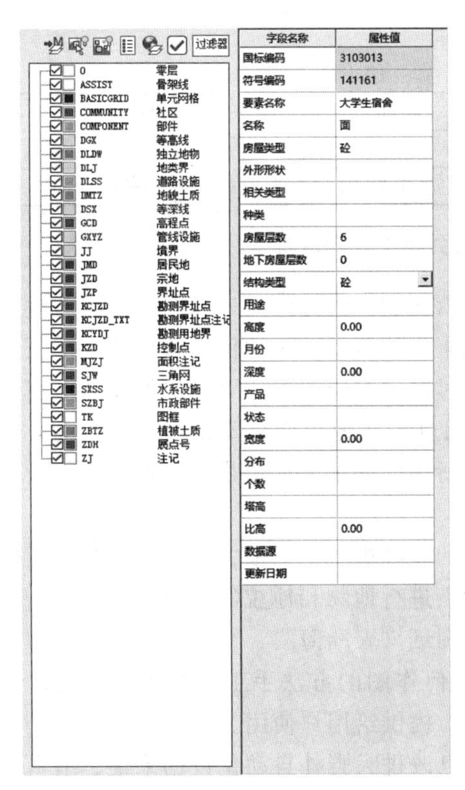

图 3-16 图层属性面板图

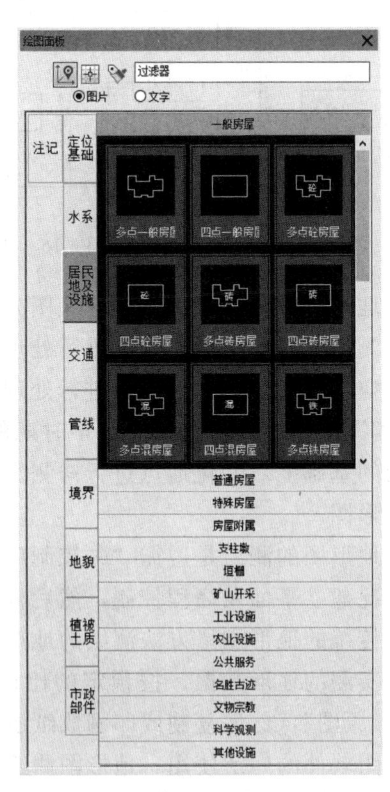

图 3-17 地物绘制面板

任务3.2 识读地形图图式

本任务旨在帮助学生掌握地形图的图式识读技能。通过本任务，学生将学习如何解读地形图上的各种符号、线条和色彩，以获取地理信息，并能够理解地形图所表达的地理特征和地貌结构。

3.2.1 认识地形图

地面上的各种固定物体，如房屋、道路、河流和田地等称为地物。地表面的高低起伏的形态，如高山、丘陵、洼地、平原等称为地貌。地物和地貌合称为地形。应用正射投影，将地面上各种地物的平面位置按一定比例尺，用规定的符号缩绘在图纸上，这样形成的图称为平面图。如果既表示各种地物又用等高线或高程注记表示地貌的图，称为地形图。地形图是国家基本建设、整体规划、资源管理、安全防卫等事业的基础资料，其重要性不言而喻。国家基本比例尺地形图系列由以下12种比例尺地形图构成，如图3-18所示，即1∶100万、1∶50万、1∶25万、1∶20万、1∶10万、1∶5万、1∶2.5万、1∶1万、1∶5000、1∶2000、1∶1000、1∶500比例尺地形图。其中，前8种比例尺是按经纬线分幅（即一幅图表示的实地区域是按规定的经度差和纬度差划分），而后4种比例尺是按矩形分幅（即一幅图表示的实地区域是固定的长度×宽度的范围）。

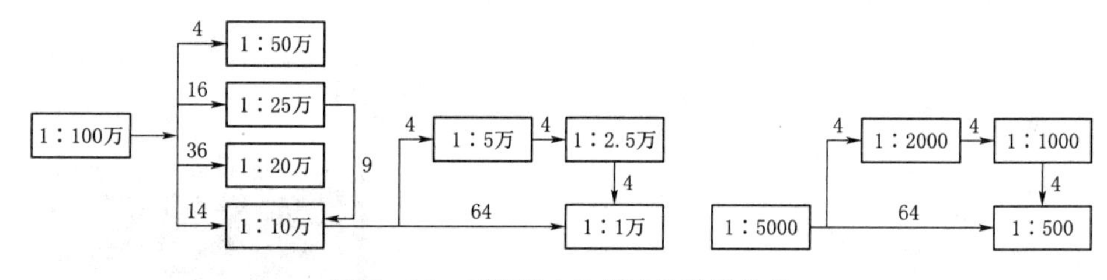

图3-18 国家基本比例尺地形图组成

地形图按比例尺的不同其成图方法也有所区别。大比例尺地形图主要是通过野外实地测绘或对航空摄影像片进行处理而得到，中比例尺、小比例尺地形图主要是通过对航空摄影像片或遥感影像进行处理，或通过制图综合的方法对大比例尺地形图进行“缩编”而获得。当测区有较早时期的地形图且测区地形变化不是太大时，也可在原有图的基础上对变化地点进行修测。本项目所述的测绘地形图是指在野外测绘大比例尺地形图。

地形图的测绘是遵循“先控制后细部”的原则进行的。根据测图目的及测区的具体情况建立平面及高程控制，然后根据控制点进行地物和地貌的测绘。

传统的地形测量方法测绘的地形图是以图纸（聚酯薄膜、绘图纸等）为载体，将野外实测的地形数据，按预定的比例尺用几何作图的方法手工缩绘于图纸上，形成“地形原图”，然后复制或印刷成纸质地形图，提供给用户使用。但如今，随着全站仪及绘图软件的广泛使用，地形图测绘的方法已改进为野外自动化数据采集、编辑，以电子文件的形式记录地形信息并存储于磁盘或光盘等载体中，形成“数字地形图”

（或“电子地图”）。电子地图的应用可以在计算机中实施，也可以通过连接于计算机的绘图机，按一定的比例尺绘制出纸质地形图，从而加以应用。

3.2.2 地形图比例尺

地面上各种物体，不可能按其真实的大小描绘在图纸上，而要经过缩小后才能在图上表示出来，这种图上长度与相应实地水平距离之比，称为图的比例尺。按其表示方法不同，可分为图示比例尺和数字比例尺。

1. 图示比例尺

为了直接而方便地进行换算，并消除图纸伸缩对距离的影响，可用图示比例尺，其又分为直线比例尺和斜线比例尺。通常，图示比例尺仅在中、小比例尺图中标示。

直线比例尺是在图纸上绘一直线，并将其按一定的间隔等分为若干段，一般间隔为 2cm（或 1cm），这一间隔称为基本单位，然后，将最左边一个基本单位再分为 10 等分或 20 等分，在右分点上注记 0，自 0 起向左及向右的各分点上，均注记按数字比例尺计算出的相应的实地水平距离，即制成直线比例尺。如图 3-19 所示。

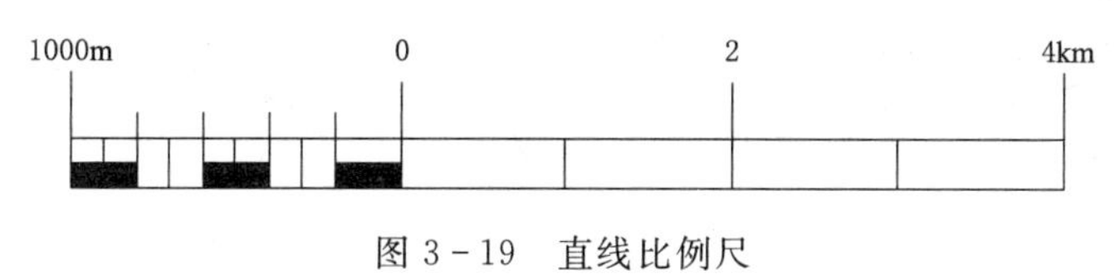

图 3-19 直线比例尺

2. 数字比例尺

用分数或数字比例形式表示的比例尺称为数字比例尺，一般常用分子为 1 的分数表示。设图上线段长度为 d，地面上相应线段的水平投影长度为 D，则该图的比例尺为

$$\frac{d}{D}=\frac{1}{(D/d)}=\frac{1}{M} \tag{3-1}$$

式中：分母 M 为比例尺的分母。常取 200、500、1000、2000 等整数形式，分母越大，则比例尺越小。根据大小不同，比例尺可分为大、中、小 3 类，对应的数值大小分别是：1∶500～1∶5000、1∶1 万～1∶10 万、1∶25 万～1∶100 万，如图 3-20 为 1∶500 地形图样图。

3. 比例尺精度

在正常情况下，人眼在图上能分辨的两点间最小距离为 0.1mm，因此，当图上两点间的距离小于 0.1mm 时，人眼就不能分辨清楚，故相当于图上 1.1mm 的实地水平距离，称为比例尺精度。它等于 0.1mm 与比例尺分母 M 的乘积。

根据比例尺精度，可以确定实际多长的水平距离能在图上表示出来，同样，如果规定了地面上应该表示在图上的最小线段长度，就可确定采用多大比例尺。例如在图上需要表示 0.5m 的地面长度，此时应选用不小于 0.1/500～1/5000 的测图比例尺。

3.2.3 地形图图式

地形图图式规定了不同比例尺地形图表示各种地物、地貌要素的符号、注记和整饰标准，以及使用符号的原则、方法和要求。它是我国国家标准中的一种，是各部门

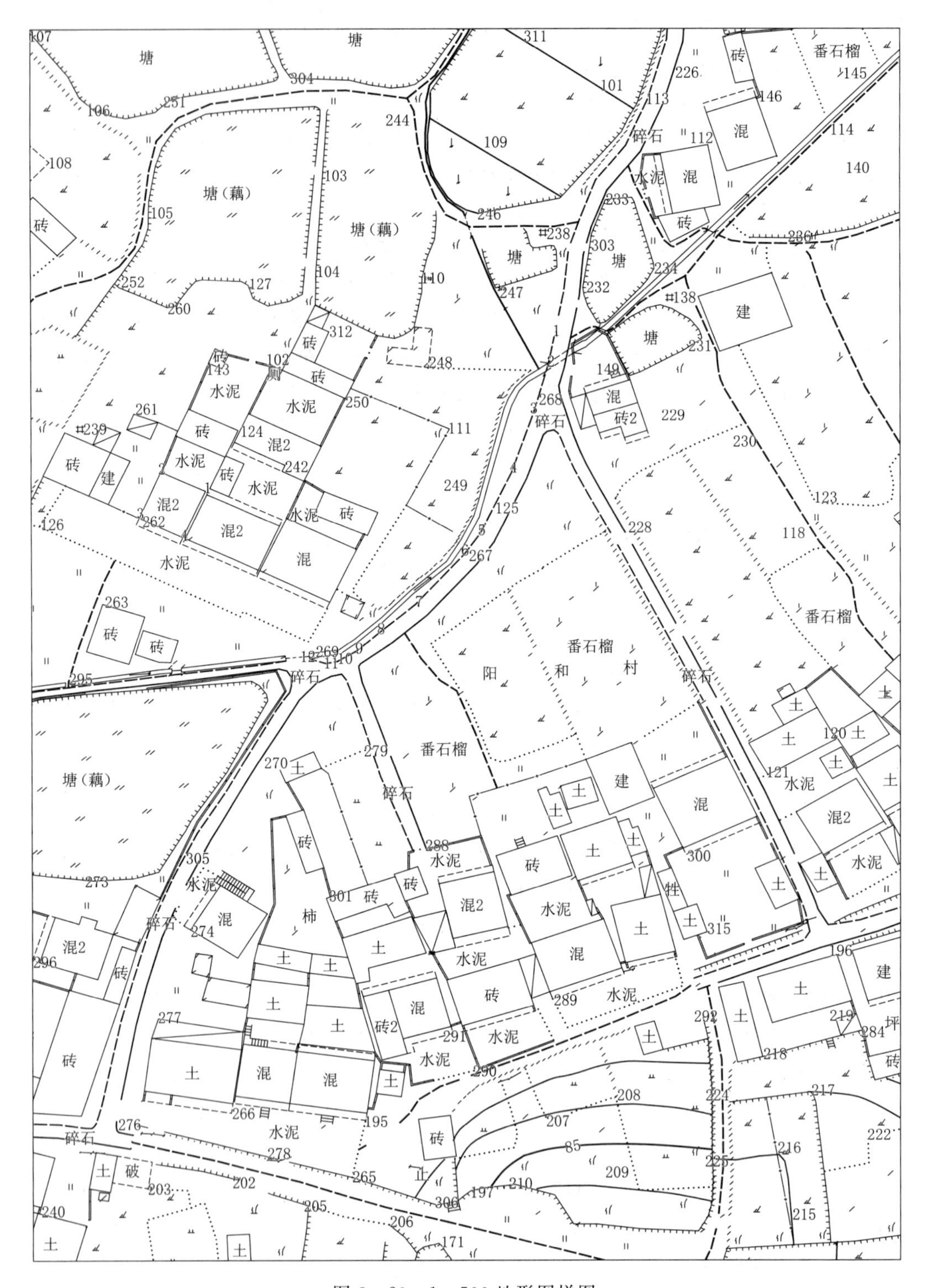

图 3-20 1∶500 地形图样图

测制和编绘地形图、利用地形图进行规划、设计、施工、管理、科研和教学等的基本依据之一。由于地面上物体繁多，国家编制的图式不一定能囊括所有地物，特别是在一些专业应用中，因此在使用时也可根据不同专业、地区特点，按用图需要增补符号。

地形图图式是一个活动的载体，其负载的各种符号、形状、大小、多少取决于科学技术的发展以及地物地貌等各种形式自然变化和人类人为的各种活动。所以，根据需要，国家每隔一定时间就要对地形图图式进行更新。以大比例尺为例，截至目前，我国共编制过 1964 年版、1974 年版、1977 年版、1996 年版及 2007 年版的《国家基本比例尺地图图式 1：500 1：1000 1：2000 地形图图式》图式。表 3-1 为目前正在使用的 GB/T 20257.1—2017 中的一些常用符号。该标准是由国家测绘总局组织制定、国家技术监督局发布，于 2017 年 10 月 14 日发布，2018 年 5 月 1 日开始实施的。

1. 符号的尺寸

（1）符号旁以数字标注的尺寸，均以 mm 为单位。

（2）符号的规格在一般情况下，符号的线粗为 0.15mm，点的直径为 0.3mm，符号非主要部分的线段长为 0.6mm。

以虚线表示的线段，凡未注明尺寸的，其实部为 2.0mm，虚部为 1.0mm。

◉3-1

组合符号图形部分未注明尺寸的，一般以本图式为准。但楼梯、台阶线、斜坡与陡坎的长短线和短线，其间隔可视图形的大小放大或缩小。

2. 符号的定位点和定位线

（1）圆形、矩形、三角形等几何图形符号，在图形的中心。

（2）宽底符号（烟囱、独立石等），在底线中心。

◉3-2

（3）底部为直角形的符号（风车、路标等），在直角的顶点。

（4）几何图形组成的符号（气象站、雷达站、无线电杆等），在其下文图形的中心点或交叉点。

（5）下文没有底线的符号（亭、山洞等），依比例尺表示的，定位点在两端点上；不依比例尺表示的，定位点在其下文两端点间的中心点。

◉3-3

（6）不依比例尺表示的其他符号（桥梁、水闸、拦水坝等），在符号的中心点。

（7）线状符号（道路、河流、堤、境界等），在符号的中心线。依比例尺表示时，在两侧线的中心。

3. 符号的方向和配置

◉3-4

（1）独立性地物符号除规定按真方向表示外，其他均垂直于南图廓描绘。

（2）土质和植被符号的配置如下：

1）整列式：按一定行列配置，如苗圃、草地、稻田等。

2）散列式：不按一定行列配置，如有林地、灌木林、石块地等。

◉3-5

3）相应式：按实地疏密或位置配置，如疏林、散树、独立树等。

（3）土质和植被面积较大时，其符号间隔可放大 1～3 倍描绘；在能表示清楚的原则下，也可采用注记的方法表示；还可将图中最多的一种省绘符号，图外加附注说明，但一幅图或一批图应统一。

（4）以虚实线表示的符号（大车路、乡村路等），按光影法则描绘，其虚线绘在光辉部，实线绘在暗影部，一般在居民地、桥梁、渡口、山洞、涵洞、隧道或道路相交处变换虚实线方向。

4. 文字注记

注记的排列形式：水平字列、垂直字列、雁行字列、屈曲字列。

注记的方向：各种注记一般为正向，字头朝北图廓，但街道名称、河名、道路注记、管线类别注记的字向和字序依走向注记。

注记的间隔：接近字隔（0.5～1mm）、普通字隔（1～3mm）、隔离字隔（字大的1～5倍）。表3-1为常用地物、地貌和注记符号。

表3-1　常用地物、地貌和注记符号

名称	符　号	名称	符　号	名称	符　号
注记文字	等线体 第八教学楼	注记坐标	正等线体 X 32.736 Y 50.262	注地坪高	正等线体 600.123
厕所注记	厕	砖房注记	砖	混合结构	混

5. 各类常用符号的识读

（1）控制点。控制点符号见表3-2。

表3-2　控制点符号

名称	符　号	名称	符　号	名称	符　号
三角点	J1.二级 587.476	土堆上的三角点		小三角点	DS1-2.一级 588.25
土堆上的小三角点		导线点	A1-12.图根 594.76	土堆上的导线点	
埋石图根点	A2-1.图根 592.23	不埋石图根点	A223.图根 788.27	水准点	雅102.四等 123.234
GPS控制点	雅安112.三等 773.289	天文点	456.34		

注　以上控制点标注中分子表示点名、等级，分母表示高程。

（2）地籍符号见表3-3。

表3-3　地籍符号

名称	符　号	名称	符　号	名称	符　号
界址线（0.15mm）		街道线（0.1mm）		街坊线（0.1mm）	

（3）居民地符号见表3-4。

表3-4　　　　居民地符号

名称	符　号	名称	符　号	名称	符　号
多点一般房屋	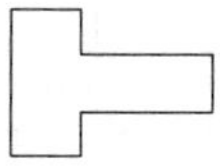	四点房屋	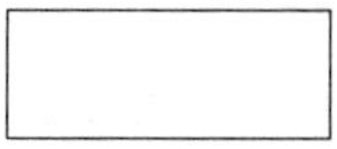	阳台	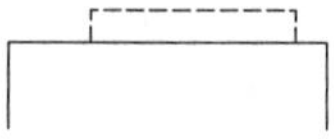
依比例围墙		多点简单房屋	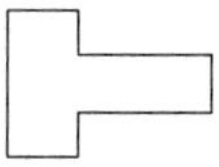	四点简单房屋	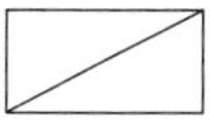
多点建筑中房屋	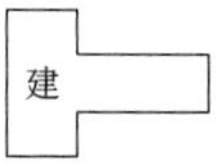 建	四点建筑中房屋	 建	多点破坏房屋	 破
四点破坏房屋	 破	多点棚房	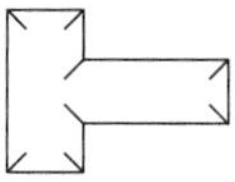	四点棚房	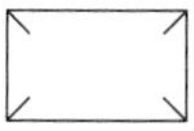
多点混凝土房屋	 混凝土2	四点混凝土房	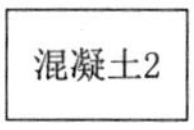 混凝土2	多点砖房屋	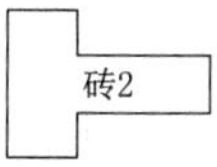 砖2
四点砖房屋	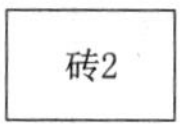 砖2	多点混房屋	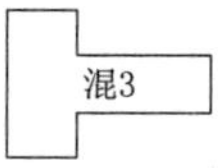 混3	四点混房屋	 混3
多点铁房屋	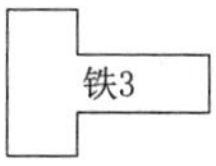 铁3	四点铁房屋	 铁3	多点钢房屋	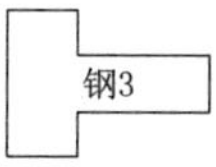 钢3
四点钢房屋	 钢3	多点木房屋	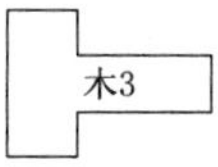 木3	四点木房屋	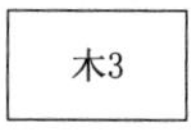 木3
小比例尺房屋	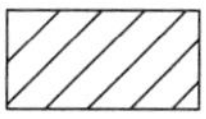	架空房屋	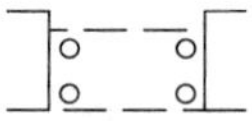	廊房	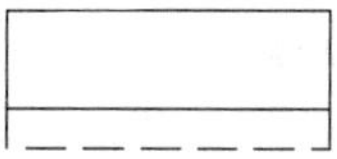

续表

名称	符　号	名称	符　号	名称	符　号
无墙壁柱廊	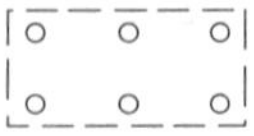	柱廊有墙壁边	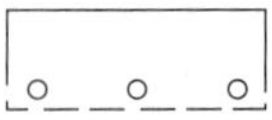	门廊	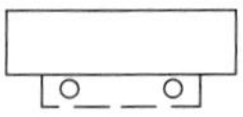
檐廊	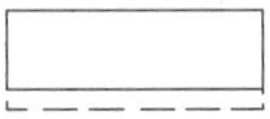	悬空通廊	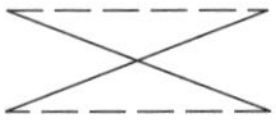	建筑物下的通道	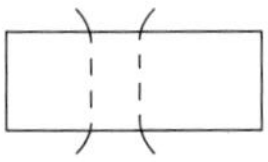
台阶		室外楼梯		不规则楼梯	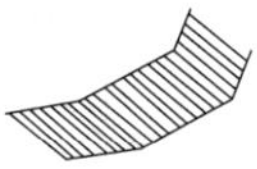
地下室的天窗	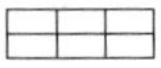	地下建筑物的通风口		围墙门	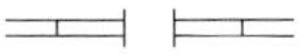
有门房的院门		依比例门墩		不依比例门墩	
门顶		虚线依比例支柱		方形依比例支柱	
圆形依比例支柱	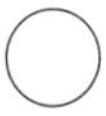	方形不按比例支柱		圆形不依比例支柱	
不依比例围墙		栅栏栏杆		篱笆	
活树篱笆		铁丝网			

（4）独立地物符号见表3-5。

表3-5　　独立地物符号

名称	符　号	名称	符　号	名称	符　号
路灯		杆式照射灯		厕所	 厕
打谷场球场	 球	饲养场	 牲	温室花房	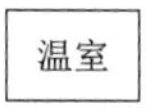 温室
高于地面水池	 水	低于地面水池	 水	有盖的水池	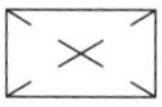
游泳池	 泳	宣传橱窗	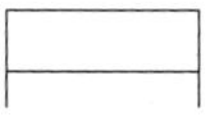	钻孔	
塔形建筑物		塔形建筑物		水塔	
水塔范围		水塔烟囱		水塔烟囱范围	
烟囱		烟囱范围		烟道	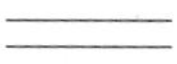
架空烟道	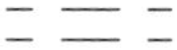	露天设备		非圆露天设备	
圆形露天设备		依比例粮仓		不依比例粮仓	
粮仓群		风车		水磨房	
抽水机站		依比例肥气池	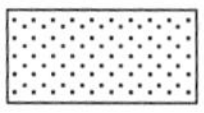	不依比例肥气池	
气象站		雷达站		环保监测站	

续表

名称	符　号	名称	符　号	名称	符　号
水文站		学校	文	卫生所	
有看台露天体育场		露天体育场司令台		露天体育场门洞	
无看台露天体育场		露天舞台	台	加油站	
桥式照射灯基塔		桥式照射灯虚线		塔式照射灯	
喷水池		喷水池范围		假石山	
假石山范围		垃圾台		岗亭岗楼	
无线电杆塔范围		无线电杆塔		电视发射塔	
避雷针		纪念碑		依比例纪念碑	
碑柱墩		依比例碑柱墩		塑像	
依比例塑像		旗杆		亭	
依比例亭		钟楼鼓楼城楼		依比例钟楼	
旧碉堡		依比例碉堡		宝塔经塔	

续表

名称	符　号	名称	符　号	名称	符　号
依比例宝塔		烽火台	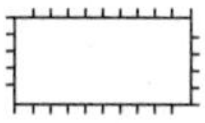	庙宇	
依比例庙宇		土地庙		依比例土地庙	
教堂		依比例教堂	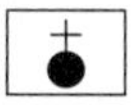	清真寺	
依比例清真寺		过街天桥	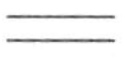	过街地道	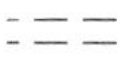
过街地道入口	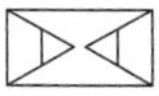	依比例地下建筑物出入口		不依比例地下建筑物出入口	
窑		台式窑		独立坟	
独立坟范围		坟群	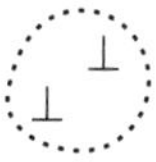	散坟	
堆式窑	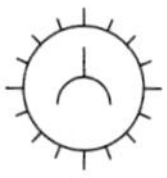	地磅		有平台露天货栈	货栈

（5）交通设施符号见表3-6。

表3-6　　交通设施符号

名称	符　号	名称	符　号	名称	符　号
平行高速公路（0.2mm）		平行等级公路（0.15mm）		平行等外公路（0.1mm）	
平行建筑高速公路（0.2mm）		平行建筑等级公路（0.15mm）		平行建筑等外公路（0.1mm）	
依比例一般铁路		不依比例一般铁路		依比例电气化铁路	

续表

名称	符　号	名称	符　号	名称	符　号
不依比例电气化铁路		依比例电线架		不依比例电线架	
依比例窄轨铁路	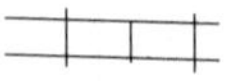	不依比例窄轨铁路		依比例建筑铁路	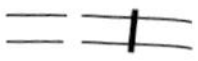
不依比例建筑铁路		依比例轻便铁路		不依比例轻便铁路	
电车轨道	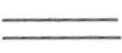	电车轨道电杆		依比例缆车轨道	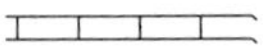
不依比例缆车轨道	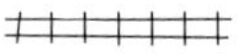	依比例架空索道		架空索道柱架	
不依比例架空索道	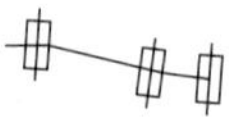	有雨棚的站台	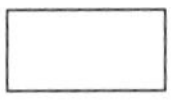	站台雨棚	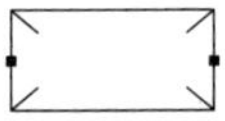
露天的站台	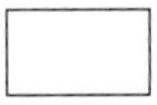	天桥	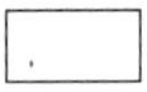	天桥台阶	
地道		高柱色灯信号机		矮柱色灯信号机	
臂板信号机		水鹤		车挡	
转车盘		高速公路(0.2mm)		收费站	
等级公路主线(0.2mm)		等级公路边线(0.1mm)		等外公路(0.1mm)	
建筑高速公路(0.2mm)		建筑等级公路(0.15mm)		建筑等外公路(0.1mm)	

续表

名称	符　号	名称	符　号	名称	符　号
大车路虚线边(0.1mm)		大车路实线边(0.1mm)		乡村路虚线边(0.1mm)	
乡村路实线边(0.1mm)		不依比例乡村路(0.15mm)		小路(0.15mm)	
内部道路(0.1mm)		阶梯路(0.1mm)		高架路(0.15mm)	
依比例涵洞		不依比例涵洞		隧道内铁路线	
依比例隧道入口		不依比例隧道入口		已加固路垫	
未加固路垫		已加固路堤		未加固路堤	
明峒		明峒内铁路线		里程碑	
坡度表		路标		汽车站	
挡土墙		有栏木铁路平交口		栏木	
无栏木铁路平交口		铁路在上面的立体交叉路		铁路在下面的立体交叉路	
铁路桥		铁路桥桥墩		公路桥桥墩	
一般公路桥		有人行道公路桥		公路桥人行道	

续表

名称	符　号	名称	符　号	名称	符　号
有输水槽公路桥	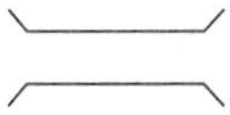	双层桥	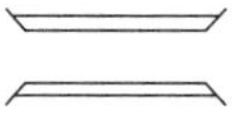	双层桥引桥	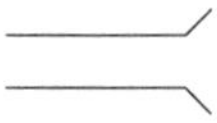
双层桥桥墩		依比例人行桥	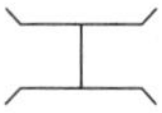	不依比例人行桥	
依比例级面桥	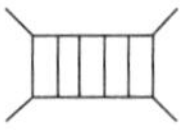	不依比例级面桥		铁索桥	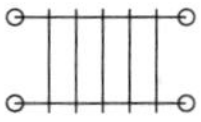
亭桥	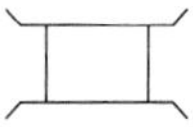	渡口		漫水路面虚线	
漫水路面实线		徒涉场		跳墩	
过河缆	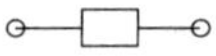	顺岸式固定码头	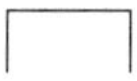	堤坝式固定码头	
浮码头	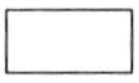	浮码头架空过道		停泊场	
航行灯塔		航行灯桩		航行灯船	
左岸浮标		右岸浮标		立标岸标	
系盘浮筒	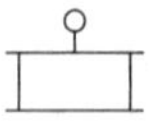	过江管线标		信号杆	
通航起讫点	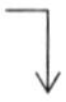	露出的沉盘		淹没的沉船	
沉船范围线		急流		急流范围线	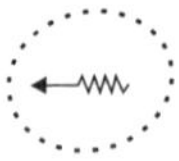

续表

名称	符　号	名称	符　号	名称	符　号
漩涡		漩涡范围线		岸滩、水中滩	
石滩					

（6）管线设施符号见表3-7。

表3-7　　管线设施符号

名称	符　号	名称	符　号	名称	符　号
地面上的输电线		地面下的输电线		输电线电缆标	
地面上的配电线		地面下的配电线		配电线电缆标	
电杆		电线架		依比例电线塔	
不依比例电线塔		电线杆上变压器（双杆）		电线杆上变压器（单杆）	
电线入地口		依比例变电室		不依比例变电室	
地面上的通信线		地面下的通信线		通信线电缆标	
通信线入地口		上水检修井		下水检修井	
下水暗井		煤气天燃气检修井		热力检修井	

续表

名称	符　号	名称	符　号	名称	符　号
电信人孔		电信手孔		电力检修井	
工业石油检修井		不明用途检修井		圆形污水篦子	
长形污水篦子		消火栓		阀门	
水龙头		依比例架空管道墩架		不依比例架空管道墩架	
架空的上水管道		架空的下水管道		架空的煤气管道	
架空的热力管道		地面上的上水管道	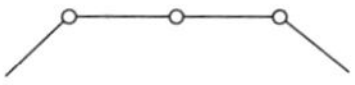	地面上的下水管道	
地面上的煤气管道		地面上的热力管道	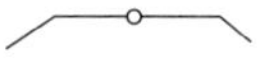	地面上的工业管道	
地面下的上水管道		地面下的下水管道		地面下的煤气管道	
地面下的热力管道		地面下的工业管道		有管堤的上水管道	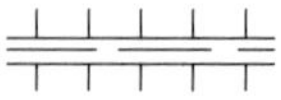
有管堤的下水管道	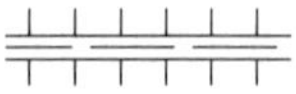	有管堤的煤气管道	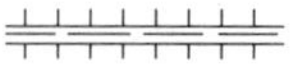	有管堤的热力管道	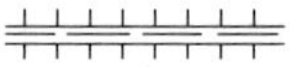

（7）水系设施符号见表3－8。

表3－8　　水系设施符号

名称	符号	名称	符号	名称	符号
常年河水涯线		高水界		示向箭头	
涨潮		落潮		时令河	
消失河段	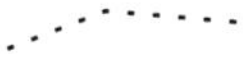	常年湖	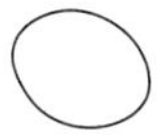	时令湖	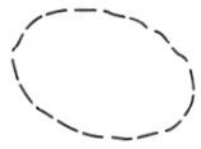
水库水边线	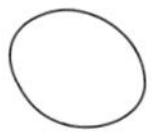	水库溢洪道		水库引水孔	
有坎池塘	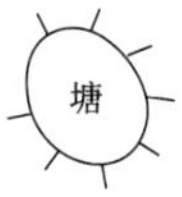 塘	无坎池塘	 塘	单线沟渠（0.15mm）	
双线沟渠		单层沟渠堤岸		双层沟渠堤岸	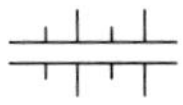
沟渠沟堑		地下渠灌		地下渠灌出水口	
双线干沟	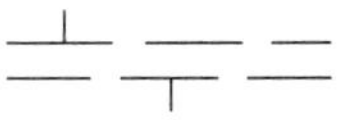	单线干沟		依比例不通车水闸	
不依比例能走人水闸		依比例通车水闸		不依比例不能走人水闸	
水闸房屋		虚线滚水坝		坎线滚水坝	

续表

名称	符 号	名称	符 号	名称	符 号
拦水坝		斜坡式防波堤		直立式防波堤	
石垄式防波堤		防洪墙		直立式防洪墙	
有栏杆防洪墙		有栏杆直立式防洪墙		斜坡式栅栏坎	
直立式栅栏坎		斜坡式土堤		坎式土堤	
垅		带柱的输水槽		不带柱的输水槽	
倒虹吸通道		倒虹吸入水口		依比例水井	
水井		坎儿井		泉	
土质有滩陡岸		石质有滩陡岸		土质无滩陡岸	
石质无滩陡岸		沙滩		沙砾滩石块	
淤泥滩		水产养殖场		单个明礁	
单个暗礁		单个适淹礁		单个干出礁	

(8) 地貌地质符号见表3-9。

表3-9　　地貌地质符号

名称	符　号	名称	符　号	名称	符　号
一般高程点	• 123.35	未加固斜坡		加固斜坡	
等分自然斜坡		法线自然斜坡		等分加固自然斜坡	
法线加固自然斜坡		未加固陡坎		加固陡坎	
特殊高程点		沙土的崩崖		石质的崩崖	
滑坡范围线		土质的陡崖		石质的陡崖	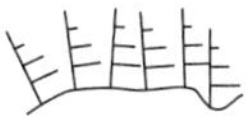
等分自然陡崖		法线自然陡崖		陡石山	
露岩地范围线		冲沟		干河床	
依比例地裂缝		不依比例地裂缝		岩溶漏斗	
梯田坎		依比例山洞		不依比例山洞	
依比例独立石		不依比例独立石		依比例石堆	

续表

名称	符　号	名称	符　号	名称	符　号
不依比例石堆		依比例石垄		不依比例石垄	
依比例土堆范围		依比例土堆斜坡线	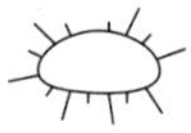	不依比例土堆	
依比例坑穴	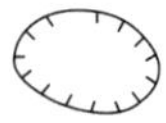	不依比例坑穴		乱掘地范围	
乱掘地陡坎	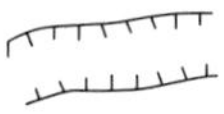	沙地	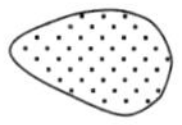	沙砾地石块	
石块地		盐碱地		依比例小草丘地	
不依比例小草丘地	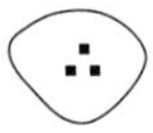	龟裂地	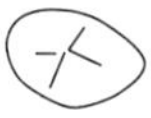	能通行沼泽地	
不能通行沼泽地		盐田盐场范围		台田	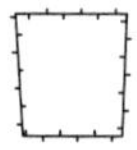

(9) 植被园林符号见表3-10。

表3-10　植被园林符号

名称	符　号	名称	符　号	名称	符　号
地类界		稻田		单线田埂	
双线田埂	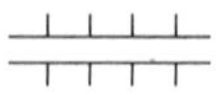	旱地	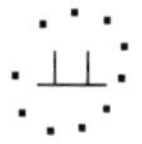	水生经济作物地	

续表

名称	符　号	名称	符　号	名称	符　号
菜地		果园		桑园	
茶园		橡胶		其他园地	
有林地		大面积灌木林	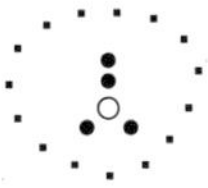	独立灌木林	
沿道路狭长灌木		沿沟渠狭长灌木		疏林	
未成林	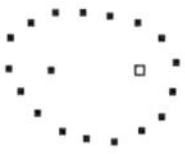	苗圃	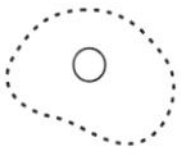	迹地	
散树		行树		阔叶独立树	
针叶独立树		果树独立树		椰子、槟榔独立树	
大面积竹林	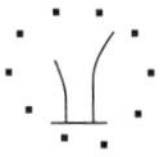	独立竹丛		狭长竹林	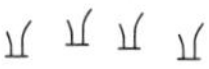
天然草地		改良草地		人工草地	
芦苇地		半荒植物地		植物稀少地	
花圃		防火带			

（10）境界线符号见表3-11。

表3-11　　境界线符号

名称	符号	名称	符号	名称	符号
已定国界		国界界碑	⊙	未定国界	
已定省界		未定省界		已定地区界	
未定地区界		已定县界		未定县界	
已定乡镇界		未定乡镇界		村界	
特殊地区界		自然保护区界			

3.2.4　地物符号

考虑到地图符号是地图的语言，它有和文字语言一样的“写”和“读”两个功能。即制图者能用一定的符号及其组合在地图上表示出制图对象，用图者也能通过对符号的认识，认识制图空间。地图学家把地图符号的构成概括为图形、尺寸和颜色3个基本要素来进行研究，并提出了地图符号设计的一般原则和要求。下面以地物在地形图上的表示为例来说明地图符号的绘制。

1. 地物符号的构成

（1）图形。地物符号的图形是用来反映物体的外部形状和特征的。对图形的要求是概括形象、简单规则，并要有一定的系统性和层次等级，便于绘制。据此，地物符号图形多以正射投影的平面图形为主，以少量的几何图形和透视图形为辅。一般说来，在地面上占有较大面积的地物，如居民地、水域、植被等，按它们本身的正射投影的水平轮廓形状表示；对于很小而有重要意义的地物，用几何图形表示，如三角点、水准点、钻孔等，点要求准确，因此用几何图形表示并明确中心位置；在地面上比较突出的物体，如烟囱、水塔、独立树等，是良好的地面方位目标，用透视图形表示。

（2）尺寸。符号尺寸的大小，反映地面物体占有空间位置的大小和比例关系，它同地形图的比例尺密切相关。同一地物，不同的比例尺，在地形图上的表示是不同的，其图形大小有的能保持相似图形，有的缩小成一点或一线。根据地物大小及描绘方法不同，地物符号分为依比例符号、不依比例符号和半依比例符号3种。

（3）颜色。符号的颜色，除了正确利用颜色的象征意义、符合地图的主题和用途外，还要考虑印刷的经济效果。符号的颜色一般与自然色彩一致，如用蓝色表示水域，棕色表示地势和土质，绿色表示植被等。大比例尺地形图，由于图幅较多，大都用单色表示。

2. 地物符号的位置和方向

（1）地物符号的位置。依比例表示的地物轮廓线或线状符号，图形的每一转折处都同实际的方向位置一致。

(2) 地物符号的方向。独立性地物符号除简要说明中规定按真方向表示者外，其他的均垂直于南图廓描绘。依比例或半依比例符号的方向，与实物方向一致。

3. 地形图注记

地形图注记是地形图的基本内容之一，其作用在于指明物体的专门名称和具体特征，以补充符号的不足。注记一般分为名称说明注记、性质说明注记和数字注记3种。

名称说明注记是用文字来注明符号的专有名称，如村庄、道路的名称。性质说明注记是用来补充符号的不足，以简注形式说明某一特定的事物，如苹果园注“苹”字来说明数字注记是指高程注记及其他数字说明。

测图时应根据测图比例尺选用国家测绘部门最新颁布的地形图图式中规定的符号。

3.2.5 地貌符号

1. 等高线

地面高低起伏的形态称为地貌。将地貌正确表示在图上是地形测图的又一基本任务。

地貌的基本形态地貌形态各种各样，通常规范（如《城市测量规范》）中按其起伏变化情况，根据地面倾角 Q 大小划分成以下4种地形类型：$\alpha<3°$称为平坦地，$3°\leqslant\alpha<10°$称为丘陵地，$10°\leqslant\alpha<25°$称为山地，$\alpha\geqslant25°$称为高山地。地形类别的划分是地形图基本等高距选择的前提。

图3-21为某地区的山地地貌。地貌形态虽然比较复杂，但可归纳成如下几种基本形态：山头、山脊、山谷、鞍部、盆地、台地、陡崖。

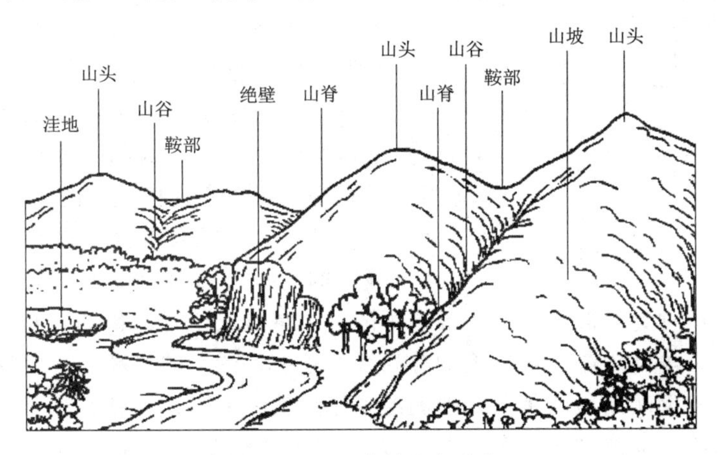

图3-21 地貌的基本形态

(1) 山。较四周显著隆起高地称为山，大者叫岳，小者叫山丘。山的最高部位称为山顶（山头），有尖顶、圆顶、平顶等形态。山的倾斜面部分称为山坡。山坡与平地相交处，叫山脚或山麓。

(2) 盆地。四周高而中间低洼地，形如盆状的地貌称为盆地，小范围的盆地叫洼地。

（3）山脊。由山顶向下延伸的凸起地带称为山脊。山脊上最高点的连线，叫山脊线或分水线。

（4）山谷。相邻两山脊之间的凹部称为山谷，山谷最低点的连线称为集水线或山谷线。

（5）鞍部。相邻两个山顶之间的低凹部位，形状像马鞍，称为鞍部。有道路通过的鞍部叫隘口。鞍部是两个山头和两个山谷相对交会的地方。鞍部等高线的特点是在一圈大的闭合曲线内，套有两组小的闭合曲线，亦可视为由两个山头和两个山谷等高线对称组合而成。

（6）台地。四周为陡峭的斜坡，中间部分高而平坦、形如平台状地貌称为台地；面积较大而延伸较长的台地称为塬。

（7）陡崖。倾斜在45°以上70°以下的山坡叫陡坡；70°以上陡峭崖壁称为陡崖，下部凹入的陡崖称为悬崖。

2. 用等高线表示地貌

在地形图上表示地貌的方法很多，最常用的是等高线法。它不仅能表示地面的起伏形态，还能较准确地提供各个地貌要素（如山顶、山谷、盆地等）的相关几何位置、微小的地貌变化以及坡度、高程等信息。

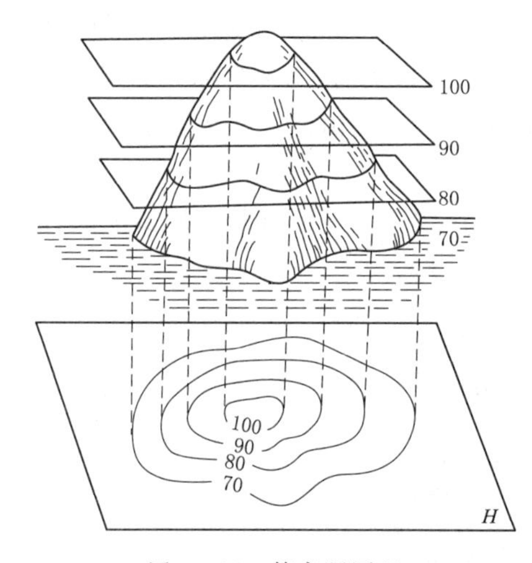

图3-22 等高距原理

（1）用等高线表示地貌的原理。用等高线表示地貌的基本原理如图3-22所示，假想有一座山，从山底到山顶，被高差间隔为h的几个水平面P_1、P_2、P_3所截，这些截平面与地表面相交而形成一些弯曲的截线，将这些截线垂直投影到同一水平面H上，并按测图比例缩绘于图纸上，就是地形图上表示这座山的等高线。因此，等高线是地面上高程相等的相邻点连接而成的闭合曲线。

（2）等高距及等高线平距。相邻两等高线间的高差，称为等高距。相邻两条等高线之间的水平距离称为等高线平距。等高距的大小是可以任意选择的。对同一地区、某一比例尺来说，等高距越小，图上的等高线就越密，图上的等高线平距就越小，就越能详细和准确地反映地貌的细节，但测绘工作量就越大，绘图就越困难，等高线平距过小时还会影响图面的清晰；等高距过大，则不能满足成图的要求。因此，在测图时，应根据用图要求、地形类别和比例尺大小，合理选择等高距。在大比例尺测图中，一般要求图上等高线平距在2～3mm以上，最密应保持在1mm左右。规范（如《城市测量规范》）中对等高距的规定见表3-12。表3-12中给出的等高距称为基本等高距。为了使用方便，通常一个测区的同一种比例尺地形图应采用同一等高距。但在大面积测图时，有时地面倾斜角相差过大，允许以图幅为单位分别采用不同的等高距。

表 3-12　等　高　距

比例尺	地形类别		
	平地（0°～2°）/m	丘陵地（2°～6°）/m	山地（>6°）/m
1∶500	0.5	0.5	0.5
1∶1000	0.5	0.5 或 1.0	0.5 或 1.0
1∶2000	0.5 或 1.0	1.0	1.0

（3）等高线的种类。

1）首曲线。即按基本等高距测绘的等高线，亦称基本等高线。大比例尺地形图上首曲线的线宽为 0.15mm 的实线，其上不注记高程。

2）计曲线。亦称加粗等高线，为便于用图，从高程起算面（0m 等高线）起算，每隔四条首曲线加粗描绘的一条等高线，其线宽宽为 3.0mm。两相邻计曲线间的等高距为基本等高距的 5 倍，在计曲线上应注记高程。

3）间曲线。按 1/2 基本等高距测绘的等高线，称为半距等高线，也叫间曲线。间曲线可用来显示首曲线不能显示局部地貌特征，一般用虚线表示。

4）助曲线。又称辅助等高线。是按 1/4 基本等高距绘制的等高线，用短虚线表示。描绘时可不封闭，如图 3-23 所示。

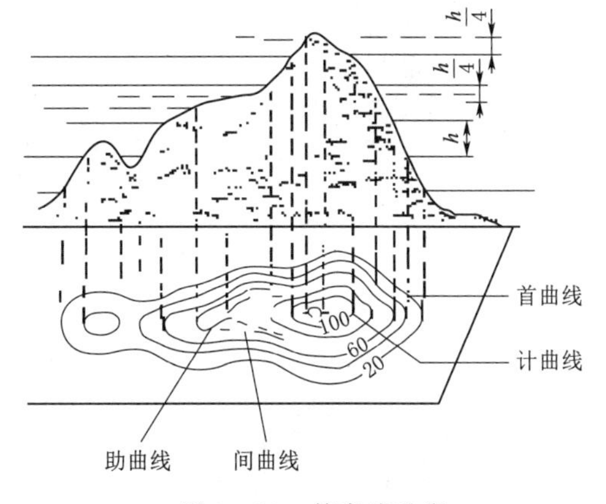

图 3-23　等高线种类

（4）等高线的特性。根据等高线表示地貌的原理可知，等高线具有以下几个特性：

1）同一条等高线上各点高程相等，但高程相等的点不一定在同一等高线上。

2）等高线是闭合曲线。若不能在本图幅内闭合，则必在两相邻图幅或多幅邻近图内闭合。

3）除了遇上悬崖、峭壁或陡坎等少数特殊情况外，等高线不能有相交或重合现象。

4）等高线在过山脊或山谷时，应与山脊线或山谷线正交。

5）等高线越密，表示地面坡度越陡；等高线越稀疏，表示地面坡度越缓。

6）经过河流的等高线，不能直接跨过，应终止于河边。

（5）典型地貌的等高线。山头、洼地、山脊、山谷、分水线和集水线、鞍部、绝壁和悬崖的等高线如图 3-24 所示。图 3-25 则对综合地貌及其等高线进行了表示。对于一些特殊地貌，如山头和洼地等，其外形相似，都是一组闭合的等高线圈，仅用等高线是不能确切反映其真实情况的，如不加高程注记或加绘示坡线（按坡降方向绘制的垂直于等高线的短线），则二者很难区分。因此，对于此类特殊的地貌（如陡崖、田坎、土堆、冲沟、石堆、沙地等），需要用专门符号、高程或比高注记，以便和等高线配合使用，其具体表示可参见《国家基本比例尺地图图式　第1部分：1∶500　1∶1000　1∶2000地形图图式》（GB/T 20257.1—2017）。

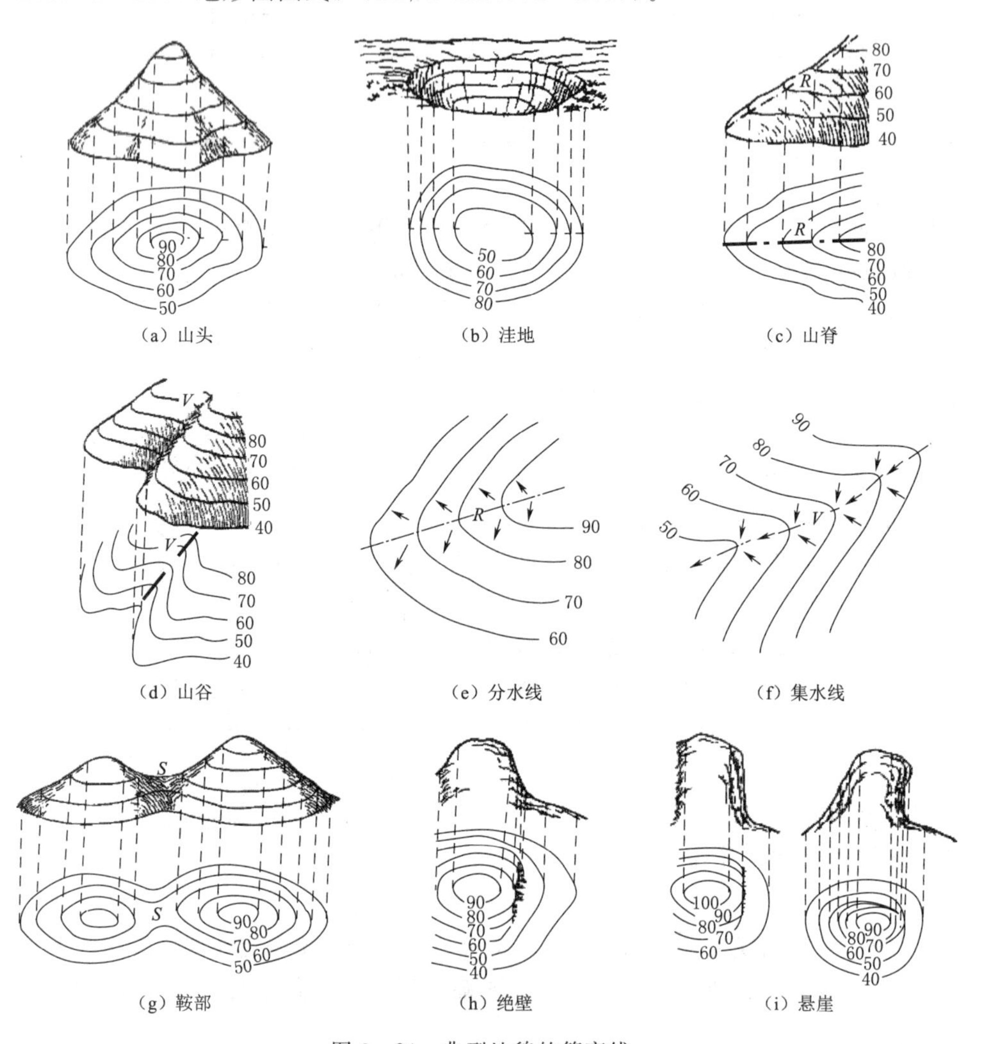

（a）山头　（b）洼地　（c）山脊　（d）山谷　（e）分水线　（f）集水线　（g）鞍部　（h）绝壁　（i）悬崖

图3-24　典型地貌的等高线

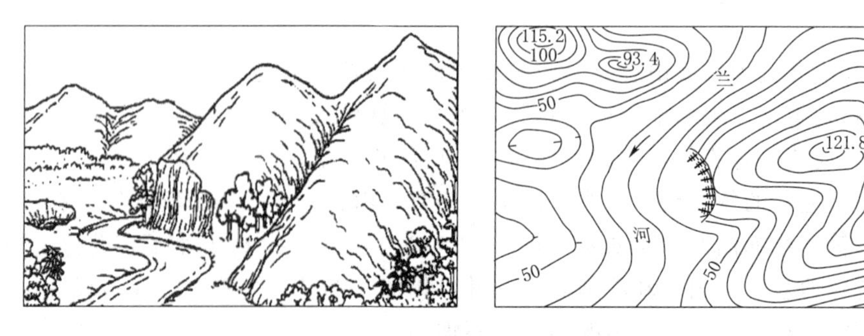

图3-25　综合地貌及其等高线表示

任务3.3 草图法绘制地形图

全野外数字测图目前主要是使用全站仪、GNSS-RTK等，在野外实地采集地形图全部要素信息，以电子数字形式记录测量数据，再经过计算机的进一步处理，生成数字地形图。与白纸测图不同，全野外数字测图在外业采集时，必须在工作现场以计算机能够识别的数字形式采集和记录测点的连接关系及地形实体的地理属性。野外数据采集的作业模式，取决于使用的仪器和数据记录方式。数据采集主要有4种模式：数字测记模式、电子平板模式、原图数字化模式、航测相片和遥感影像数字化模式。本教材主要讲述数字测记模式。

而全野外数字测图数据采集模式主要使用数字测记模式，使用的仪器主要为全站仪和GNSS-RTK，具体方法分为草图法和编码法两种，其中草图法内业成图又可细分为坐标定位法（对照草图使用鼠标选择点位）和点号定位法（对照草图使用键盘输入点号），编码法内业成图又可以分为编码引导法（内业制作编码引导文件*.YD）和简码识别法（外业输入每个点的简编码）。

草图法又称无码作业法，是利用全站仪或RTK测定碎部点的点位信息，并自动记录在仪器内存中，用手工记录、绘制碎部点的属性信息及连接信息。无码作业法适合任意地形条件下的外业作业。草图的绘制要遵循清晰、易读、符号应与图示相符、比例尽可能协调的原则。测量时，对于较复杂地物主要利用全站仪内存记录数据并与草图点号相对应，观测不到的点可结合皮尺丈量的方法，并在草图上标注丈量数据。在进行地貌测点时，可采用一站多镜的方法进行。一般在地性线上、特征部位要有足够密度的点，如山脊线、山谷线、鞍部特征点等。冲沟要在沟底有足够密度的点，沟上两侧要测足够的点，这样生成的等高线才真实。

草图法绘制地形图模式是一种野外测记、室内成图的数字测图方法，步骤如下：

（1）使用全站仪或GNSS-RTK测定地物地貌特征点的点位信息，对每个点进行编号，编号可由人工输入或自动生成。将野外采集的特征点点位信息、连同特征点编号一起记录在仪器内存，同时配画工作草图，如图3-26所示。

（2）室内将野外采集的数据传输到计算机。

（3）根据外业采集到的数据文件和绘制的工作草图，使用地形图成图软件，人机交互编辑形成数字地图。

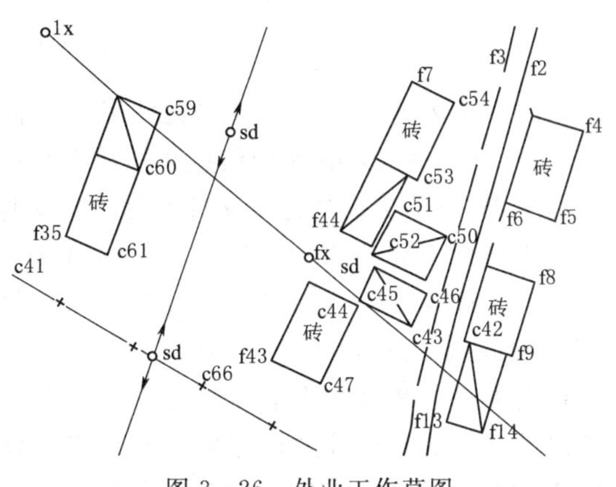

图3-26 外业工作草图

3.3.1 点号定位法成图

1. 定显示区

定显示区的作用是根据输入坐标数据文件的数据大小定义屏幕显示区域的大小，以保证所有点可见。首先点击【绘图处理】项，即出现如图3-27所示的下拉菜单。

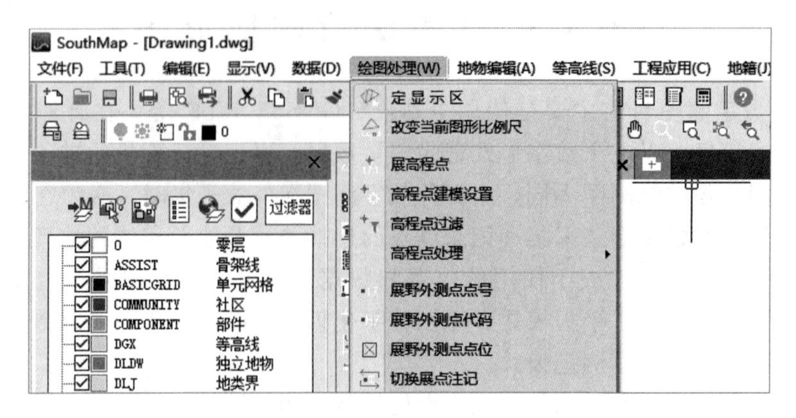

图 3-27 绘图处理下拉菜单

然后点击【定显示区】项，即出现一个对话窗，如图 3-28 所示。

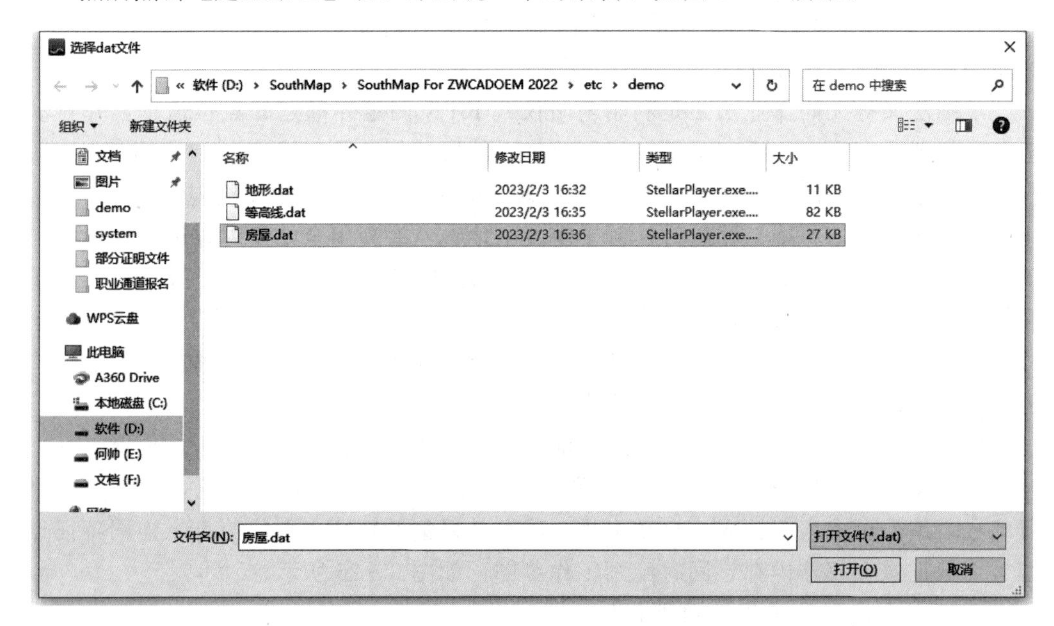

图 3-28 “选择 dat 文件”对话框

这时需输入碎部点坐标数据文件名。可直接通过键盘输入，如在“文件名：”处输入“D：\SouthMap 地理信息数据成图软件\DEMO\房屋.dat”，点击【打开】。也可参考 Windows 选择打开文件的操作方法操作。这时命令区显示：

最小坐标（m）：X=4319574.128，Y=501979.769；

最大坐标（m）：X=4319900.275，Y=502378.561。

2. 选择测点点号定位成图法

点击屏幕右侧地物绘制菜单的【坐标定位/点号定位】项，即出现如图 3-29 所示的对话框。输入点号坐标点数据文件名“D：\SouthMap 地理信息数据成图软件\DEMO\房屋.dat”后，命令区提示“读点完成！共读入 831 点”。

3. 绘平面图

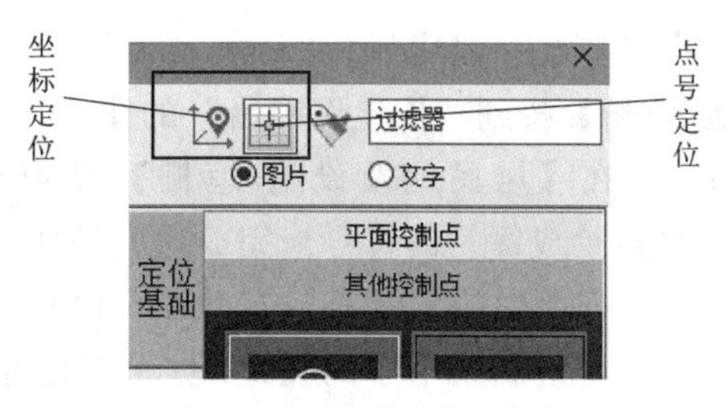

图 3-29　点号定位对话框

根据野外作业时绘制的草图，移动鼠标至屏幕右侧菜单区选择相应的地形图图式符号，然后在屏幕中将所有的地物绘制出来。系统中所有地形图图式符号都是按照图层来划分的，例如，所有表示测量控制点的符号都放在“控制点”这一层，所有表示独立地物的符号都放在“独立地物”这一层，所有表示植被的符号都放在“植被土质”这一层。

(1) 为了更加直观地在图形编辑区内看到各测点之间的关系，可以先将野外测点点号在屏幕中展出来。其操作方法是，点击屏幕顶部菜单区的【绘图处理】→【展野外测点点号】项，出现选择数据文件对话框，输入对应的坐标数据文件名“D：\ SouthMap 地理信息数据成图软件 \ DEMO \ 房屋 . dat”后，便可在屏幕展出野外测点的点号。

(2) 根据外业草图，选择相应的图式符号在屏幕上将平面图绘出来。在草图上读取点号连接关系，由 33 号、34 号、35 号点连成一间普通房屋。点击屏幕右侧菜单区的【居民地/一般房屋】项，系统弹出如图 3-30 所示的对话框。再移动鼠标到【四点房屋】图标处按左键，然后点击【确定】。这时命令区提示：

“绘图比例尺 1：<500>”，输入 1000，回车。

“1. 已知三点/2. 已知两点及宽度/3. 已知四点<1>”，输入 1，回车（或直接回车默认选 1）。

说明：已知三点是指测矩形房子时测了 3 个点，已知两点及宽度则是指测矩形房子时测了两个点及房子的一条边，已知四点则是测了房子的 4 个角点。

“点 P/<点号>”，输入 33，回车。点 P 是指根据实际情况在屏幕上指定的一个点，点号是指绘地物符号定位点的点号（与草图的点号对应），此处使用点号 33。

“点 P/<点号>”，输入 34，回车。

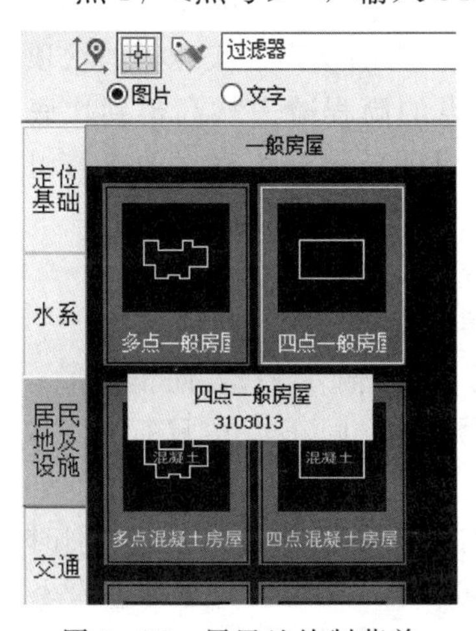

图 3-30　居民地绘制菜单

“点 P/<点号>”，输入 35，回车。

“输入层数（有地下室输入格式：房屋层数-地下层数）<1>：”，输入 1-0。

这样，即将 33 号、34 号、35 号点连成一间普通房屋。

注意：绘房子时，输入的点号必须按顺时针或逆时针的顺序输入，如上例的点号按 34、33、35 或 35、33、34 的顺序输入，否则绘出来房子就不对。重复上述操作，将 37 号、38 号、39 号点绘成四点棚房；60 号、58 号、59 号点绘成四点破坏房子；12 号、14 号、15 号点绘成四点建筑中房屋；19 号、20 号、125 号、129 号、128 号、126 号、17 号、18 号点绘成多点一般房屋；27号、28号、29号点绘成4点房屋。同样在【居民地及设施/垣栅】找到“依比例围墙”的图标，将9号、10号、243号点绘成依比例围墙的符号；在【居民地及设施/垣栅】找到“篱笆”的图标，将62号、63号、99号、98号点绘成篱笆的符号。完成这些操作后，其平面图如图3－31所示。

把草图中的700号、701号、114号点连成一段陡坎，其操作方法：点击屏幕右侧地物绘制菜单中的【地貌/人工地貌】项，这时系统弹出如图3－32所示的对话框。

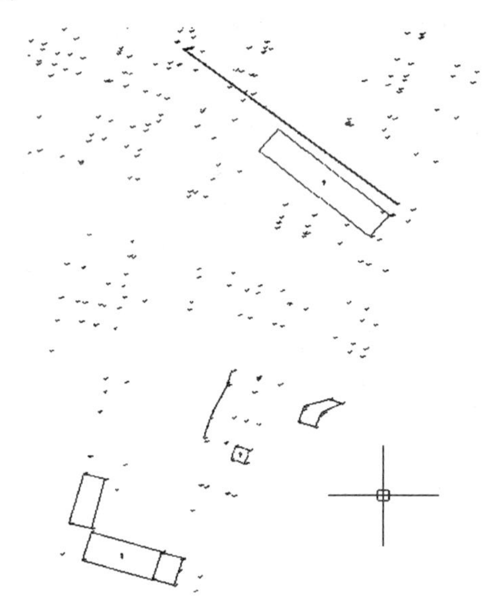

图3－31　点号定位法绘制的平面图

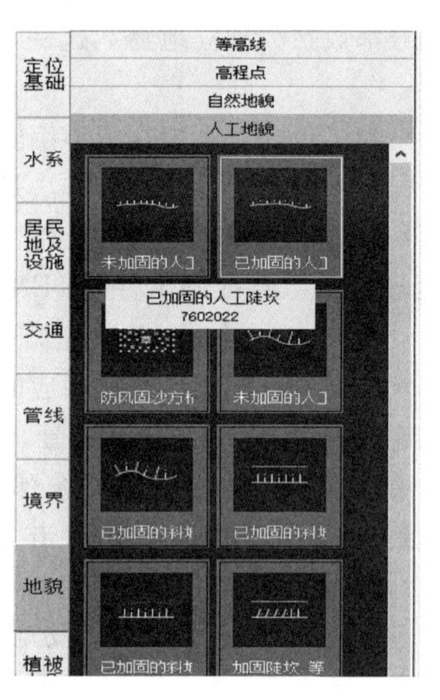

图3－32　点号定位法绘制的平面图

移动鼠标到【已加固的人工陡坎】图标处按左键，选择其图标，命令区便分别出现以下的提示：

“请输入坎高，单位：米＜2.0＞”，输入坎高，回车（直接回车默认坎高2m）。

说明：在这里输入的坎高（实测得的坎顶高程），系统将坎顶点的高程减去坎高得到坎底点高程，这样在建立DTM时，坎底点便参与组网的计算。

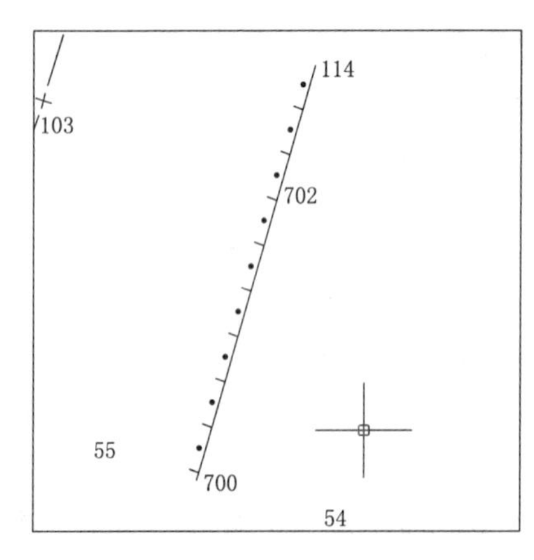

图3－33　人工陡坎绘制成果

“点P/＜点号＞”，输入700，回车。

“点P/＜点号＞”，输入701，回车。

“点P/＜点号＞”，输入114，回车。

“点P/＜点号＞”，回车或按鼠标的右键，结束输入。

注意：如果需要在点号定位的过程中临时切换到坐标定位，可以按“P键”，这时进入坐标定位状态，想回到点号定位状态时再次按“P

键”即可。

“拟合吗？＜N＞?”回车或按鼠标的右键，默认输入，＜N＞。

说明：拟合的作用是对复合线进行光滑处理。

这时，便在 700 号、701 号、114 号点之间绘成陡坎的符号，如图 3－33 所示。注意：陡坎上的坎毛生成在绘图方向的左侧。

这样，重复上述操作便可以将所有测点用地图图式符号绘制出来。在操作的过程中，可以嵌用 CAD 的绘图命令，如放大显示、移动图纸、删除、文字注记等。

⊙3－6

3.3.2 坐标定位法成图

1. 定显示区

此步操作与点号定位法成图作业流程的“定显示区”的操作相同。

⊙3－7

2. 选择坐标定位成图法

点击屏幕右侧地物绘制菜单的【坐标定位】项，即进入“坐标定位”项的菜单。如果刚才在“点号定位”状态下，可返回主菜单之后再进入“坐标定位”菜单。

3. 绘平面图

与“点号定位法成图”流程类似，需先在屏幕上展点，根据外业草图，选择相应的图式符号在屏幕上将平面图绘出来，区别在于不能通过测点点号来进行定位，需要用十字光标捕捉节点。仍以居民地为例讲解，点击屏幕右侧菜单区的【居民地/一般房屋】项，系统便弹出如图 3－30 所示的对话框。再移动鼠标到【四点房屋】图标处按左键，图标变亮表示该图标已被选中，这时命令区提示：

“1. 已知三点/2. 已知两点及宽度/3. 已知四点＜1＞”，输入 1，回车（或直接回车默认选 1）。

“输入点”，右键选择屏幕下方任务栏的【对象捕捉】项的【设置】，弹出如图 3－34 所示的对话框，将勾选节点前的小方块，点击【确定】。这时鼠标靠近 33 号点，出现红色标记，点击鼠标左键，完成捕捉工作。

“输入点”，同上操作捕捉 34 号点。

“输入点”，同上操作捕捉 35 号点。

这样，即将 33 号、34 号、35 号点连成一间普通房屋。

注意：在输入点时，嵌套使用了捕捉功能，选择不同的捕捉方式会出现不同形式的黄颜色光标，适用于不同的情况，草图发成图时，为了防止捕捉到无关的点，可以只勾选节点选项，其他捕捉方式不勾选。

⊙3－8

命令区要求“输入点”时，也可以用鼠标左键在屏幕上直接点击，为了精确定位也可输入实地坐标。下面以“路灯”为例进行演示。点击屏幕右侧菜单区的【市政部件/公共设施】中找到【路灯】图标处按左键，如图 3－35 所示，图标变亮表示该图标已被选中，然后点击【确定】。这时命令区提示：

“输入点”，输入 4319756.91，502257.84，回车。

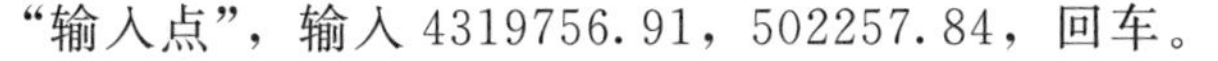

这时就在（4319756.91，502257.84）处绘好了一个路灯。

注意：随着鼠标在屏幕移动，左下角提示的坐标实时变化。

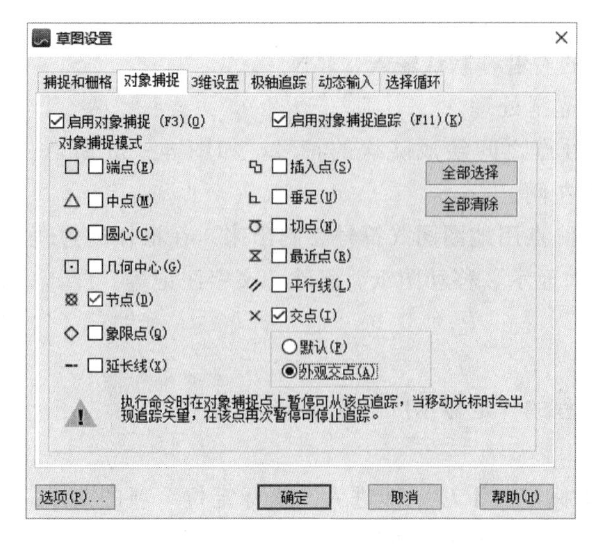

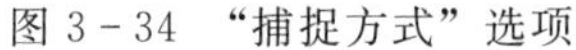
图3-34　“捕捉方式”选项

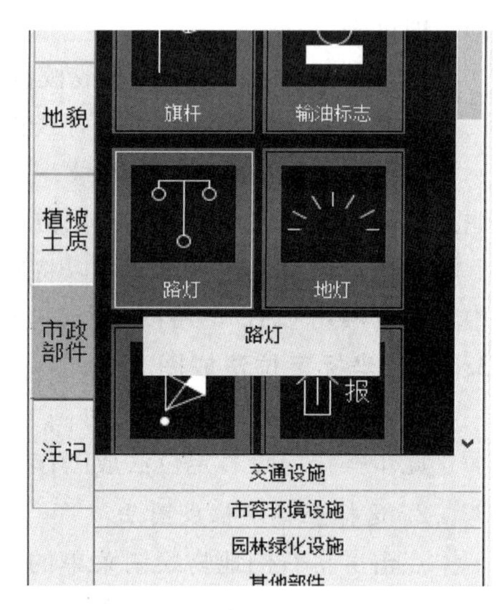

图3-35　“路灯”图例

任务3.4　编码法绘制地形图

全野外数字测图主要有草图法和编码法两种手段，其中草图法内业成图又可细分为坐标定位法（对照草图使用鼠标选择点位）和点号定位法（对照草图使用键盘输入点号）；编码法内业成图又可以分为编码引导法（内业制作编码引导文件 *.YD）和简码识别法（外业输入每个点的简编码）。

编码法测图两种模式的基本方法：编码引导法是在采集数据时未输入简编码，内业编辑编码引导文件，内业使用“编码引导”成图。简码识别法是在外业采集数据时同时输入各点简编码，内业使用“简码识别”成图。

编码法测图两种模式的优缺点：编码引导法在外业不输入编码，外业效率高，内业需要制作编码引导文件，所以此方法是在有草图的前提下提高内业绘图效率的一种方法；简码识别法是在外业输入编码，外业速度慢，内业效率高。

3.4.1　编码引导法成图

1. 编码引导法成图的基本原理

在外业观测过程中绘制草图，内业时根据草图制作编码引导文件（扩展名为 *.YD），内业绘图时执行编码引导菜单，软件一次性绘制编码引导文件对应的全部地物。

在软件的安装目录下有两个文件“WORK.DEF”和“JCODE.DEF”，这两个文件分别定义了“软件内部码”和“外业简编码”。6位数的数字（如141101）为软件内部码，大写字母加数字组合则为外业简编码，两者为对应关系。软件内部码文件如图3-36所示，外业简编码文件如图3-37所示。

2. 编码引导法成图的具体过程

（1）展绘外业测量坐标数据文件。首先将外业测量的数据文件 WMSJ.DAT 展绘到软件绘图区。

```
*WORK.DEF - 记事本
文件(F) 编辑(E) 格式(O) 查看(V) 帮助(H)
185520,SXSS,6,1033b,0,石质的有滩陡岸
185530,SXSS,6,10421,0,土质的无滩陡岸
185540,SXSS,6,1033b,0,石质的无滩陡岸
184410,SXSS,6,10412,0,斜坡式防波堤
184420,SXSS,6,10422,0,直立式防波堤
184430,SXSS,6,1054,0,石垄式防波堤
141101,JMD,5,continuous,0,一般房屋
141111,JMD,8,continuous,混凝土，混凝土房屋
141121,JMD,8,continuous,砖,砖房屋
141131,JMD,8,continuous,铁,铁房屋
141141,JMD,8,continuous,钢,钢房屋
141151,JMD,8,continuous,木,木房屋
141161,JMD,8,continuous,混,混房屋
```

图 3-36　软件内部码文件示意图

```
JCODE.DEF - 记事本
文件(F) 编辑(E) 格式(O) 查看(V) 帮助(H)
T5,161502
T6,161701
T7,161702
T8,161800
T9,167500
D0,171101
D1,171101
D2,171201
D3,172001
F0,141101
F1,141103
F2,141111
```

图 3-37　外业简编码文件示意图

（2）编辑编码引导文件。使用记事本文件编辑编码引导文件，扩展名为“.YD”，如图 3-38 所示。

```
WMSJ.YD - 记事本
文件(F) 编辑(E) 格式(O) 查看(V) 帮助(H)
W2,165,7,6,5,4,166
F0,164,162,85
U2,38,37,36,35,39,40
F0,133,167,132,152,168,153,77,169,76,136,135,134,133
U3,170,95,96,171
F1,68,66,114
Q4,172,52,53,54,55,56,57,58,59,60,61,62,63,64,151,106,173
Q5,107,150,149,148,147,146,145,144,143,142,141,140,174,175,176,177
Q0,130,129,127,97,98,99
Q0,131,128,126,183,184,185
Q2,49,50,51,90,91,86,84,83,82,81,72,119,118,117,116,110
```

图 3-38　编码引导文件格式

具体格式如下。

1）每一行表示一类地物。

2）每一行的第一项为地物的“外业简编码”，以后各数据为构成该地物的各测点的点号，线状地物的点号必须按顺序连接。

3）同行的数据之间用逗号分隔，行末不用逗号，也不要空格。

4）表示地物代码的字母要大写。

5）用户可根据自己的需要定制野外操作简码。

（3）执行编码引导命令。选择“绘图处理”→“编码引导”，出现如图 3-39 所示对话框，输入编码引导文件 WMSJ.YD。

接着屏幕出现图 3-40 所示对话窗，按要求输入坐标数据文件名 WMSJ.DAT。

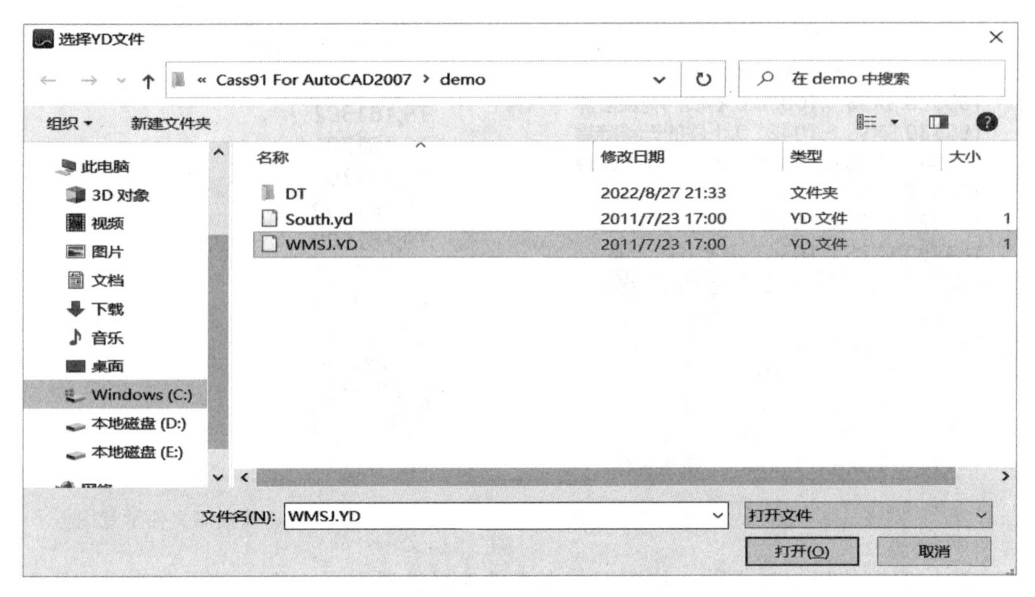

图 3－39　选择编码引导文件对话框

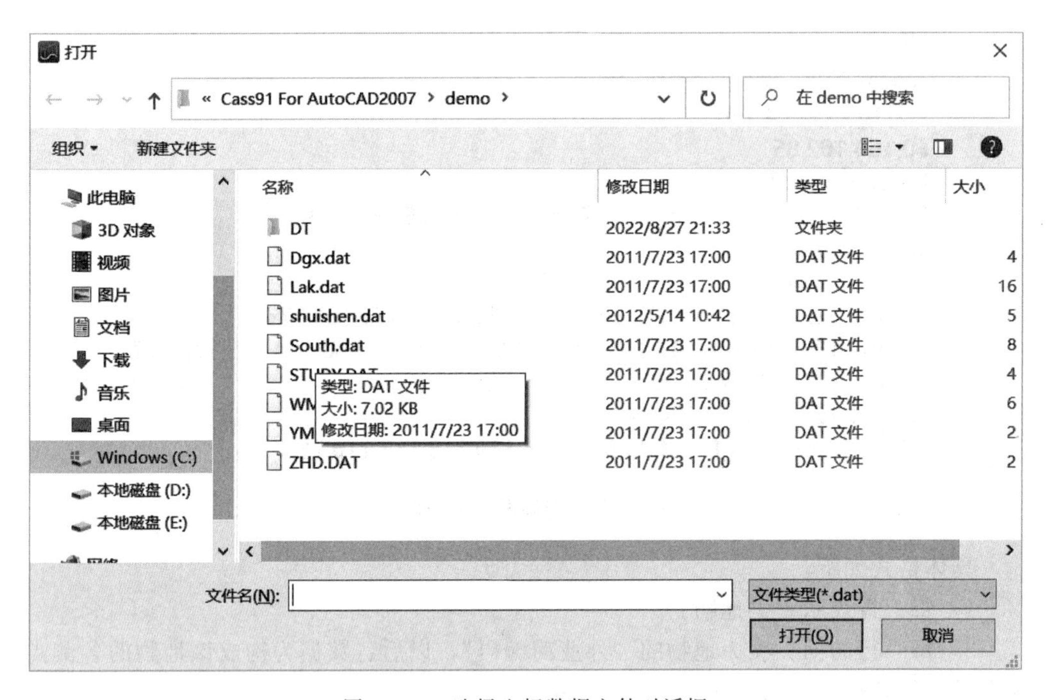

图 3－40　选择坐标数据文件对话框

（4）编码引导成图。选择完编码引导文件和坐标数据文件后，软件自动完成编码引导文件所包含的各类地物的绘制，如图 3－41 所示。

3.4.2　简码识别法成图

1. 简码识别法成图的基本原理

简码识别法是在外业进行数据采集的同时给予每个点一个编码，内业软件根据编

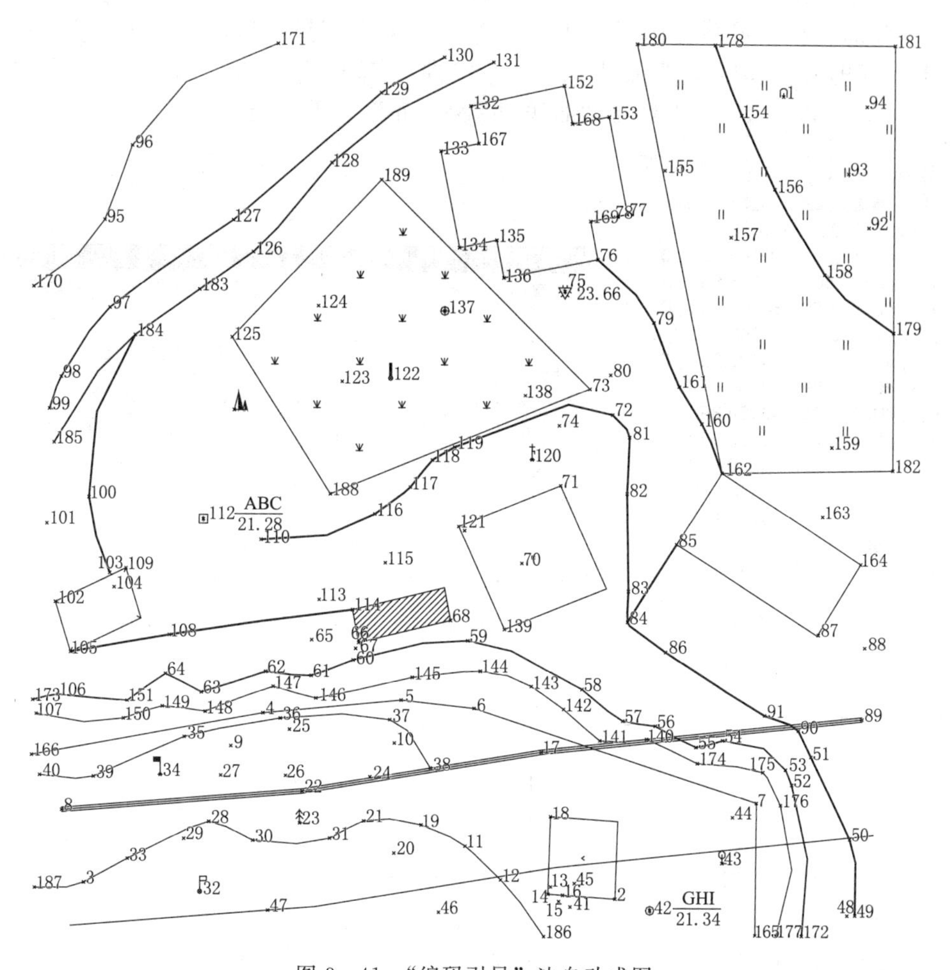

图 3-41 “编码引导”法自动成图

码进行自动或者半自动的展点成图。其优点是提高内业成图效率，但是需要测量员熟练掌握外业简编码，并在外业数据采集过程中准确输入各点简编码或连接码。点状地物属于独立采集，各点间并无连接关系，因此只需要准确输入简编码即可。而线状地物不仅需要输入各点简编码，而且需要准确描述其连接关系，这在外业工作中是有一定难度的，因为外业工作中测量员经常是点状、线状地物同时测量，而不是单独连续采集某种线状地物，这给线状地物编码带来了很大难度。

⊙3-9

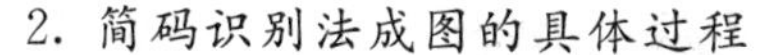

2. 简码识别法成图的具体过程

⊘3-1

(1) 展绘外业简码坐标数据文件。外业采集到的简码坐标数据文件（*.dat）如图 3-42 所示，将其展绘到图上。

(2) 简码识别法成图。选择【绘图处理】→【简码识别】项，即出现如图 3-43 所示对话窗，输入编码引导文件名 SOUTH.DAT，软件会将“简码坐标数据文件”转化为计算机能够识别的程序内部码来实现地物的自动绘制（图 3-44）。其中，“简码坐标数据文件”中已经包含了地图上的各类地物的属性信息、连接信息和三维位置信息。

软件开始“简码识别”绘制各类符号。如图 3-42（South.dat）中的 1 号、2 号、

3 号、4 号点表示的道路，在“5，6，7，8，9，10”“11，12，13，14”“15，16，17，18”“19，20，21，22”点上绘制等外公路。“23，24，25，26，27，28”“29，30，31，32，33，34”点上绘制“曲线型等外公路”。

⊙3-10

⊘3-2

South - 记事本

文件(F) 编辑(E) 格式(O) 查看(V) 帮助(H)

1 ,X0, 40050 , 30185 , 0
2 ,+, 40161.367 , 30184.898 , 0
3 ,+, 40171.509 , 30193.585 , 0
4 ,+, 40171.509 , 30300.004 , 0
5 ,X0, 40186.722 , 30300.004 , 0
6 ,+, 40186.722 , 30193.585 , 0
7 ,+, 40196.139 , 30184.898 , 0
8 ,+, 40258.595 , 30184.898 , 0
9 ,+, 40261.202 , 30188.998 , 0
10 ,+, 40261.202 , 30299.871 , 0
11 ,X0, 40269.765 , 30299.871 , 0
12 ,+, 40269.765 , 30188.626 , 0
13 ,+, 40272.371 , 30184.898 , 0
14 ,+, 40349.717 , 30184.898 , 0

图 3-42 外业采集得到的简码数据文件

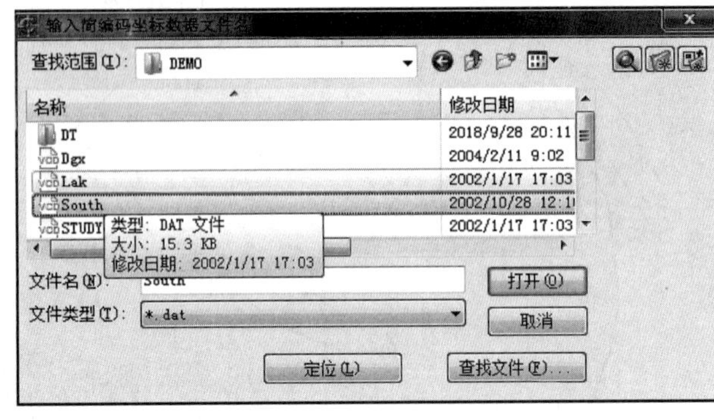

图 3-43 输入简编码坐标数据文件

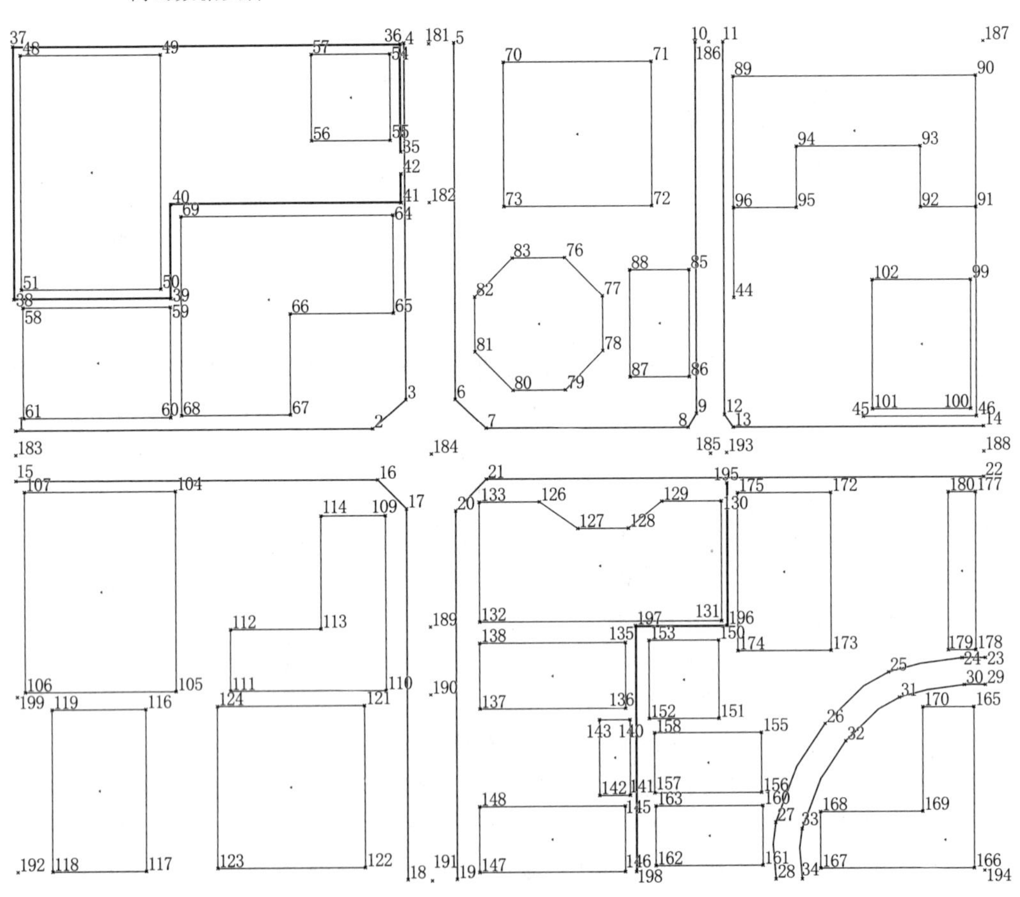

图 3-44 “简码识别”法自动成图

任务 3.5 绘制地物符号

《国家基本比例尺地图图式　第 1 部分：1∶500 1∶1000 1∶2000 地形图图式》(GB/T 20257.1—2017) 对 1∶500、1∶1000、1∶2000 地形图成图的基本要求如下。

3.5.1 地物符号的绘制规则

1. 符号的分类

(1) 依比例符号：地物依比例尺缩小后，其长度和宽度能依比例尺表示的地物符号。

(2) 半依比例符号：地物依比例尺缩小后，其长度能依比例尺而宽度不能依比例尺表示的地物符号。在 1∶500、1∶1000、1∶2000 比例尺地形图上，在符号旁标注宽度尺寸值。

(3) 不依比例符号：地物依比例尺缩小后，其长度和宽度都不能依比例尺表示。在 1∶500、1∶1000、1∶2000 比例尺地形图上，在符号旁标注符号长、宽尺寸值。

2. 符号的尺寸

(1) 符号旁以数字标注的尺寸值，均以毫米 (mm) 为单位。

(2) 符号旁只注一个尺寸值的，表示圆或外接圆的直径、等边三角形或正方形的边长；两个尺寸值并列的，第一个数字表示符号主要部分的高度，第二个数字表示符号主要部分的宽度；线状符号一端的数字，单线是指其粗度，两平行线是指含线画粗的宽度 (街道是指其空白部分的宽度)。符号上需要特别标注的尺寸值，则用点线引示。

(3) 符号线划的粗细、线段的长短和交叉线段的夹角等，没有标明的均以图式的符号为准。

3. 符号的定位

(1) 符号图形中有一个点的，该点为地物的实地中心位置。

(2) 圆形、正方形、长方形等符号，定位点在其几何图形中心。

(3) 宽底符号 (蒙古包、烟囱、水塔等) 定位点在其底线的中心。

(4) 底部为直角的符号 (风车、路标、独立树等) 定位点在其直角的顶点。

(5) 几种图形组成的符号 (敖包、教堂、气象站等) 定位点在其下方图形的中心点或交叉点。

(6) 下方没有底线的符号 (窑、亭、山洞等) 定位点在其下方两端点连线的中心点。

(7) 不依比例尺表示的其他符号 (桥梁、水闸、拦水坝、岩溶漏斗等) 定位点在其符号的中心点。

(8) 线状符号 (道路、河流等) 定位线在其符号的中轴线；依比例尺表示时，在两侧线的中轴线。

(9) 符号除简要说明中规定其按真实方向表示外，均垂直于南图廓线。

4. 符号的配置

(1) 土质和植被符号，根据其排列的形式可分为 3 种情况：

1）整列式：按一定的行列配置，如苗圃、草地、经济林等。

2）散列式：不按一定的行列配置，如小草丘地、灌木林、石块地等。

3）相应式：按实地的疏密或位置表示符号，如疏林、零星树木等。表示符号时应注意显示其分布特征。

整列式排列一般按图式表示的间隔配置符号，面积较大时，符号间隔可放大1～3倍。在能表示清楚的原则下，可采用注记的方法表示。还可将图中最多的一种不表示符号，图外加附注说明，但一幅图或一批图应统一。

（2）以虚实线表示的符号（机耕路、乡村路）按光影法则描绘，其虚线绘在光辉部，实线绘在暗影部。一般在居民地、桥梁、渡口、徒涉场、涵洞、隧道或道路相交处变换虚实线方向。

5．符号使用方法与要求

（1）图式中除特殊符号外，一般实线表示建筑物、构筑物的外轮廓与地面的交线（除桥梁、坝、水闸、架空管线外），虚线表示地下部分或架空部分在地面上的投影，点线表示地类范围线、地物分界线。

（2）依比例尺表示的地物分为以下表现形式：

1）地物轮廓依比例尺表示，在其轮廓内加面色，如河流、湖泊等；或在其轮廓内适中位置配置不依比例尺符号和说明注记（或说明注记简注）作为说明，如水井、收费站等。

2）面状分布的同一性质地物，在其范围内按整列式、散列式或相应式配置说明符号和注记，如果界线明显的用地类界表示其范围（如经济林地等），界线不明显的不表示界线（如疏林地、盐碱地等）。

3）相同地物毗连成群分布，其范围用地类界表示，在其范围内适中位置配置不依比例尺符号，如露天设备等。

4）实地面积较大的地物要素，如发电厂、水厂、污水处理厂、大学、医院、游乐场、公园、动物园、植物园、高尔夫球场、飞机场等，图式中不规定符号，用围墙、房屋、内部道路、绿地等相应的符号表示地物，在其范围内加注专有名称注记。

（3）两地物相重叠或立体交叉时，按投影原则下层被上层遮盖的部分断开，上层保持完整。

（4）各种符号尺寸是按地形图内容为中等密度的图幅规定的。为了是地形图清晰易读，除允许符号交叉和结合表示外，个符号之间的间隔（包括轮廓线与所配置的不依比例尺符号之间的间隔）一般不应小于0.3mm。如果某些地区地物的密度过大，图上不能容纳时，允许将符号的尺寸略为缩小（缩小率不能大于0.8）或移动次要地物符号。双线表示的线状地物其符号相距很近时，可采用共线表示。点状地物与房屋、道路、水系等其他地物重合时，可中断其他地物符号，间隔0.3mm，以保持独立符号的完整性。

（5）实地上有些建筑物、构筑物，图式中又未规定符号，又不便归类表示者，可表示该物体的轮廓图形或范围，并加注说明。

（6）符号旁的宽度、深度、比高等数字注记，一般标注至0.1m。

3.5.2 地物符号的分类

《国家基本比例尺地图图式 第 1 部分：1∶500 1∶1000 1∶2000 地形图图式》(GB/T 20257.1—2017) 中规定，1∶500、1∶1000、1∶2000 数字线划图 (DLG) 测绘内容应包括定位基础、水系、居民地及设施、交通、管线、境界、地貌、植被与土质、注记等要素，并应着重表示与城市规划、建设有关的各项要素。

(1) 定位基础。定位基础包括数学基础和测量控制点。数学基础主要指图廓线、经纬线、坐标网线等。测量控制点包括三角点、小三角点、导线点、埋石图根点、不埋石图根点、水准点、卫星定位连续运行站点、独立天文点。各等级测量控制点应测绘其平面的集合中心位置，并应表示类型、等级和点名。

(2) 水系。水系包括河流、沟渠、湖泊、水库、海洋、水利要素及其附属设施等。

(3) 居民地及设施。包括居民地、工矿、农业、公共服务、名胜古迹、宗教、科学观测站、其他建筑物及其附属设施等。

(4) 交通。交通主要包括铁路、城际铁路、城市道路、乡村道路、道路构造物、水运、航道、空运及其附属设施等。

(5) 管线。管线包括输电线、通信线、各种管道及其附属设施等。

(6) 境界。包括国界、省界、地级界、县界、乡界、村界及其他界线等。当两级以上境界重合时，按高一级境界表示。

(7) 植被与土质。包括农林用地、城市绿地及土质等。同一地段生长有多种植物时，植被符号可配合表示，但不要超过 3 种（连同土质符号）。如果种类很多，可舍去经济价值不大或数量较少的。符号的配置应与实地植被的主次和稠密情况相适应。表示植被时，除疏林、稀疏灌木林、迹地、高草地、草地、半荒草地、荒草地等外，一般均应表示地类界。配置植被符号时，不要截断或压盖地类界和其他地物符号。植被范围被其他线状地物分割时，在各隔开部分内，至少应配置一个符号。

(8) 注记。注记包括地理名称注记、说明注记和各种数字注记等。

3.5.3 地物符号的绘制方法

SouthMap 软件中，右侧屏幕菜单中包含了所以地物地貌符号，选择其中的符号即可按照命令行提示完成各类地物符号的绘制，如图 3-45 所示。地物符号绘制的具体方法包括草图法和编码法。草图法又分为点号定位法和坐标定位法。绘制完毕的各类地物符号本身的位置、大小、间距、方向、排列、搭配等有问题时，或者符号与符号之间存在重合、压盖、跨越等问题时，都需要依据规则进行后期编辑处理。

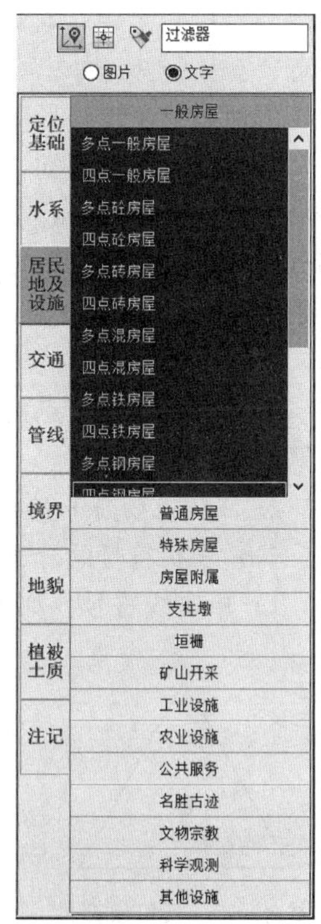

图 3-45 SouthMap 软件右侧屏幕菜单

3.5.4 地物符号的绘制原理

地形图符号类型繁多，基本图形元素由点、线、矩形、圆角矩形、圆、椭圆、圆弧、扇形、多边形、正多边形、星形和文字等构成。计算机地图制图系统中地图符号库实质上就是将具有同类特征的地图符号按一定的规则（编码）组织存放起来，在绘制地图符号时由调用程序根据编码查找相应的图式符号及其绘制方法，从而实现地图符号的自动绘制。本任务以 SouthMap 软件为例，介绍点状地物、线状地物、面状地物的自动绘制原理。

1. 点状地物符号的绘制原理

点状符号以定位点定位，在一定比例尺范围内，图上的能大小是固定的，如各种控制点符号。它们常常不能用某一固定的数学公式来描述，必须首先建立表示这些符号特征点信息的符号库，才能实现计算机的自动绘制。

建立点状符号的原则依据是《国家基本比例尺地图图式　第1部分：1∶500　1∶1000　1∶2000 地形图图式》（GB/T 20257.1—2017），将图式上的点状符号进行科学的分类组织，以便能快速有效地检索与使用。

具体方法是将图式上的点状符号和说明符号等放大一定倍数绘在毫米格网纸上，进行符号特征点的坐标采集，采集坐标时均以符号的定位点作为坐标原点。对于规则符号，可直接计算符号特征点的坐标；对于圆，采集圆心坐标和半径；对于圆弧，采集圆心坐标、半径、起始角和终点角；对于涂实符号，采集边界信息，并给出涂实信息。

下面以三角点符号为例（图 3-46），说明符号特征点的坐标采集方法。

由三角点符号可知，该符号由定位点、等边三角形两部分组成，并且知道等边三角形的边长为1.5mm。若将坐标采集时的坐标原点定在符号的定位点，则该符号各部分的特征点坐标可很方便地求出：定位点坐标为（0，0），三角形三个顶点的坐标分别为（－0.433，－0.75）、（－0.433，0.75）、（0.866，0），定位点坐标为（0，0）。

然后将这些特征点的坐标与连接信息按信息块的结构存放在点状符号库中，以便计算机绘图时调用。

2. 线状地物符号的绘制原理

（1）线状符号的分类。线状符号可以分成以下4类：

1）单实线符号。如图 3-47（a）所示的小比例尺实线路等。

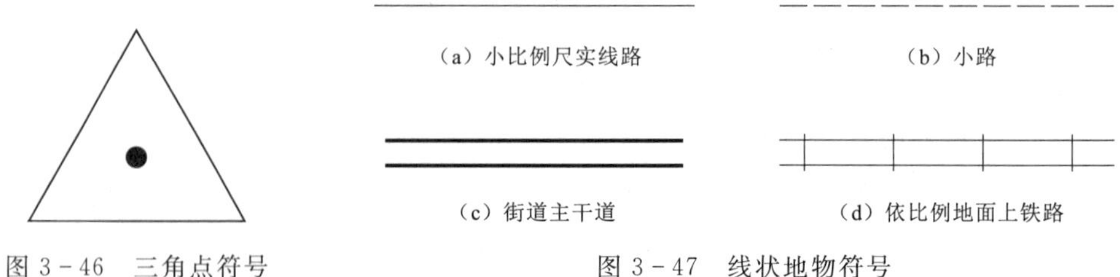

图 3-46　三角点符号　　图 3-47　线状地物符号

2）周期单线符号。这类符号的共同特点就是只有一条边缘线（定位线），且符号整体沿边缘线方向呈周期性变化。如图3-47（b）所示的小路等。

3）双实线符号。如图3-47（c）所示的街道主干道等。

4）周期双线符号。这类符号的共同特点是符号有两条平行边缘线（实线或虚线），且沿边缘线方向呈周期性变化。如图3-47（d）所示的依比例地面上铁路等。

（2）双线符号的绘制。双线符号是由两条间距相等的直线构成的。很多线状地物都是由双线作为基本边界，然后再加绘一定的内容而成，如铁路、围墙线实际上也是通过绘制平行线而获得的，因而平行线是绘制很多线状地物的基础。

（3）复杂线状符号（陡坎）的绘制。线状符号除了在每两个离散点之间有趋势性的直线、曲线等符号以外，有些线状符号中间还配置有其他符号。如陡坎符号除了定位中心线以外，还配置有短齿线，铁路符号除有表示定位的两平行线以外，还在平行线中间配置了黑白相间色块。对于这些沿中心轴线按一定规律进行配置的线状符号，虽然比简单线型复杂，但可以用比较简单的数学表达式来描述。计算出齿心和齿端坐标以后，根据不同的线状符号特点，采用不同的连接方式就可绘出如“陡坎”“铁路”“围墙”等线状符号，图3-48为已加固的人工陡坎。

3．面状地物符号的绘制原理

面状符号的定位线一般是一个封闭的区域。其绘制是在一定轮廓区域内按一定规律填绘某种密度的晕线或一系列点状符号。在轮廓区域内填绘点状符号，最终归结到首先用计算晕线的方法计算出点状符号的中心位置，然后再绘制注记符号。这里先介绍多边形轮廓线内绘制晕线的方法，然后讨论面状符号的自动绘制。

（1）多边形轮廓线内绘制晕线。多边形轮廓线内绘制晕线的参数为：轮廓点个数 n，轮廓点坐标（X_i，Y_i），$i=1$，2，3，…，n，晕线间隔 D 以及晕线和 X 轴夹角 α，如图3-49所示。具体绘制晕线可按如下步进行。

1）对轮廓点坐标进行旋转变换。

2）求晕线条数。

3）求晕线和轮廓边的交点。

4）交点排序和配对输出。

（2）多边形轮廓内填充图案。此种面状符号的绘图参数为：区域边界点个数 N，边界点坐标，符号注记轴线间的间隔 D 以及轴线和 X 轴的角度 α，每一排轴线上符号的注记间隔 d（图3-50）。自动绘制步骤如下。

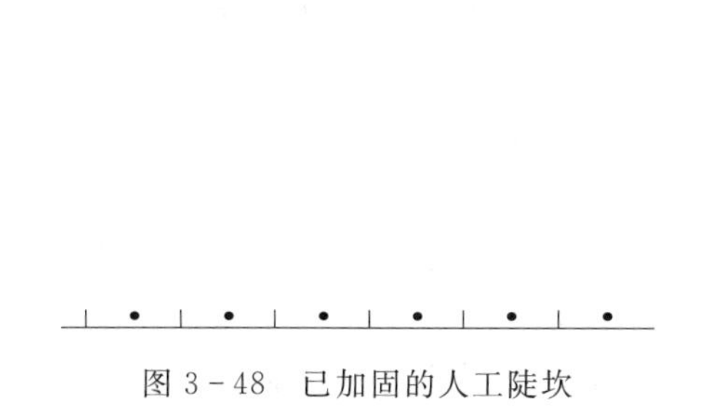

图3-48　已加固的人工陡坎

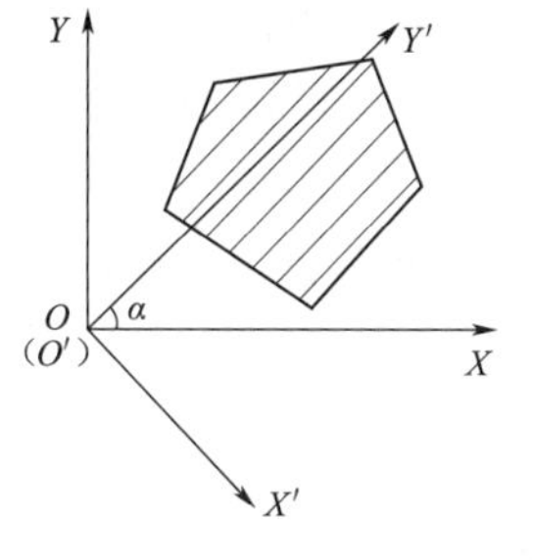

图3-49　绘制晕线

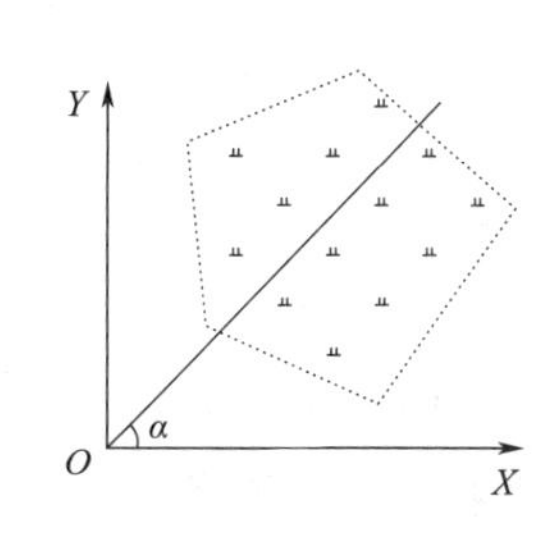

图3-50　面域内填充图案

◎3-1

1）按计算晕线的方法求出面状符号的注记轴线。

2）计算面状符号的注记中心位置。计算注记轴线（即晕线）长度，根据轴线长度和轴线上符号的注记间隔 d，按均匀分布的原则计算注记符号的中心位置。

3）填绘面状符号。根据面状符号代码，在符号库中读取表示该符号的图形数据，在上步计算出的符号中心位置上绘制面状符号。

◉3-11

任务3.6 绘制地貌符号

◉3-12

在地形图上表示地貌的方法有很多种，主要包括等高线和其他地貌符号，本任务中重点讲述等高线的绘制方法。

3.6.1 展绘高程点

在绘制等高线之前需要先展绘所有的高程点，让所有高程点参与三角网的构建及等高线的绘制，以确保等高线的精度。而在等高线绘制完成之后则需要将高程点删除，按照地形图上对于高程点的密度要求重新展绘高程点，达到即能满足表达高程的需要又不导致图面高程点太密。

1. 高程点的种类

如图3-51为高程点绘制菜单，包括一般高程点、水下高程点、特殊高程点，对于水下地形测量而言通常还需要进行水深注记。

图3-51 高程点的种类

（1）一般高程点。地形图上高程点的注记，当基本等高距为0.5m时，应精确至0.01m，当基本等高距大于0.5m时，应精确至0.1m。

（2）水下高程点。水下地形点的高程可以用“水下高程点”和“水深”表示，水下高程点通常是指采用1985国家高程基准的水下高程。高程注记以米为单位，用正等线体注出；实测点位在小数点的位置上；高程低于0m（基准面）时用负数注出。

（3）水深注记。水深是深度基准面向下至水下地形点的深度，根据海图由内业转绘。转绘海图的水深用右斜等线体注出；实测海图中对水深点的注记有特殊要求，整数用大字体表示，小数部分用小字体表示，中间不保留小数点；实测点位在整数的中心。如图3-52所示。

（4）干出高度。海洋测绘中还有“干出高度”这一概念，具体是指从深度基准面向上至水下测点的高度。干出高度注记下加“—”线。

（5）特殊高程点。具有特殊需要和意义的高程点，如洪水位、大潮潮位等处的高程点。如图3-49中所示为最大洪水位高程113.5m，发生时间为1986年6月。

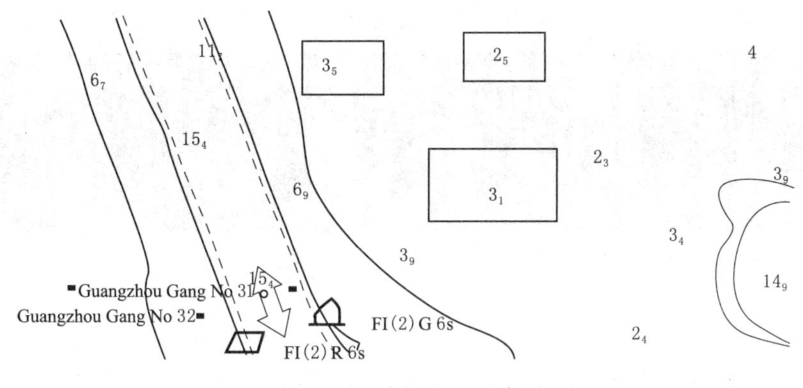

图3-52 水深注记示意图

(6) 比高点。有些特殊的地物和地貌还需要注记比高（即自地物或地貌的基部地面至顶端的高差），独立石、土堆、坑穴、陡坡、斜坡、梯田坎、露岩地等应在上下方分别测注高程或测注上（或下）方高程及量注比高。对于独立地物如烟囱、宝塔等，比高点省略，只在符号旁注记其比高。

2. 高程点注记要求

(1) 高程点用0.5mm的黑点表示。独立地物如宝塔、烟囱等的高程均为地物基部的地面高，高程点省略，只在符号旁注记其高程。

(2) 高程点注记一般注至0.1m，1∶500、1∶1000地形图可根据需要注至0.01m；陆地上低于0m的高程点，应在其注记前加"—"号。

(3) 高程点高程注记用正等线体注出。

(4) 高程注记点应选在明显的地物点或地形特征点上。依据地形类别及地物点和地形点的数量，密度为每100cm^2内5～20个。

3.6.2 绘制等高线

所谓等高线是指地面上高程相同的相邻点所集合而成的闭合曲线。用等高线表示地貌，不仅能明显表示出地面的起伏状态，而且能表示出地面坡度和地面点的高程，便于在图上进行工程的规划设计。本任务以SouthMap软件为例，介绍地形图等高线绘制的方法和步骤。通过SouthMap软件的"等高线"菜单可建立数字地面模型，计算并绘制等高线或等深线，自动切除穿建筑物、陡坎、高程注记的等高线。

如图3-53所示，表达地貌高程的等值线按照位置可分为水下和陆上两种；水下的可以分为水下等高线（用绝对高程值表示）和等深线（用深度表示）。陆上等高线按照等高距又可分为首曲线、计曲线、间曲线、助曲线和草绘等高线。

水下等高线是指海岸线以下高程相等的各相邻点所连成的闭合曲线。水下等高线分为首曲线、计曲线及间曲线。低于0m（基准面）的等高线，其高程用负数注出。水下等高线用正等线体注出，注记字头指向浅水处。在较宽的干出滩上应表示当地多年平均海水面，并加注"平均海水面"注记。

等深线是指根据深度基准面测定的深度值相等的各相邻点所连成的闭合曲线。根据海图内业转绘。等深线注记用右斜等线体注出。注记字头指向浅水处。

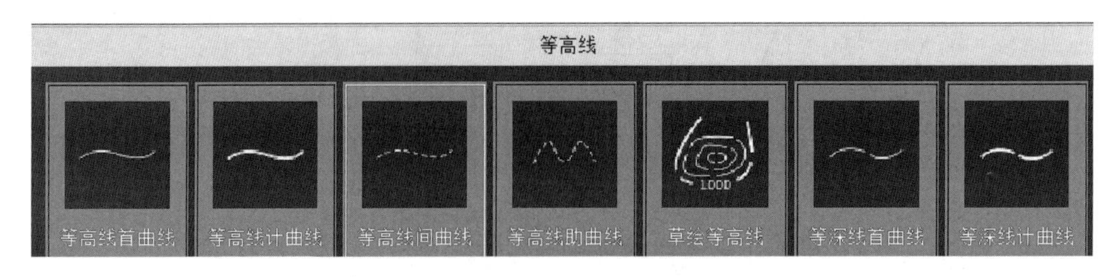

图 3－53　等高线的种类

1. 数字地面模型（DTM）的建立与修改

数字地面模型（DTM）是在一定区域范围内规则格网点或三角网点的平面坐标（x，y）和其地物性质的数据集合，如果此地物性质是该点的高程 Z，则此数字地面模型又称为数字高程模型（DEM），这个数据集合从微分角度三维地描述了该区域地形地貌的空间分布。DTM 与传统的矢量数据相辅相成，在空间分析和决策方面发挥越来越大的作用。

借助计算机和地理信息系统软件，DTM 数据可用于建立各种各样的模型解决一些实际问题，主要应用有：按用户设定的等高距生成等高线图、透视图、坡度图、断面图、渲染图、与数字正射影像 DOM 复合生成景观图，或者计算特定物体对象的体积、表面覆盖面积等，还可用于空间复合、可达性分析、表面分析、扩散分析等方面。

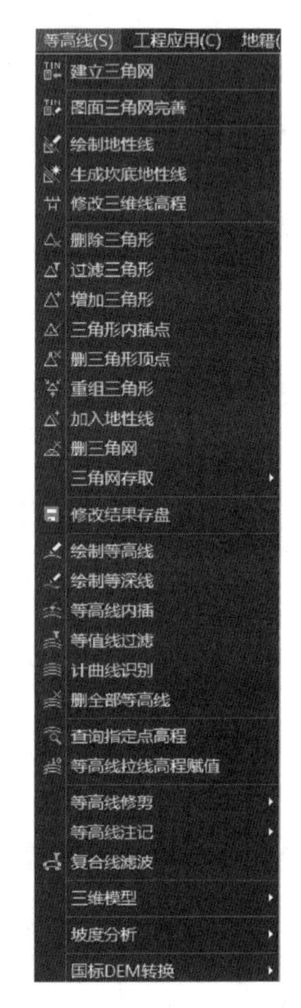

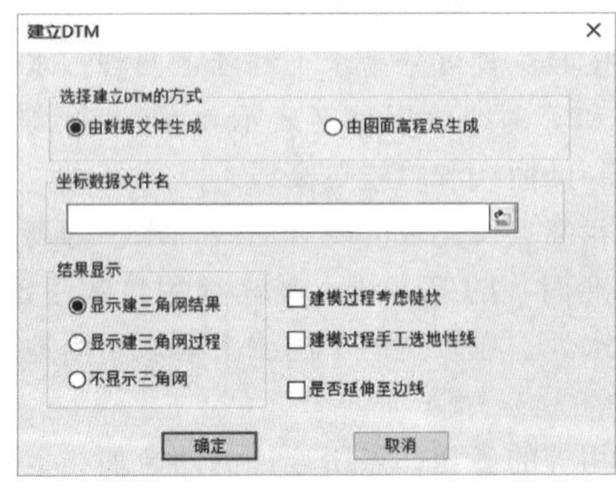

图 3－54　建立 DTM 对话框

（1）建立三角网。使用 SouthMap 自动生成等高线时，应先建立数字地面模型（DTM），就如同手工勾绘等高线之前需要在相邻高程点之间连线并内插高程点一样。在这之前，可以先“定显示区”及“展高程点”。移动鼠标至屏幕顶部菜单“等高线”项，移动鼠标至“建立 DTM”项，该处以高亮度（深蓝）显示，按左键，出现如图 3－54 所示对话框，首先选择建立 DTM 的方式，分为两种：由数据文件生成和由图面高程点生成，如果选择由数据文件生成，则在坐标数据文件名中选择坐标数据文件；如果选择由图面高程点生成，则在绘图区选择参加建立 DTM 的高程点。然后选择结果显示，分为 3 种：显示建三角网结果、显示建三角网过程和不显示三角网。最后选择在建立 DTM 的过程中是否考虑陡坎和地性线。点击确定后生成如图 3-55 所示的三角网。

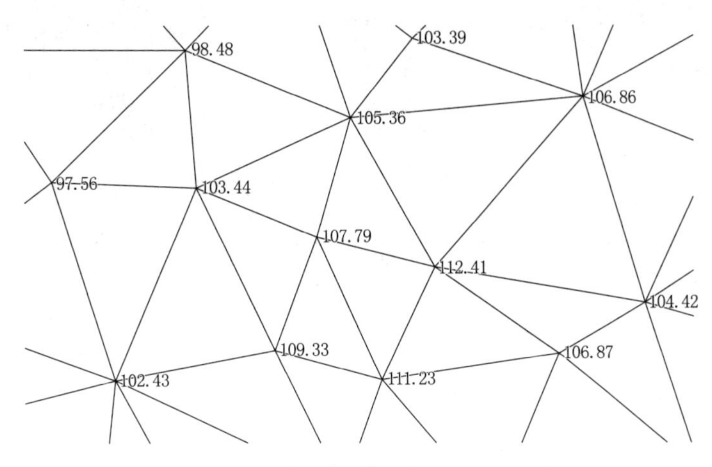

图 3-55　示例数据建立的三角网（局部）

需要注意的是建立 DTM 时，如果图中有陡坎则需要考虑陡坎，如果有山脊线或山谷线，则需要考虑地性线。所以外业地形数据采集时地性线上应该多采集高程点。如图 3-56 所示，图中有一条陡坎，若不考虑陡坎（地性线），则结果是等高线绘制中陡坎处会产生一组很密集的等高线，与图面极不协调。

（2）修改三角网。一般情况下，由于地形条件的限制在外业采集的碎部点很难一次性生成理想的等高线，如楼顶上控制点。另外还因现实地貌的多样性和复杂性，自动构成的数字地面模型与实际地貌不太一致，这时可以通过修改三角网来修改这些局部不合理的地方。其中包括删除三角形、过滤三角形、增加三角形、三角形内插点、删三角形顶点、重组三角形、删三角网和修改结果存盘等操作。每次修改后的三角网记得将修改后的三角网进行存盘。

1）图面三角网完善。利用“图面 DTM 完善”即可将各个独立的 DTM 模型自动重组在一起，而不必进行数据的合并后再重新建立 DTM 模型。选择要处理的高程点、控制点及三角网：选择需要建网的点或三角网。

2）修改三维线高程。修改选中的三维线的高程。选中一条三维线后，会弹出如图 3-57 对话框，可以依次修改各个节点的高程值。

3）删除三角形。当发现某些三角形内不应该有等高线穿过时，就可以用该功能删去它。注意各三角形都和邻近的三角形重边。

选择对象：用鼠标在三角网上选取待删除的三角形后回车或按鼠标右键，三角形消失。当修改完确认无误后，必须进行修改结果存盘。

4）过滤三角形。将不符合要求的三角形过滤掉。

提示，请输入最小角度：(0～30)<10°>在 0°～30°设定一个角度，若三角形中

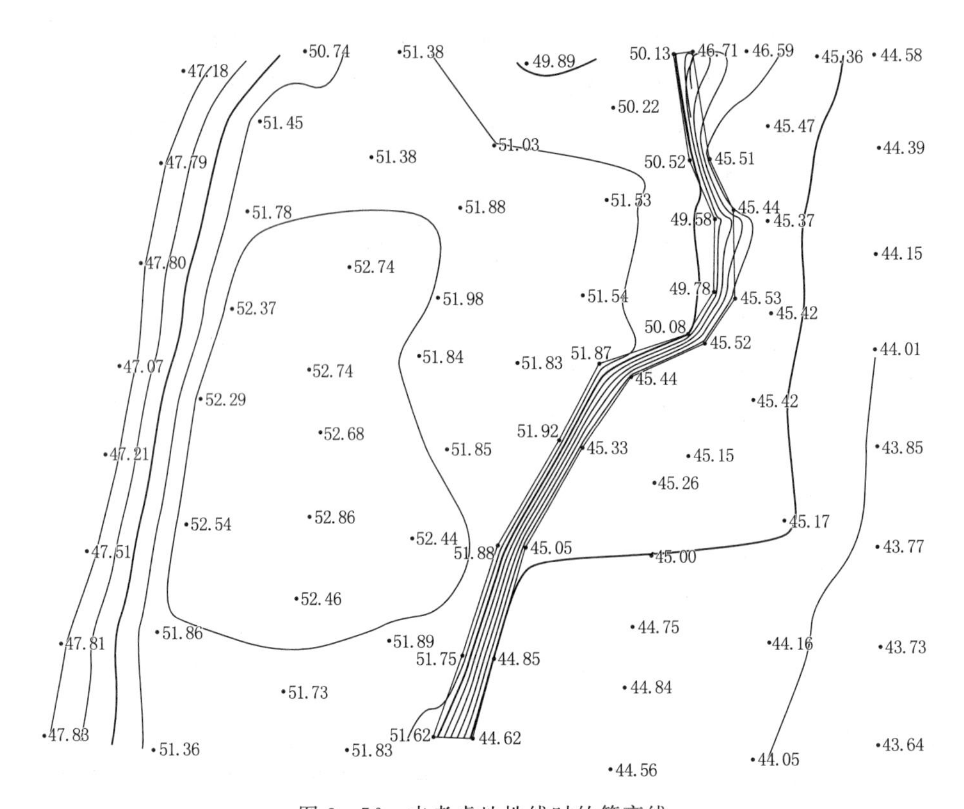

图 3－56 未考虑地性线时的等高线

图 3－57 三维坐标对话框

有小于此设定角度的角，则此三角形会被系统删除掉。

请输入三角形最大边长最多大于最小边长的倍数：<10.0倍>设定一个倍数，若三角形最大边长与最小边长之比大于此倍数，则此三角形会被系统删除掉。

5）增加三角形。将未连成三角形的 3 个地形点（测点）连成一个三角形。依次为顶点 1，顶点 2，顶点 3：用鼠标在屏幕上指定，系统自动将捕捉模式设为捕捉交点，以便指定已有三角形的顶点。增加的三角形的颜色为蓝色，以便和其他三角形区别。当增加完三角形确认无误后，请立即进行修改结果存盘。

每次指定一顶点，若指定的不是已有三角形的顶点，会有提示：顶点 x 高程（m）=（x 代表顶点序号）输入该点的高程即可。

6）三角形内插点。通过在已有三角形内插一个点来增加建网三角形。输入要插入的点：输入插入点。

高程（m）=输入此点高程。

7）删除三角形顶点。删除指定的三角形顶点。适用于 DTM 中有错误点的情况，为避免画等高线时出错将该顶点删除。点取要删除的三角形顶点：选取要删除的点。系统会立即从三角网中删除该点，并重组相关区域的三角形。

▶3-13

▶3-14

▶3-15

8）重组三角形。通过改换三角形公共边顶点重组不合理的三角网。指定两相邻三角形的公共边，系统自动将两三角形删除，并将两三角形的另两点连接起来构成两个新的三角形。如果因两三角形的形状无法重组，会有出错提示。指定要重组的三角形边：此指定边应是相邻两三角形的公共边。

9）删除三角形。删除整个DTM三角网图形。当想单看等高线效果时，需要执行此功能删除三角网。

10）三角网存取。可将已经建立好的三角网DTM模型保存到文件中，随时调用。

11）修改结果存盘。将修改好的DTM三角网存入文件。SouthMap关于三角网的所有过程文件都是系统自己定义的，运行过程中不必输入任何文件名。存盘的结果将在下次绘制等高线时用到，不存盘则所做修改无效。

2. 绘制等高线

完成三角网的建立和修改完善后，便可进行等高线绘制。等高线的绘制可以在绘平面图的基础上叠加，也可以在“新建图形”的状态下绘制，如在“新建图形”状态下绘制等高线，系统会提示输入绘图比例尺。

用鼠标选择下拉菜单“等高线”→“绘制等高线”，弹出如图3-58所示对话框。系统自动采用最近一次生成的DTM三角网或三角网存盘文件计算并绘制等高线。

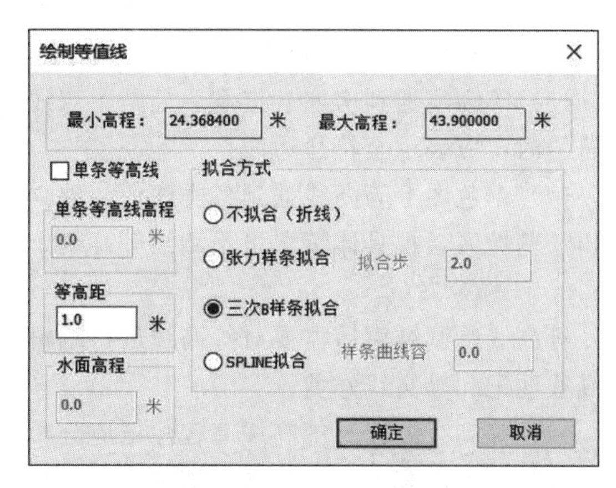

图3-58 “绘制等值线”对话框

对话框中会显示参加生成DTM的高程点的最小高程和最大高程。如果只生成单条等高线，那么就在单条等高线高程中输入此条等高线的高程；如果生成多条等高线，则在等高距框中输入相邻两条等高线之间的等高距。最后选择等高线的拟合方式。总共有4种拟合方式：不拟合（折线）、张力样条拟合、三次B样条拟合和SPLINE拟合。观察等高线效果时，可输入较大等高距并选择不光滑，以加快速度。如选拟合方法2，则拟合步距以2m为宜，但这时生成的等高线数据量比较大，速度会稍慢。测点较密或等高线较密时，最好选择光滑方法3，也可选择不光滑，过后再用“批量拟合”功能对等高线进行拟合。选择4则用标准SPLINE样条曲线来绘制等高线，提示请输入样条曲线容差：＜0.0＞容差是曲线偏离理论点的允许差值，可直接回车。SPLINE线的优点在于即使其被断开后仍然是样条曲线，可以进行后续编辑修改，缺点是较选项3容易发生线条交叉现象。

当命令区显示：“绘制完成!”，便完成绘制等高线的工作如图3-59所示。

等高线绘制还需要注意以下几个问题：

(1) 当地貌测绘的精度不符合规范要求时，用草绘等高线，其实部长可视面积大小以5～12mm表示。

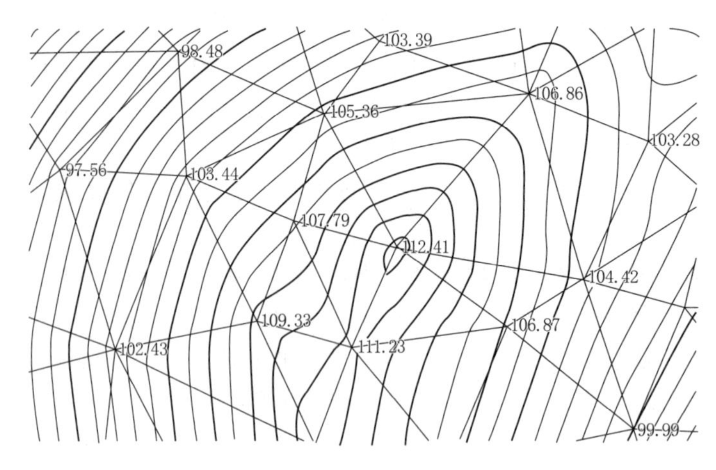

图 3-59　完成绘制等高线的工作（局部）

◎3-2

(2) 相邻两条等高线间距不应小于 0.3mm；在等高线比较密的等倾斜地段，当两计曲线的空白小于 2mm 时，可间断个别首曲线。

(3) 等高线遇到房屋、窑洞、公路、双线表示的河渠、冲沟、陡崖、路堤、路堑等符号时，应表示至符号边线。

⊙3-16

(4) 单色图上等高线遇到各类注记、独立地物、植被符号时，应间断。大面积的盐田、基塘区，视具体情况可不测绘等高线。

3. 修饰等高线

等高线绘制结束后需要对等高线进行编辑，使其符合规范要求。等高线编辑包括等高线注记和等高线修剪。

⊙3-17

(1) 等高线注记。等高线高程注记应分布适当，便于用图时迅速判断等高线的高程，其字头朝向高处。根据地形情况，图上每 $100cm^2$ 面积内，应有 1～3 个等高线高程注记。

用“窗口缩放”项得到局部放大图，再选择“等高线”→“等高线注记”，有 4 种注记方式。

1) 单个高程注记。

功能：在指定点给某条等高线注记高程。

提示：选择需注记的等高（深）线：指定要注记的等高线。

依法线方向指定相邻一条等高（深）线：依法线方向指定临近的一根等高（深）线。等高线应含有高程信息，如果没有应该用“批量修改复合线高”（命令 CHANGEHEIGHT）加入复合线高。

2) 沿直线高程注记。

功能：在选定直线与等高线相交处注记高程。（直线必须是“line”命令画出，从高程低处向高处画），等高线字头朝向高程增大的方向。图 3-60 所示为选择“只处理计曲线”后显示结果。在实际作图时应尽量选择好等高线注记位置，避免其注记字体倒立于图内。

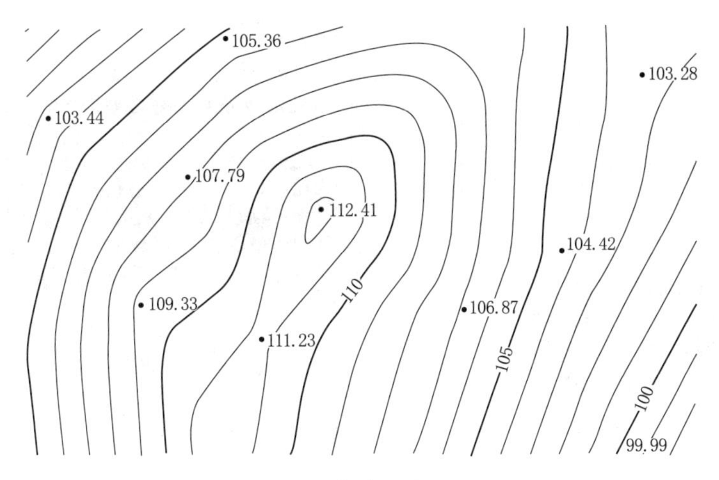

图 3-60 等高线高程注记

3）单个示坡线。示坡线是指示斜坡降落的方向线，与等高线垂直相交，一般应表示在谷地、山头、鞍部、图廓边及斜坡方向不易判读的地方。凹地的最高、最低一条等高线上也应该表示示坡线。

功能：给指定等高线加注示坡线，特别在等高线稀疏区。

提示：选择需注记的等高（深）线：在等高线上指定位置。

依法线方向指定相邻一条等高（深）线：依法线方向指定临近的一根等高或等深线。高程注记通常字头由低向高，而示坡线通常由高向低，等高线应含有高程信息，如果没有应该用“批量修改复合线高”加入复合线高。

4）沿直线示坡线。

功能：在选定直线与等高线相交处注记示坡线。示坡线的注记效果请观看课后视频讲解。

（2）等高线修剪。等高线在穿越建筑物、公路、围墙、坡坎和注记处需要断开，在等高线注记完成后还需要对等高线进行修剪。

SouthMap 提供强大的等高线修饰功能，其子菜单如图 3-61 所示。左键点击“等高线”→“等高线修剪”→“批量修剪等高线”，弹出如图 3-62 所示对话框：

1）批量修剪等高线。

功能：批量切除不符合条件的等高线。

说明：左键点击菜单，弹出如图 3-62 所示对话框。

首先选择是消隐还是修剪等高线，然后选择是整图处理还是手工选择需要修剪的等高线，最后选择地物和注记符号，单击确定后会根据输入的条件修剪等高线，如图 3-63（a）所示。若选择消隐等高线，则如图 3-63（b）所示，表面上看压盖高程点的等高线断开了，实际上只是隐藏了而并没有被剪断，消隐是可以被恢复的。

2）切除指定二线间等高线。

功能：切除两线间的等高线。一般用于切除穿公路等地形的等高线。

操作：依提示依次指定两线即可。

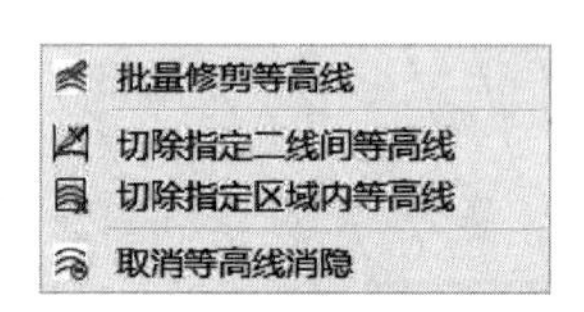

图 3-61 等高线修剪子菜单

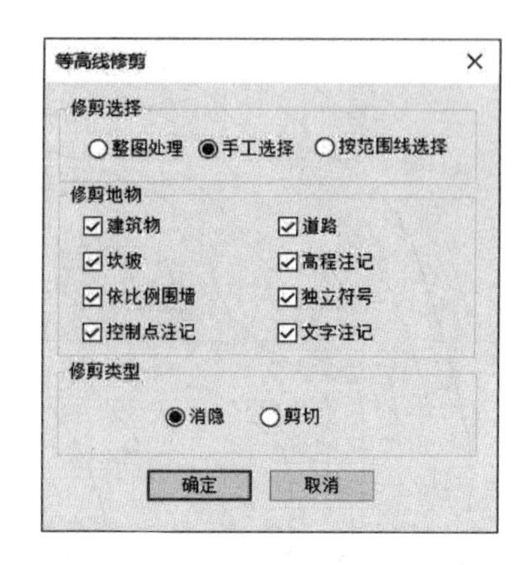

图 3-62 “等高线修剪”对话框

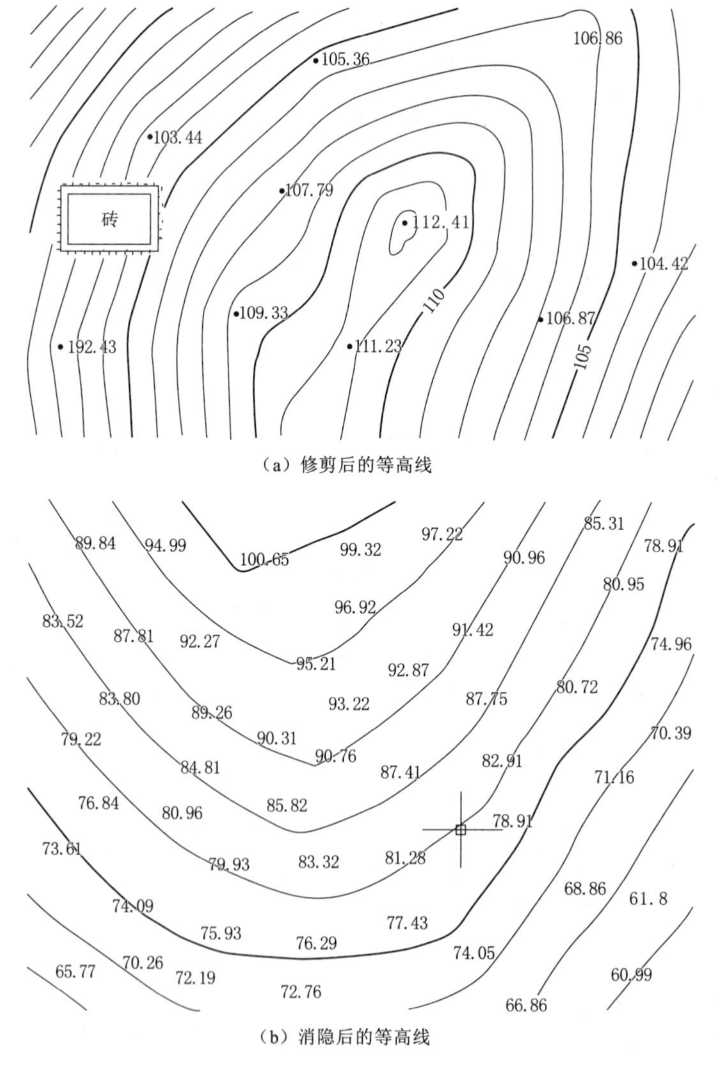

(a) 修剪后的等高线

(b) 消隐后的等高线

图 3-63 修剪/消隐后的等高线

注意：两条线应该是复合线，并且不能相交。

3）切除指定区域内等高线。

功能：切除指定区域（封闭复合线）内等高线。

操作：依提示指定封闭复合线。

4）取消等高线消隐。

功能：取消等高线的消隐，使等高线正常显示。

操作高程：执行此菜单后，见命令区提示。

提示：选择实体，选择已做消隐处理的实体。

4. 三维模型的绘制

（1）绘制三维模型。

功能：在屏幕上绘制已经建立的DTM模型的三维图形。

操作：执行此菜单后，在弹出对话框中输入高程点数据文件名。

提示：输入高程乘系数＜1.0＞，系数越大，则高低的对比越大。系统自动内插各点高程，然后根据方格各节点高程建立三维曲面。

是否拟合？（1）是（2）否＜1＞如果山的形状比较圆滑，输入“1”，如果山的形状比较险峻，输入“2”，完成后回车，系统将视点自动设为（1，1，1）。要改变观察视角，可选用“显示”下的“三维显示”的角度、视点、坐标轴3种方式之一进行。

（2）低级着色方式。

功能：将三维模型进行半色调着色处理。

（3）高级着色方式。

功能：将三维模型进行全面的着色处理，得到美观的着色效果图。

操作：执行此菜单后，会弹出一个对话框，一般直接敲【RENDER】按钮或修改了其他的选项后再敲【RENDER】按钮即可。

（4）返回平面视图。

功能：回到平面视图显示方式，同时删除三维图形。

图3-64为高程乘系数选择3，格网间距选择20，软件等高线示例数据的三维效果。

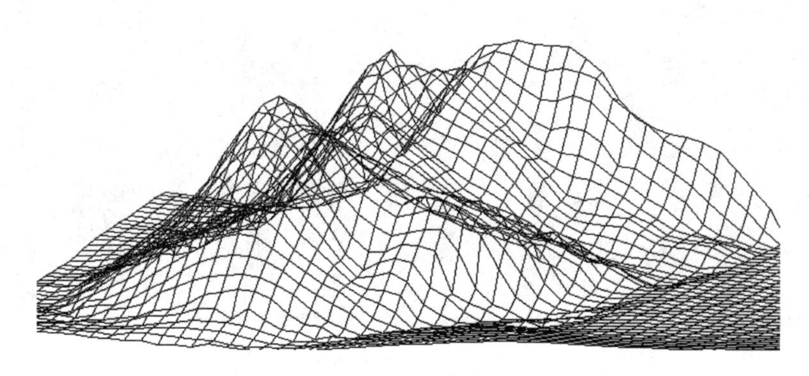

▶3-18

图3-64　三维效果

3.6.3 绘制其他地貌符号

除了用等高线表示普通地貌外，有些特殊的地貌需要用特定的符号去表示，主要包括自然地貌和人工地貌。

自然地貌如陡崖、斜坡、山洞、坑穴、冲沟等，如图 3－65 所示。

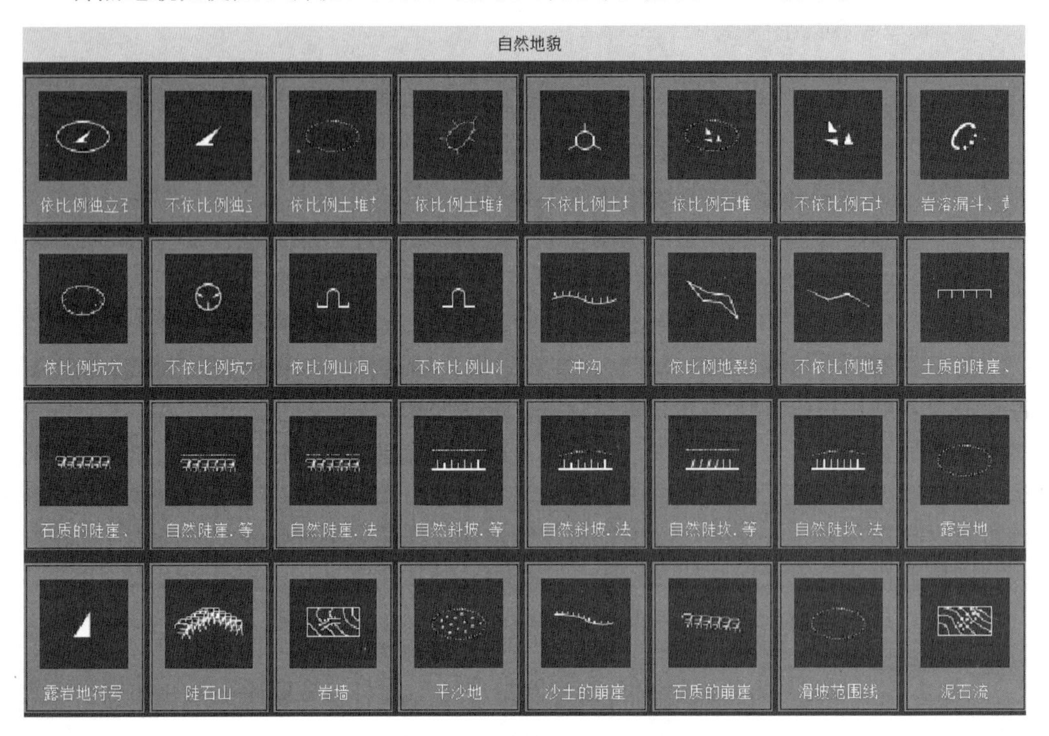

图 3－65　自然地貌

人工地貌如加固陡坎、加固斜坡、防风固沙方格、梯田坎、石垄等，如图 3－66 所示。

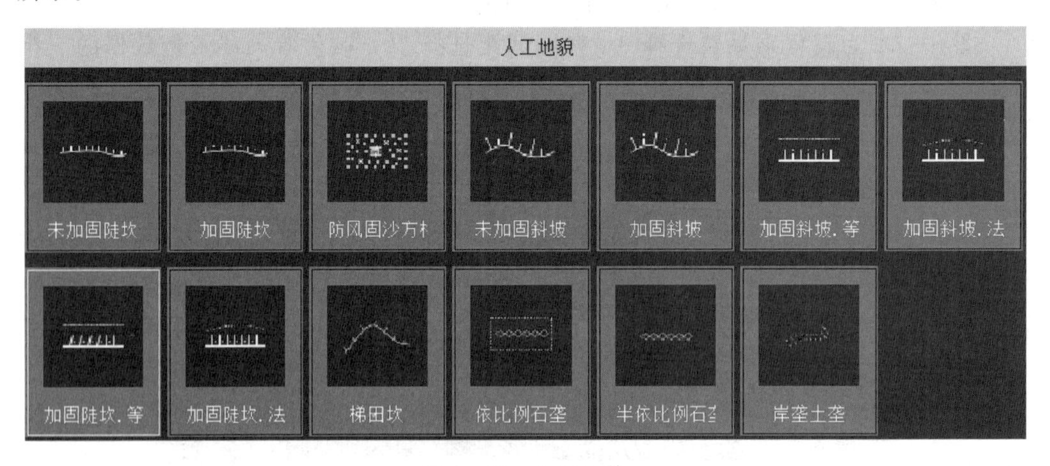

图 3－66　人工地貌

如果是独立的自然地貌，通常就用单独的地貌符号表示，如不依比例独立石。若是大面积的特殊地貌，通常采集并绘制其范围线，在其内部绘制特殊地貌符号，如依比例石堆。

坡坎类地貌符号绘制时，需要注意以下 4 个问题。

(1) 斜坡与陡坎的区别。各种天然形成和人工修筑的坡、坎，其坡度在 70°以上时表示为陡坎，70°以下时表示为斜坡。斜坡在图上投影宽度小于 2mm，以陡坎符号表示。当坡、坎比高小于 1/2 基本等高距或在图上长度小于 5mm 时，可不表示；坡、坎密集时，可以适当取舍。斜坡在外业测量是通常坡上坡下分别采集地形点，斜坡符号中坡顶线为实线，坡底线为虚线（点线）。

(2) 自然与人工的区别。坡坎若有人工修筑的痕迹且形状相对规则，则采用人工斜坡或人工陡坎表示；若是天然形成且形状不规则，则采用自然斜坡或自然陡坎表示。

(3) 加固与未加固的区别。人工斜坡和人工陡坎如果是使用了铁丝网、石头、混凝土等建筑材料进行了加固，则采用加固斜坡或加固陡坎表示，否则采用未加固斜坡或未加固陡坎表示。

(4) 法线和等分的区别。斜坡和陡坎又各自分为法线和等分两类，通常当斜坡顶线与坡底线基本平行且两者长度基本相等时，采用等分斜坡表示；当斜坡顶线与坡底线不平行且两者长度不相等时，采用法线斜坡表示。

任务 3.7 注记与编辑地形图

3.7.1 地形图的编辑

地形图在绘制过程中需要进行大量的编辑操作，SouthMap 软件提供了大量编辑功能，主要包括如图 3-67 所示的几类。

1. 普通编辑菜单的使用

普通编辑菜单如图 3-67 (a) 所示，主要包括删除（ERASE）、断开（BREAK）、延伸（EXTEND）、修剪（TRIM）、对齐（ALIGN）、移动（MOVE）、旋转（ROTATE）、比例缩放（SCALE）、伸展（STRETCH）、阵列（ARRAY）、复制（COPY）、镜像（MIRROR）、偏移拷贝（OFFSET）、分解（EXPLODE）等命令。

(1) 对象特性管理器。选择【编辑】→【对象特性管理】菜单，或者选择“标准工具栏”中的按钮，或者执行命令（properties）都会打开“对象特性”对话框。在其中可以设计实体目标的基本属性（颜色、图层、线型等）、几何图形（点的位置、线状目标顶点、顶点坐标、线宽、标高、面积、长度等）、其他等属性。

(2) 图元编辑。选择【编辑】→【图元编辑】菜单，弹出如图 3-68 所示的“图元编辑”对话框（修改），可以对直线、复合线、弧、圆、文字、点等各种实体进行编辑，修改它们的颜色（Color）、线型（Linetype）、图层（Layer）、厚度（Thickness）、线型比例（Linetype Scale）等属性（执行 DDMODIFY 命令）。

(3) 图层控制。图层是 AutoCAD 中用户组织图形的最有效工具之一。用户可以

（a）普通编辑菜单　（b）地物编辑菜单　（c）复合线处理子菜单　（d）等高线编辑菜单

图 3-67　各类编辑菜单

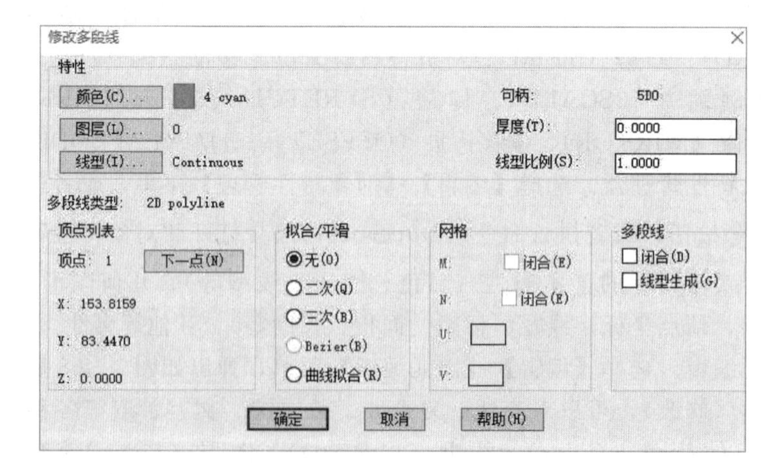

图 3-68　图元编辑对话框

利用图层来组织自己的图形或利用图层的特性如不同的颜色、线型和线宽来区分不同的对象。

选择【编辑】→【图层控制】菜单，可以对图层进行多项设置，如图 3-69 所示。

图 3-69 图层控制菜单

1）图层设定。左键点取【图层设定】菜单后（LAYER），弹出“图层特性管理器”对话框，如图 3-70。可对图层进行各种设置，可对图层进行各种设置，主要包括新建图层、删除图层、图层改名、置为当前图层、关闭/打开、冻结/解冻、锁定/结算、是否可打印等。

2）冻结 ASSIST 层。冻结 SouthMap 的 ASSIST（骨架线）层，该操作通常是在要进行绘图打印时用到。

3）仅留实体所在层。用光标选取实体后回车，则系统将关闭所有除所选实体图层外的图层。通常用来单独显示某个图层的操作，如只显示居民地（JMD）图层。执行 LAYISO 命令会达到同样的效果，而执行 LAYON 命令则可以全部打开本幅图所包含的全部图层。

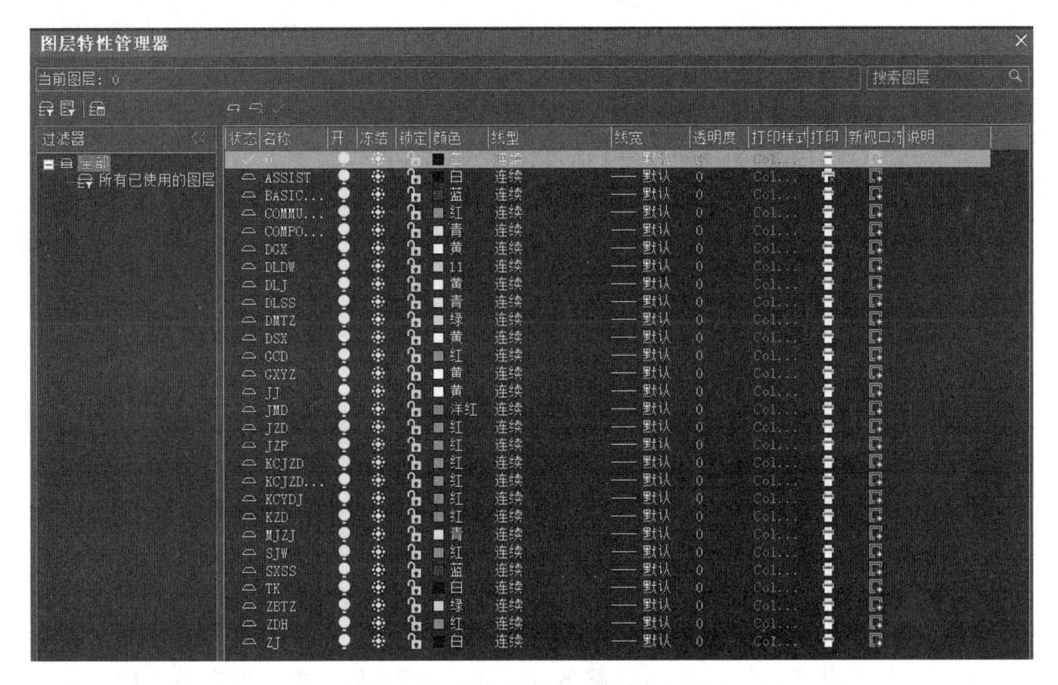

图 3-70 “图层特性管理器”对话框

4）删除实体所在层。将所选实体所在图层及该图层上所有实体删除掉。如删点展点号（ZDH）图层。

5）CAD软件中关闭图层、冻结图层和锁定图层的区别和作用。关闭图层：图层关闭后，图层中所有对象将不再显示，但仍然可以对隐藏的部分对象进行编辑。比如在删除、旋转等命令激活后，可以通过命令ALL或者Ctrl＋A来选中关闭图层中的图元，进行编辑。此外，也可以在关闭的图层上绘制对象，只是绘制的对象会直接随图层隐藏，暂时不显示。执行重生成（REGEN）、复原等批量操作时，关闭图层中的要素会同时参与，这样会增加软件命令运行时间。但优点是关闭、打开图层响应速度快。图层开关按钮是“小灯泡”图标，可以使用Ctrl＋A命令对图层进行批量开关操作。

冻结图层：图层冻结后不可以继续在该层绘制图形，所有实体不仅不显示，也不可编辑和选中。重生成等批量操作时会被CAD忽略，节省命令执行时间。冻结、解冻图层操作时软件响应速度慢。

锁定图层：图层锁定后图层中的所有实体可见、可捕捉，也可定位，但不可以修改。适合图形中内容较多时，锁定重要的图层防止误操作。

如果图纸中某些图层的内容不想被打印，可以双击图层后面的小打印机按钮，设置禁止打印和开启打印。

6）图层清理。在图层管理器中，非空图层亮色显示，空图层暗色显示（前提是选择了“指示正在使用的图层”）。空图层可以选中后直接删除，非空图层需要先手动删除图层中的全部实体后，再删除图层。一幅地形图绘制完毕之后，通常有一部分图层是空图层，通常情况下需要运行PRUGE命令将空图层进行清除。

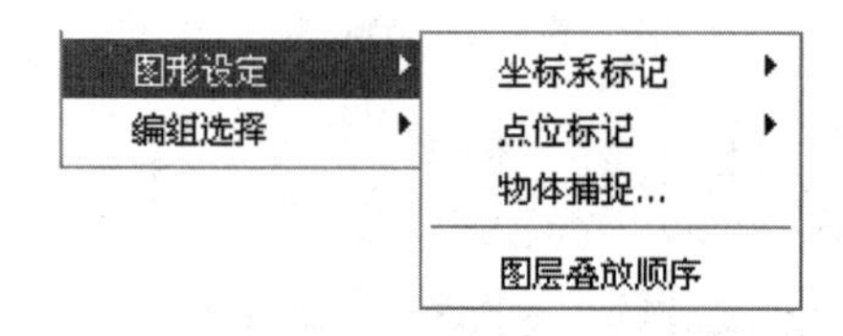

图3-71 图形设定命令子菜单

（4）图形设定。如图3-71所示，选择图形设定菜单，可以完成点位标记、图层叠放等设置。

1）坐标系标记。当设定为“on”时，屏幕上显示坐标系标记；设定为“off”时，取消显示。

2）点位标记。当设定“on”时，光标进行的点击操作都会在屏幕上十字标记；设定为“off”时，点击操作不会留下痕迹。

3）物体捕捉。用于设定捕捉方式。如图3-72所示，对话框中英文的含义分别为：Endpoit（终点）、Midpoint（中点）、Center（中心点）、Node（节点）、Quadrant（四分圆点）、Intersection（交点）、Insertion（插入点）、Perpendicular（垂直点）、Tangent（切点）、Nearest（最近点）、Apparent Int（外观交点）、Extension（延伸点）、Parallel（平行点）。

Apparent Int（外观交点）可用来捕捉所有的外观交点，不管它们在立体空间中是否相交。在捕捉诸如等高线与公路的交点时，此捕捉方式会很有效。Extension（延伸点）可用此模式来捕捉直线或圆弧的延长线上的点。展点号用节点来捕捉，当节点在屏幕上只显示一个小圆点而看不清时，可以使用“点样式”（DDPTYPE）命令修改点样式，并根据需要定义大小，如图3-73所示。

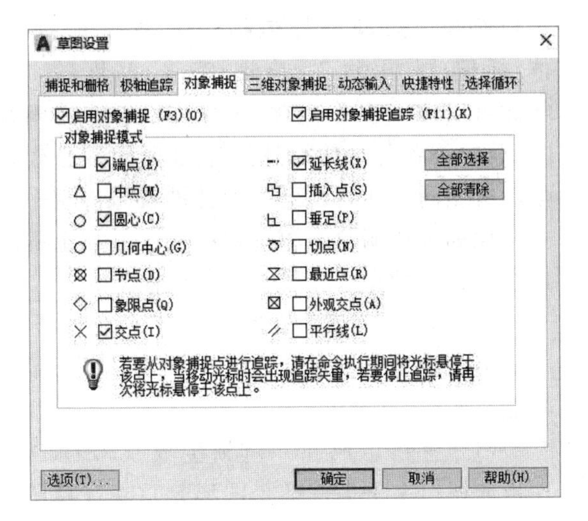

图 3-72　设定物体捕捉对话框

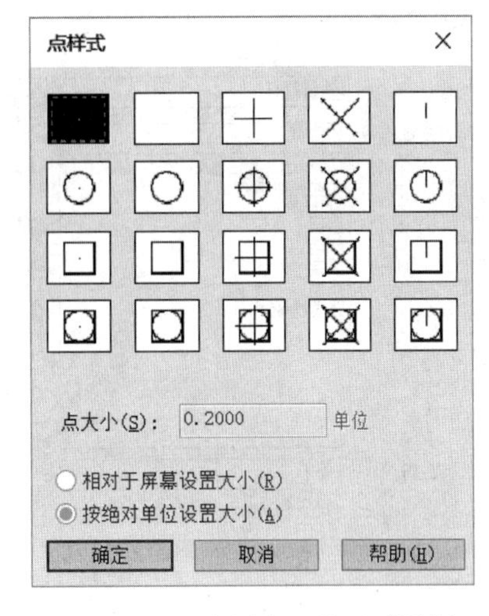

图 3-73　“点样式”设置对话框

4）图层叠放顺序。当实体由不同图层叠加在一起时，只能看见最上面的图层，可通过该功能改变图层的叠放顺序。选择要修改的实体，系统提示“输入对象排序选项［对象上（A）/对象下（U）/最前（F）/最后（B）］＜最后＞”，可根据需要完成图层叠放。

（5）编组选择。控制组选择和相关的区域填充。当设为“OFF”时可以单独选择编组里的单个实体，设为 ON 时一次选择可能包含很多实体的编组。若要复制批量填充的面状符号中的一个，则设为 OFF，再复制一个符号。如从大面积草地符号中复制一个到小花坛中添加一个草地符号。而要对批量填充的大面积符号进行整体操作，则需要设置为 ON 状态打开编组。

（6）断开。通过指定断开点把直线、圆（弧）或复合线断开，并删除断开点之间的线段（执行 BREAK 命令）。如图 3-74 所示。

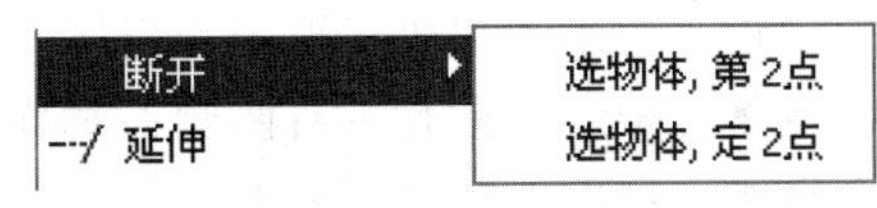

图 3-74　断开命令子菜单

1）选物体，第 2 点。操作过程：左键点取本菜单后，按命令区提示选择目标（注意：选定的目标点即作为第一点），再按提示输入第 2 点，然后就会自动删除线上两点之间的部分。

2）选物体，定 2 点。操作过程：左键点取本菜单后，先选择目标，然后在线上选择两点，则自动删除所选两点间的线段。与上不同的是，执行此菜单时，不把选择目标时定的点作为断开的第一点。

这两种方式相当于“修改”工具栏中的□和□。

（7）过滤选择集。使用“快速选择（SELECT）”对话框构建选择集，从而实现批量选择目标。如图 3-75 所示。如在整幅图上选择图层为“水系设施 SXSS”的实体，并“在新选择集中”，运算符选择“＝”，值选择“SXSS”如何应用选择“包含在新选择集中”，则所有的“水系设施”图层中的实体全部高亮显示。

（8）批量选目标。通过指定对象类型或特性（如颜色、线型等）作为过滤条件来

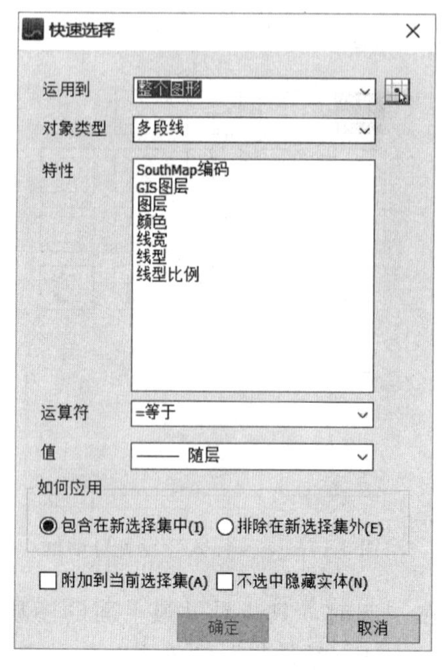

图3-75 过滤选择集

选择对象，过滤条件包括“图块名/颜色/实体/标记/图层/线型/拾取/字型/厚度/矢量”等。可以输入多个过滤条件，各条件之间是“与”的关系。此功能适用于目标离散且较多但具有相同属性时，可一次性准确选择多个目标。比如批量删除作图过程中放在0层上的辅助线，或者批量选择展点号、高程点等。

2. 地物编辑菜单使用

地物编辑菜单包含如图3-67（b）所示的功能。

（1）重新生成。“重新生成（REGEN）”在当前视口中重生成整个图形并重新计算所有对象的屏幕坐标。还重新创建图形数据库索引，从而优化显示和对象选择的性能。

“重画（REDRAW）”是在绘图和编辑过程中，屏幕上常常留下一些拾取或捕捉的标记，如捕捉圆心时生成的圆心临时标记，使用对象追踪时的追踪点标记等，这些标记并不是图形中的实体对象，有时会使显示图面显得混乱，此时可以用REDRAW功能清除这些临时标记。

简单地说REDRAW和REGEN就是显示数据和显示效果的更新，重画和重生成的速度可以说成软件的显示速度，而显示速度对CAD软件的性能起着很重要的作用。

（2）线型换向。“线型换向”是指对线状地物的方向变化处理。很多线状地物具有方向性，用来表达线状地物的权属或者高差，如围墙、栅栏、陡坎、斜坡等，其符号特点是骨架线上具有左右两侧不对称的符号，若在绘制过程中弄错了方向，则可用此命令进行换向。如图3-76所示。

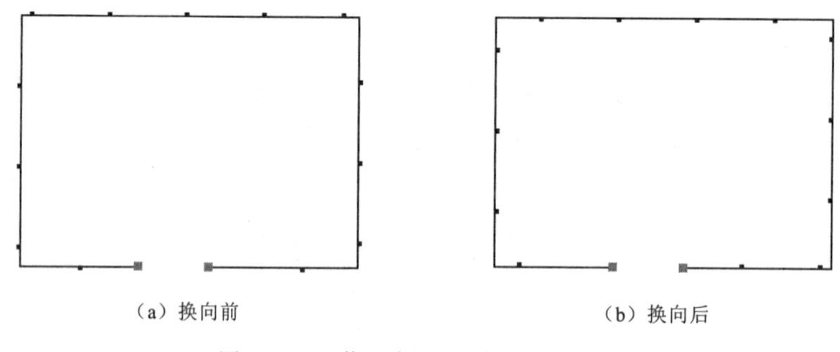

图3-76 依比例围墙线型换向前后

（3）植被填充。“植被填充”是绘制面状地物时常用的命令。采用【地物编辑】【植被填充】命令填充植被符号时，要求复合线务必使用C进行闭合，而采用右侧屏幕菜单“植被土质”中的命令填充植被符号时，只要复合线的首尾两点重合即可。

使用右侧屏幕菜单“植被土质”中的命令填充植被符号时，系统会提示“（1）绘制区域边界（2）绘出单个符号（3）封闭区域内部点（4）选择边界线<1>”。通常情况下，若填充范围较大且边界线不闭合则选择“绘制区域边界”；如果填充范围很小仅需说明植被种类则选择“绘出单个符号”；如果填充范围是由不同的线划相交构成的封闭区域则选择“封闭区域内部点”；如果填充范围有封闭的边界线则使用“选择边界线”。如果填充范围内实体对象较多较复杂且边界线不一定闭合，则最好不要使用后两种选择，否则容易死机。

【植被填充】【土质填充】【突出房屋填充】【图案填充】都是在指定区域内填充上适当的符号，但指定区域必须是闭合的复合线。按提示操作，系统将自动按“SouthMap 参数配置”的符号间距，给指定区域填充相应的符号。

（4）批量缩放。“批量缩放”是指对同一类符号（文字、符号、圆圈等）进行批量缩放处理。例如地形图上的高程点符号（小圆点）打印之后欠清晰，需要放大 4 倍。则可以选择【地物编辑】【批量缩放】【符号】，系统提示“空回车选目标/<输入图层名>”，此时输入图层名“GCD”，系统提示“给符号缩放比：”，此时输入放大倍数“4”，则高程点符号（小圆点）批量放大 4 倍。如图 3－77 所示为放大前后的效果。

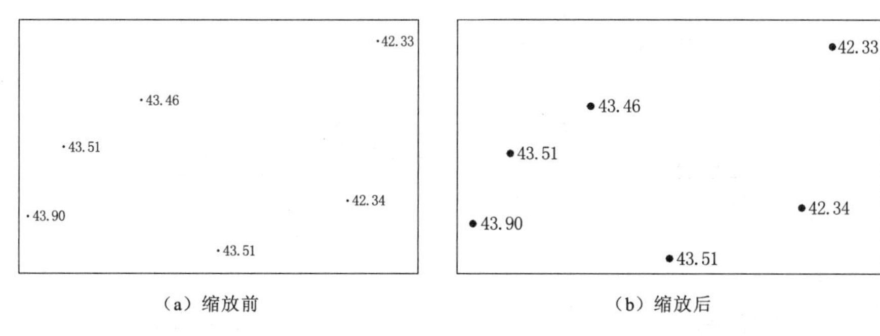

（a）缩放前　（b）缩放后

图 3－77　批量缩放前后的高程点符号

（5）图形接边。“图形接边”的功能，是当两幅用纸质地图数字化得到的图形进行拼接时，存在同一地物错开的现象，可用此功能将地物的不同部分拼接起来形成一个整体。执行本菜单命令后，弹出“图形接边”对话框，如图 3－78 所示。输入接边最大距离和无节点最大角度后，可选用手工、全自动、半自动 3 种方式接边。“手工”是每次接一对边，“全自动”是批量接多对边，“半自动”是每接一对边提示是否连接。

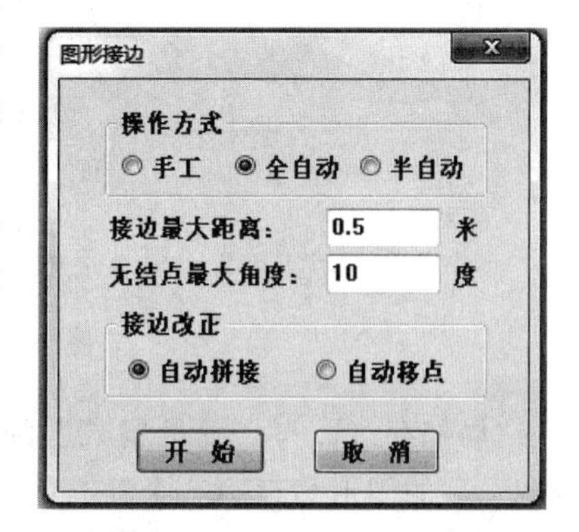

图 3－78　“图形接边”对话框

（6）图形属性转换。“图形属性转换”子菜单提供有 16 种转换方式，前 15 种方式有单个和批量两种处理方法。以“图层→图层”为例，单个处理时，命令行提示：

“转换前图层：”（输入转换前图层）。

“转换后图层：”（输入转换后图层）。

系统会自动将要转换图层的所有实体变换到

要转换到的层中。如果要转换的图层很多，可采用“批量处理”，但是要在记事本中编辑一个索引文件，格式是：

转换前图层1，转换后图层1。

转换前图层2，转换后图层2。

转换前图层3，转换后图层3。

(7) 批量删减、批量剪切、局部存盘。“批量删减”时，只保留窗口(即修剪边线)内的实对象，而“批量剪切”时只处理与窗口相交的实体，与窗口并不相交的实体不会被删掉。

如图3-79所示的地形图，图中矩形即为窗口(即修剪边线)。若采用“批量删减”功能，则结果如图3-80所示，只保留窗口内的实体。若采用“批量剪切”功能，则结果如图3-81所示，窗口外和窗口不相交的实体并不会被剪掉。

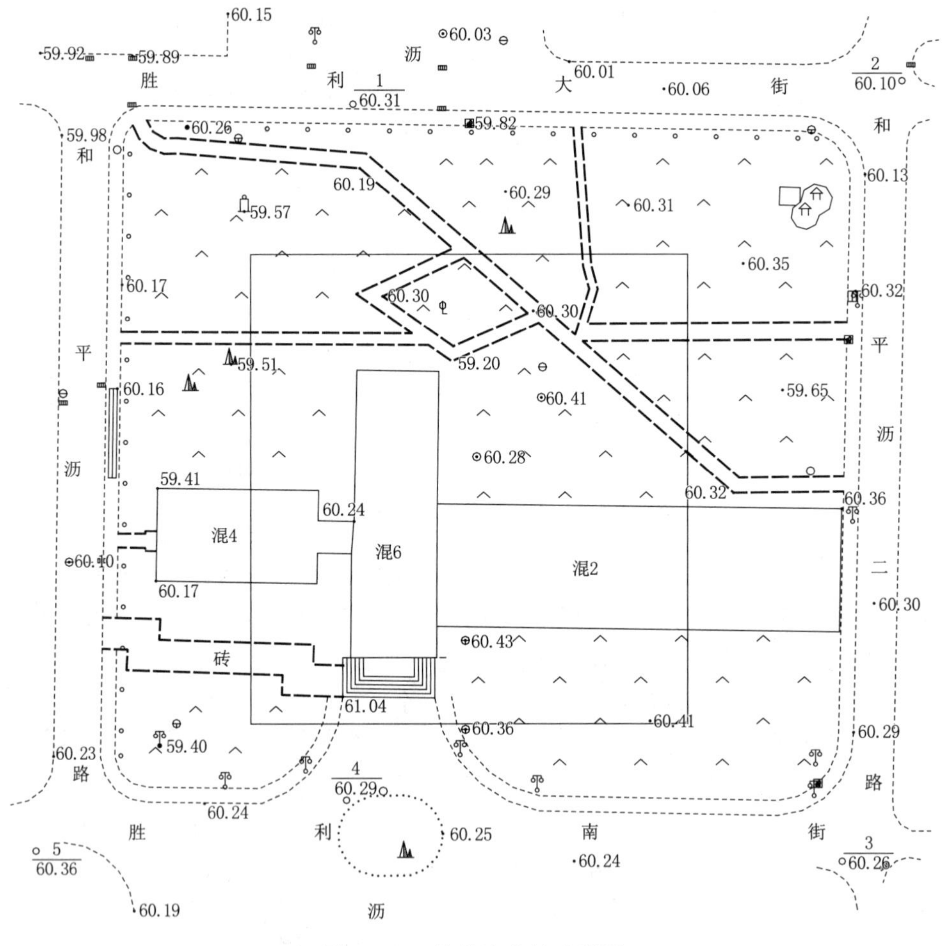

图3-79 修剪之前的地形图

“局部存盘”与“批量删减”的效果几乎相同，只不过“局部存盘”是将“批量删减”后的图形另存为一个独立的.dwg文件。

(8) 地物特性匹配。“地物特性匹配”是将某一地物的属性赋给另一个或另一类地物，也叫作“格式刷”，其中“单个刷”是刷一个实体，“批量刷”是指一次性为同一类地物赋值新属性。快捷键“S”也可实现此功能，但是无法完成批量刷，只能逐个选择目标。

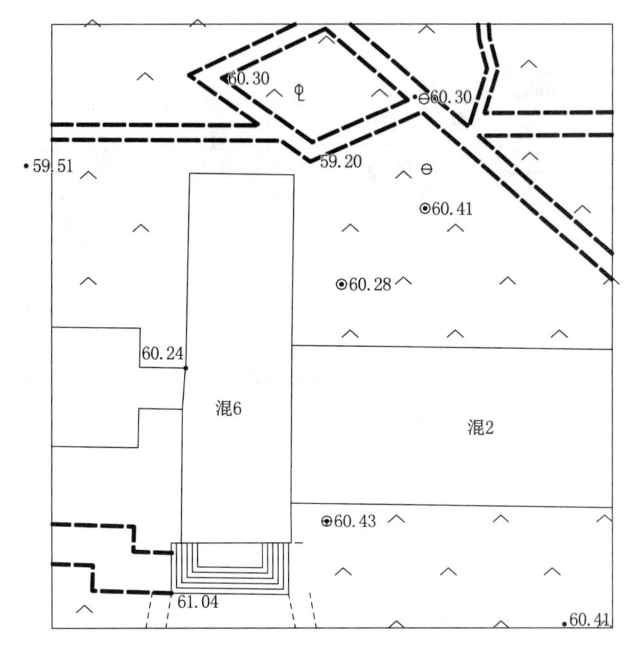

图 3-80 “批量删减”之后的地形图

(9) 其他地物编辑命令。

【修改墙宽】是依照围墙的骨架线来修改围墙的宽度。

【修改坎高】能查看或改变陡坎各点的坎高。

【线型规范化】可控制虚线的虚部位置，以使线型规范。

【测站改正】指如果用户在外业不慎搞错了测站点或定向点，或者在做控制前先测碎部，可以应用此功能进行测站改正。

3. 复合线处理子菜单的使用

复合线处理子菜单在地形图绘制中应用非常广泛。

复合线是指用 PLINE 命令绘制的线，也称为多义线。复合线是有方向的，即复合线的顶点的顺序决定了复合线的方向，如地籍测量中绘制宗地界址线时要求顺时针绘制。可以使用“对象特性（PROPERTIES）”中的左右箭头查看顶点移动方向从而判断复合线的绘制方向，如图 3-82 所示。

(1) 复合线编辑。“复合线编辑”（PEDIT，快捷命令“PE”）可以对复合线进行“[打开（O）/合并（J）/宽度（W）/编辑顶点（E）/拟合（F）/样条曲线（S）/非曲线化（D）/线型生成（L）/放弃（U）]”等多种编辑。

如选择“合并（J）”，则可以将复合线的首尾两点自动连接，选择“打开（O）”，则可打开封口的线段。选择“拟合（F）”可实现自动拟合，选择“非曲线化（D）”又可恢复为折线状态。

其中“编辑顶点（E）”功能可实现对顶点的“[下一个（N）/上一个（P）/打断（B）/插入（I）/移动（M）/重生成（R）/拉直（S）/切向（T）/宽度（W）/退出（X）]”多项操作。

(2) 复合线上加点和删点。“复合线上加点”（POLYINS，快捷命令“Y”）可实现在复合线上任意位置加顶点，复合线上删点（ERASEVERTEX）可实现在复合线删除任意一个顶点。线状地物的顶点通常是线路的转折点或某些特征点，在地理信息数据分析时有重要的统计计算意义，所以顶点务必准确，不得随意增删。重复节点、伪节点都容易造成统计分析错误。

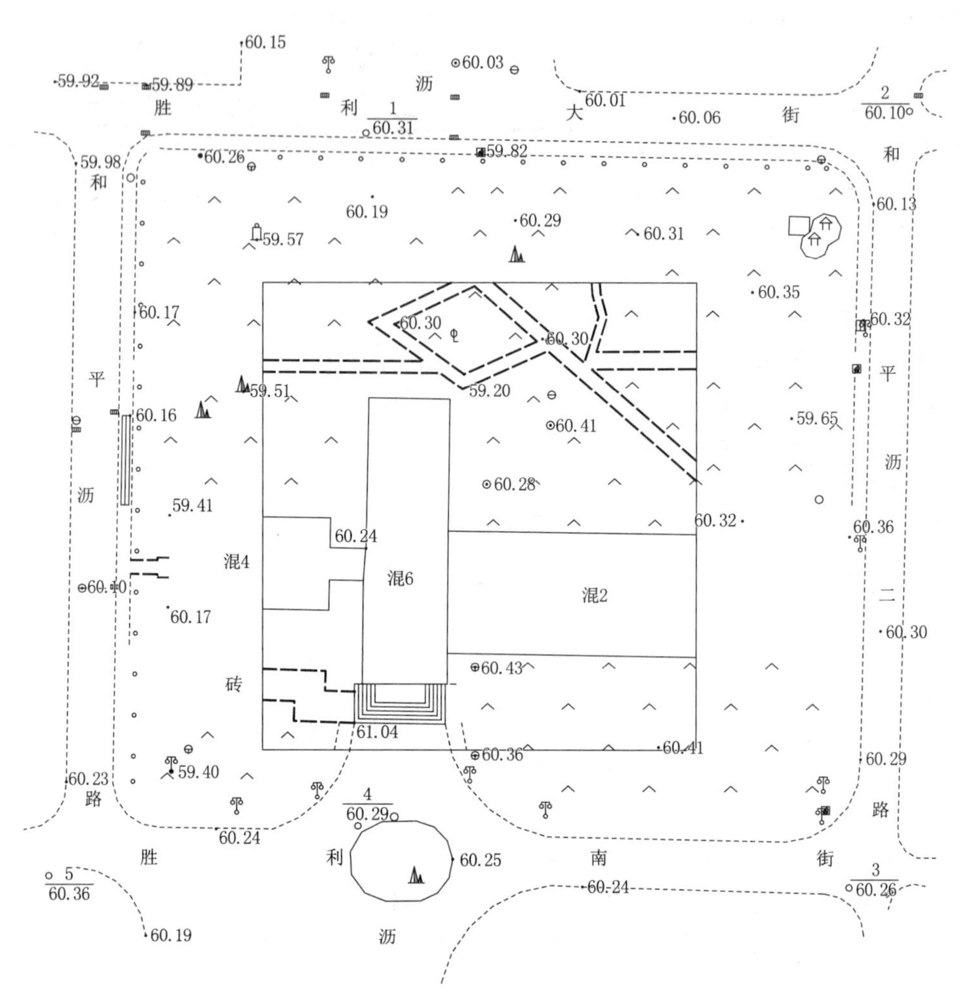

图 3－81 “批量剪切”之后的地形图

几何图形	
顶点	1
顶点 X 坐标	53315.6618
顶点 Y 坐标	31220.1718

几何图形	
顶点	2
顶点 X 坐标	53628.6081
顶点 Y 坐标	31249.0768

图 3－82 对象特性工具栏中的顶点功能

(3) 相邻的复合线连接。“相邻的复合线连接”(POLYJOIN，快捷命令“J”)可以将多条首位相连的复合线处理成一条复合线，操作时先选中第一条线，然后可以鼠标框选其他各段复合线。在实际绘图过程中经常出现分段绘制的线状地物，而需要连接成一个整体，从而保证地物的完整性和唯一性。

(4) 分离的复合线连接。“分离的复合线连接(SEPAPOLYJOIN)”可以将多条首位并不连接的复合线处理成一条复合线，操作时选中第一条线，再选择第二条线，则系统会自动找到第一条线的末端和第二条线较近的一端自动连接起来。

（5）直线转成复合线。“直线转成复合线（LINETOPLINE）”可以将多段 LINE 绘制的直线转成一整条 PLINE 线。实际绘图中，若误使用 LINE 命令绘制了连续多段线，可以用此命令转换成一条复合线。

3.7.2 地形图的注记

地图要素是构成地图的基本内容，分为数学要素、地理要素和辅助要素组成。数学要素包括地图投影、制图网、比例尺、大地控制基础以及方位标等。地理要素是指地图内容，包括自然地理要素与社会经济要素。辅助要素是有利于读图、用图方面的内容，如图名、图号、图例、略图、插图、接合表、地图资料、编绘说明等。

地形图上除各种图形符号外，还有各种注记要素（包括文字注记和数字注记）。CASS 软件提供了多种的注记方法，注记时可将汉字、字符、数字混合输入。

1. 文字注记设置

如图 3－83 所示，在文字注记之前可事先设置“文字注记样式”，可以对注记文字的颜色、图层、字体、宽高比、字高、倾角等进行设置。

注记包括地理名称注记、说明注记和各种数字注记等。地图中所使用的汉语文字应符合国家通用语言文字的规范和标注。注记字大以毫米为单位，字级级差为 0.25mm；数字字大在 2.0mm 以下者其级差为 0.2mm。

2. 分类注记

分类注记可以选择常见的注记内容，如图 3－84 所示。可根据需要选择某种注记类型，选择完成后对应的文字高度自动修改。插入位置是指注记对象的插入基点。

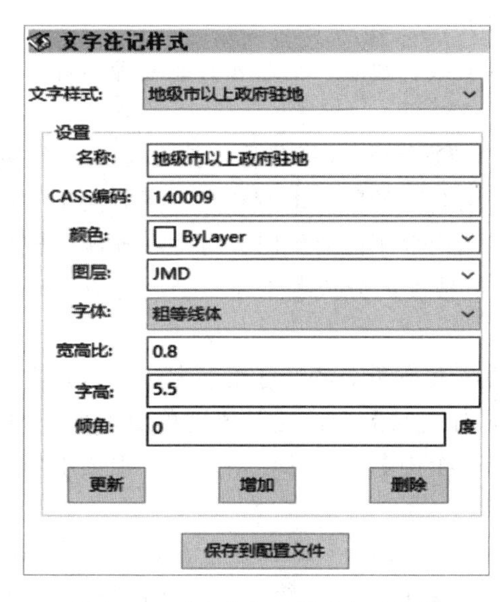

图 3－83 “文字注记样式”对话框

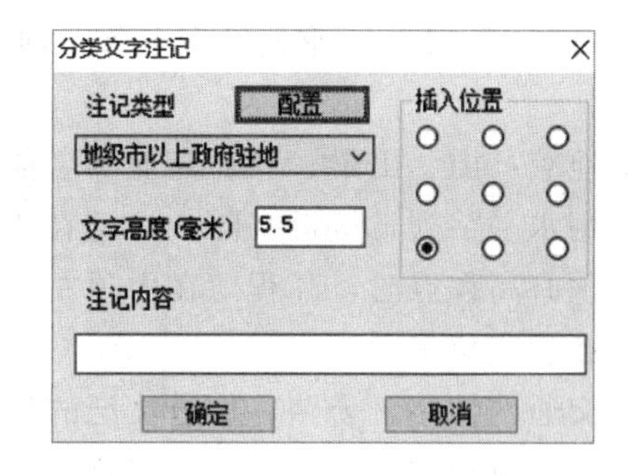

图 3－84 “分类文字注记”对话框

点击“配置”按钮打开“分类文字注记类型配置”对话框，如图 3－84 所示。包括了常见的大部分注记类型，并对应显示各类注记的编码、图层、字高、字体、倾斜角度等信息。

（1）居民地名称注记。居民地名称注记一般采用接近字隔、水平字列或垂直字列注出，必要时也可采用雁行字列。注记不能遮盖道路交叉处、居民地出入口及其他主要地物。散列式的居民地或者居民地范围较大时，可用普通字隔或隔离字隔注记。

乡、镇以上居民地以行政名称作为正名注出，其名称应与各级政府核定的标准名称一致；如有群众公认的自然名称时，应作为副名用比正名小二级的同体字在正名下方或右方加括号注出。当城镇居民地同时驻有两级以上政府机关时，名称相同的，按高一级的字体字大注出，名称不同的，分别用相应字体字大注出。乡、镇以上居民地的名称应全名注出。乡、镇以上居民地的名称选作图名时，其注记不再加大。

村委会所在的村庄（行政村）用中等线体字注记，自然村按主次和面积大小选用字大。村庄居民地一般注记自然名称。村庄名称作图名时，其注记字大应按原规定尺寸加大0.5mm。村庄居民地的副名一般不注，但比较著名的应注出。

（2）各种说明注记。政府机关、工厂、学习、矿区等企事业单位的名称及其突出的高层建筑物、居住小区、公共设施的名称。

地物的属性注记，如混凝土、钢、混等建筑结构注记，油、煤、陶等工业产品种类注记，桃、油茶、香蕉等各种园地的品种注记，散热、微波等地物分类说明注记，瀑、砾石、水质等各种特殊情况说明注记，及各种大面积土质植被在采用注记形式时的说明注记，均采用2.5mm细等线体注出。注记颜色一般与相应地物符号颜色一致。

说明地物的注记，如控制点点名、界碑名以及轮廓线表示而无记号性符号的地物，如自然保护区等，根据地物大小选用字大。

（3）地理名称注记。地理名称注记包括水系、地貌、交通和其他地理名称，一般注记当地常用的自然名称。

水系：海、海湾、海港、江、河、湖、沟渠、水库等名称，按自然形状排列注出，依其面积大小和长度选择字大，但江、河名称的字大上游和支流不能大于下游和主流。名称一般注记在河流、湖泊的内部，当内部不能容纳时，可注在外侧。较长的河流每隔15～20cm重复注记名称，河流水道被沙洲分成若干条，则名称应注记在干流中。

地貌：山、山梁、峁、高地等名称按山体大小和知名度选用字大，山名和峁名一般采用水平字列，接近字隔，注记在山顶的右侧或上方，应避免遮盖山顶特征地形。当山顶有高程点时，高程注在山顶左侧。当一个山名包括几个山顶时，则可用隔离字隔注在相应位置。

交通：铁路、公路、街道注记的字向、字序按图3-85所示。注记间隔为隔离字隔，字隔应均匀相等，一般应根据道路的长度妥善配置。较长的道路每隔15～20cm重复注记。

（4）数字注记。控制点点名（点号）、高程注记及界碑的数字编号用正等线体注记。

公路技术等级和编号用正等线体注出，圈一般应大于字大0.8mm。

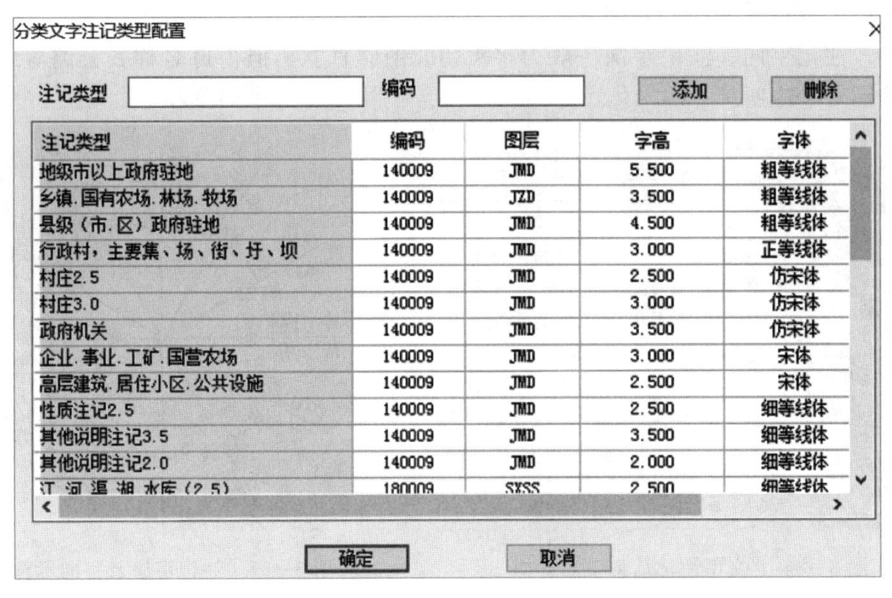

图 3-85 “分类文字注记类型配置”对话框

房屋层数注记用细等线体注记。

高程点高程、特殊高程点高程及年月、时令月份、流速、水下高程、水深及其他注记用正等线体，转绘海图的水深用右斜等线体字注记。

比高、坑穴深度用长等线体字注记。

3. 通用注记

执行【通用注记】命令，打开如图 3-86 所示的“文字注记信息”对话框。在“注记内容”中填写要注记的内容，确定“图面文字大小”，选择“注记排列”方式，选择“注记类型”确定注记文字放置的图层。

（1）注记字列。注记字列分水平字列、垂直字列、雁行字列、屈曲字列四种。

水平字列是由左至右，各字中心的连线成一直线，且平行于南图廓。

垂直字列是由上至下，各字中心的连线成一直线，且垂直于南图廓。

雁行字列是各字中心的连线斜交于南图廓，与被注地物走向平行，但字向垂直于南图廓，如山脉名称、河流名称等。当地物延伸方向与南图廓成 45°和 45°以下倾斜时，由左至右注记；成 45°以上倾斜时，由上至下注记，字序如图 3-87 所示。

屈曲字列是各字字边垂直或平行于线状地物，依线状的弯曲排成字列，如街道名称注记，说明注记等。

（2）注记字隔。注记字隔是一列注记间各字间的字隔，分下列 3 种。

1）接近字隔：各字间的间隔为 0～0.5mm。

2）普通字隔：各字间的间隔为 1.0～3.0mm。

3）隔离字隔：各字间的间隔为字大的 2～3 倍。

注记字隔的选择是按该注记所指地物的面积或长度大小而定。各种字隔在同一注记的各字中均应相等。为便于读图，一般最大字隔不超过字大的 5 倍。地物延伸较长时，在图上可以重复注记名称。

（3）注记字向。注记字向一般为字头朝北图廓直立，但街道名称、公路等级及其字向按图 3-87 所示。

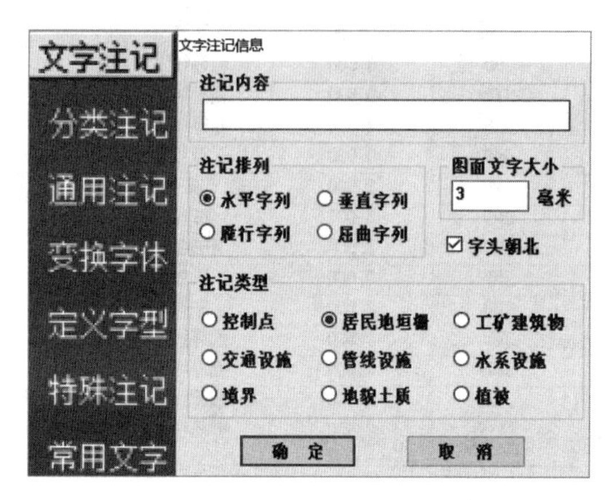

图 3-86 “文字注记信息”对话框

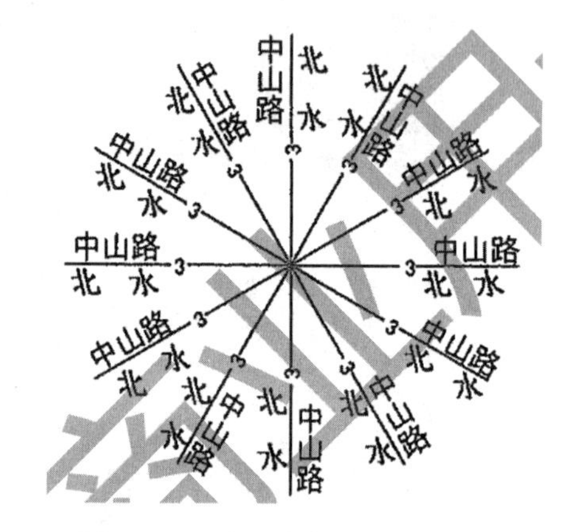

图 3-87 注记字序及字向示意图

4. 变换字体

执行【变换字体】命令，则打开如图 3-88 所示“选取字体”对话框，有 15 种字体选用，可改变当前默认字体，按图式要求进行注记，如水系用斜体字注记。

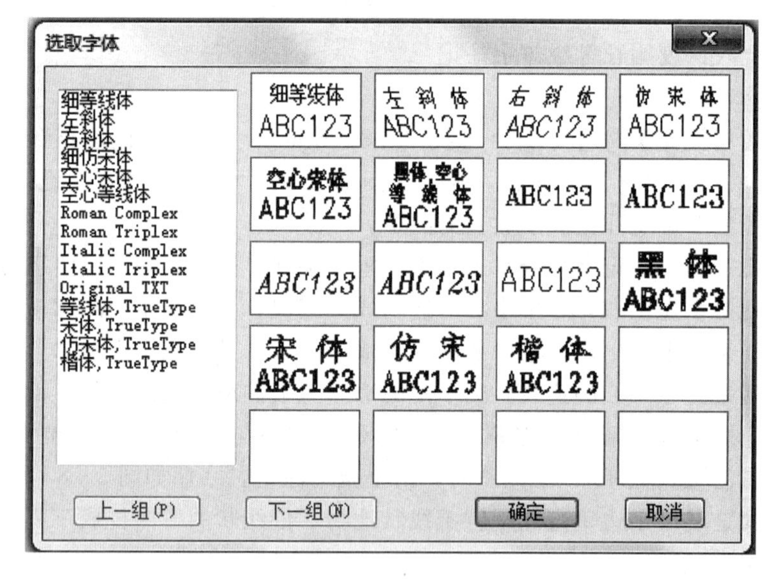

图 3-88 “选取字体”对话框

5. 常见的注记文字

选择【常用文字】项打开“常用文字”对话框，如图 3-89 所示。该对话框中已预先将一些常用的注记用字做成字块，当用到这些字时，可以直接在该对话框中选取，可方便地将常用字注记到鼠标指定的位置。

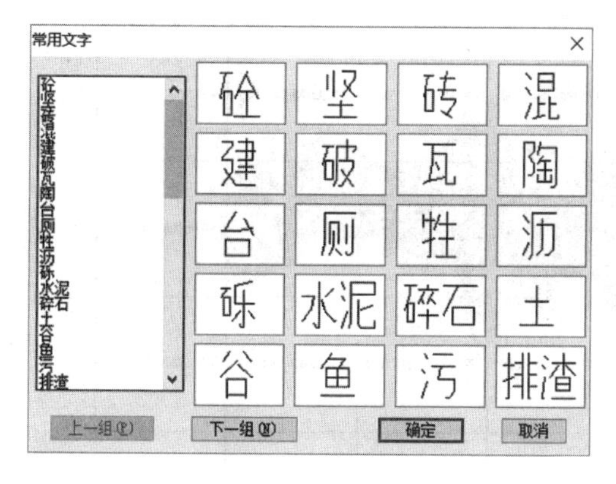

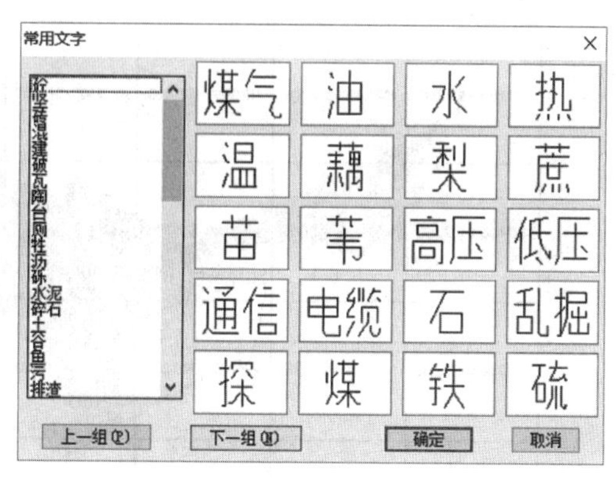

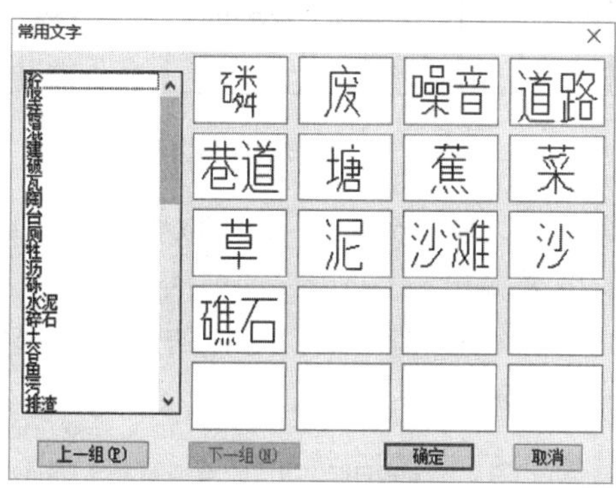

图 3-89 “常用文字”对话框

任务 3.8 分幅、整饰与输出地形图

3.8.1 地形图的批量分幅

如果测区的范围较大，则在打印输出地形图时，需要首先进行批量分幅，将整个测区分成若干幅便于打印的地形图。

在 SouthMap 软件主菜单下运行【绘图处理】【批量分幅】【建立格网】，如图 3-90 所示，软件提示“请选择图幅尺寸：(1) 50×50 (2) 50×40 (3) 自定义尺寸＜1＞”；完成图幅尺寸选择后软件提示“输入测区一角”“输入测区另一角”；确定完测区范围后软件提示“请输入批量分幅的取整方式＜1＞取整到图幅＜2＞取整到十米＜3＞取整到米 (1) ”，通常情况下选择“取整到图幅”，则会自动加入如下图 3-91 所示的“批量分幅图框”。

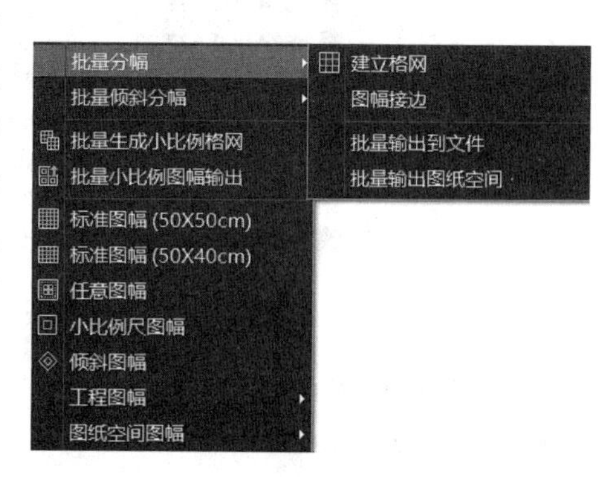

图 3-90 地形图批量分幅菜单

在 SouthMap 软件主菜单下运行【绘图处理】【批量分幅】【批量输出文件】，选择存储路径后软件提示“请选择批量图幅取

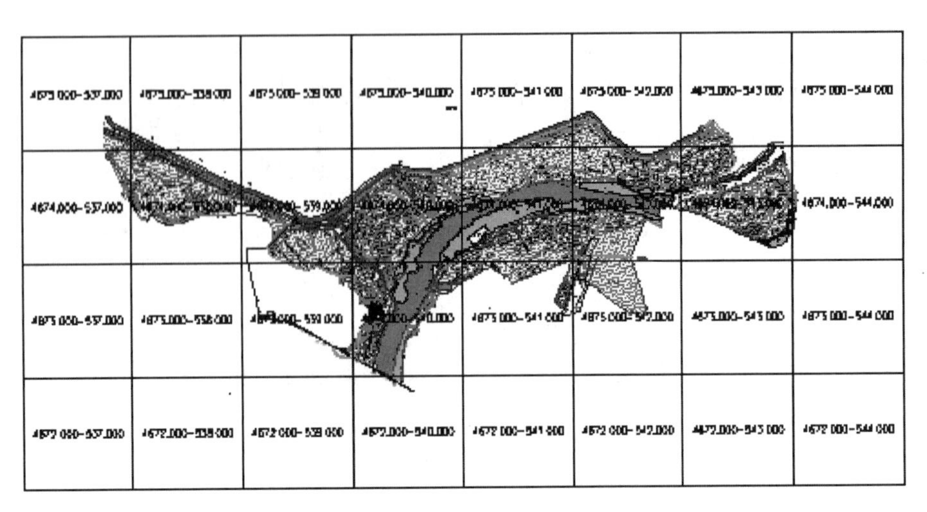

图 3-91 地形图批量分幅

整方式：＜1＞取整到图幅＜2＞取整到十米＜3＞取整到米（1）”；按提示选择后，软件提示“是否按格网内的图名输出：（0）是（1）否＜0＞”，即自动输出的各分幅地形图的图名是否采用“4675.000-537.000”这样的图名；选择“是”则自动生成多幅标准地形图，如图 3-92 所示。

名称	修改日期	类型	大小
4675.000-543.000	2023/5/29 14:57	DWG 文件	67 KB
4675.000-542.000	2023/5/29 14:58	DWG 文件	89 KB
4675.000-541.000	2023/5/29 14:58	DWG 文件	81 KB
4675.000-540.000	2023/5/29 14:58	DWG 文件	41 KB
4675.000-538.000	2023/5/29 14:58	DWG 文件	52 KB
4675.000-537.000	2023/5/29 14:58	DWG 文件	56 KB
4674.000-544.000	2023/5/29 14:57	DWG 文件	48 KB
4674.000-543.000	2023/5/29 14:57	DWG 文件	336 KB
4674.000-542.000	2023/5/29 14:58	DWG 文件	368 KB
4674.000-541.000	2023/5/29 14:58	DWG 文件	313 KB
4674.000-540.000	2023/5/29 14:58	DWG 文件	414 KB
4674.000-539.000	2023/5/29 14:58	DWG 文件	211 KB
4674.000-538.000	2023/5/29 14:58	DWG 文件	164 KB
4674.000-537.000	2023/5/29 14:58	DWG 文件	57 KB
4673.000-542.000	2023/5/29 14:58	DWG 文件	79 KB
4673.000-541.000	2023/5/29 14:58	DWG 文件	108 KB
4673.000-540.000	2023/5/29 14:58	DWG 文件	272 KB
4673.000-539.000	2023/5/29 14:58	DWG 文件	69 KB
4672.000-540.000	2023/5/29 14:58	DWG 文件	44 KB

图 3-92 地形图批量分幅生成的地形图

3.8.2 地形图的图幅整饰

1. 标准图幅

标准图幅通常是指 50cm×50cm 或 50cm×40cm 的图幅，给一幅地形图加标准图框的方法如下。

（1）图廓属性设置。在SouthMap软件主菜单下运行【文件】【参数配置】，打开如图3-93所示的“Map参数设置”对话框，选择“图廓属性”，依次输入“坐标系”“高程系”“图式”“日期”“密级”“单位名称”“签章信息”等信息；再确定“坐标标注整数位数”“坐标标注小数位”“图幅号整数位”“图幅号小数位数”等数据取位信息。

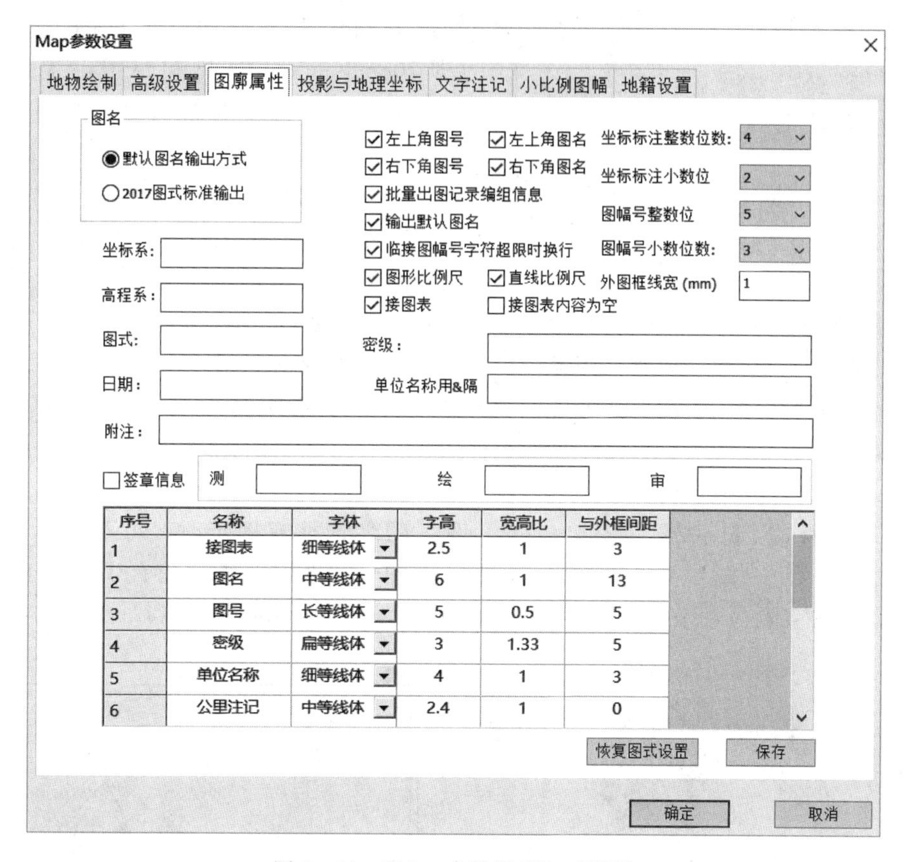

图3-93 “Map参数设置”对话框

（2）加标准图幅图框。在SouthMap软件主菜单下运行【绘图处理】【标准图幅（50cm×50cm）】，出现如下图3-94所示的对话框，输入图名，确定接图表，确定左下角坐标（可直接输入左下角*X*/*Y*坐标，也可以用鼠标选择），选择“取整到图幅”，确认，完成图框设置。

2. 任意图幅

任意图幅是指根据工程建设的需要任意确定横向和纵向长度（通常为整10m）的分幅方法，通常是实际测区范围大于一张标准图幅（50cm×50cm），而需要将整幅图放在一个图框内的方法，具体步骤如下：

（1）加方格网。在SouthMap软件主菜单下运行【绘图处理】【加方格网】，根据软件提示，用鼠标指出需加方格网区域的左下角点和右上角点，如图3-95所示。

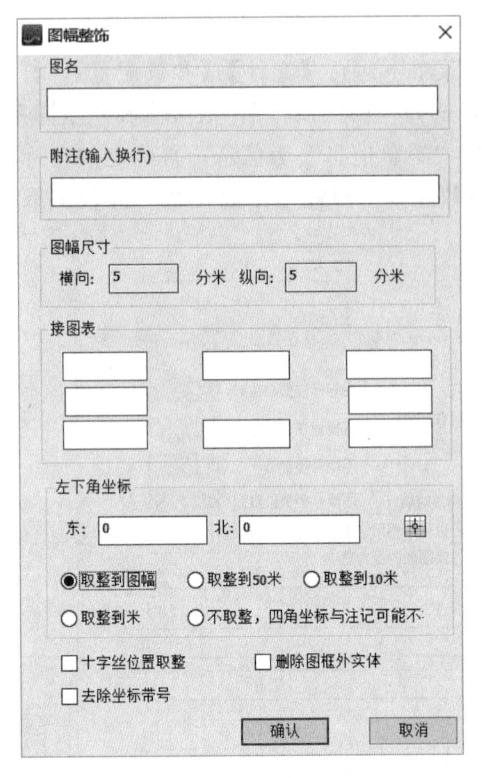

图3-94 标准图幅对话框

（2）任意图幅。在SouthMap软件主菜单下运行【绘图处理】【任意图幅】，根据软件提示，在弹出的如图3-95所示的对话框中输入“图幅尺寸”，即纵向和横向各多少分米（本例中为横向7分米、纵向6分米），再选择“取整到十米”，在用鼠标分别选取测区左下角和右上角的方格网点（即70cm×60cm），则整幅图都被包含在这个70cm×60cm的图框中，如图3-96所示。

3. 工程图幅

工程图幅是指工程建设领域绘制工程设计图纸时长度的分幅方法，其图纸号和尺寸大小见表3-13。

4. 图廓整饰说明

正方形或矩形分幅的1∶500、1∶1000、1∶2000图廓整饰有如下要求：

（1）图名可采用地址或企事业单位名称。图名选择有困难时，可不注图名，仅注明图号。图名为两个字的其字隔为两个字，3个字的字隔为1个字，4个字以上的字隔一般为2～3mm。

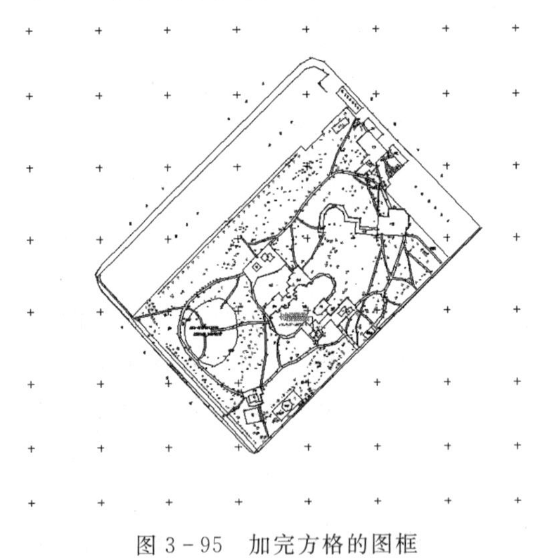

图3-95 加完方格的图框

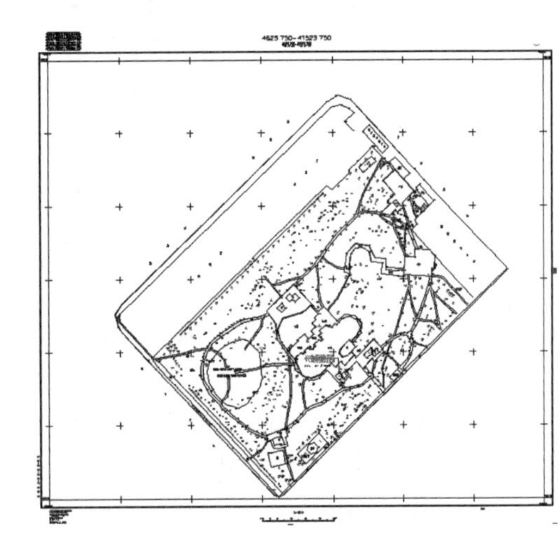

图3-96 任意分幅图框

（2）接图表可采用图名或图号，只取一种注出。

（3）图内每各10cm展绘一个坐标网线交叉点；内图廓线上的坐标轴网线，向图内绘5mm短线。

表 3-13　　　　工程图幅基本幅面参数

幅面代号		A0	A1	A2	A3	A6
宽度×长度 ($B\times L$)/(cm×cm)		841×1189	594×841	420×594	297×420	210×297
留装订边	装订边宽	25				
	其他周边宽	10		5		
不留装订边	周边宽	20		10		

(4) 农村居民地、企事业单位跨越两幅图时，若本图面积较邻幅为小，将名称注记在图廓间，图内不注。面积与邻幅相等时，则将名称注在方便的图幅内，邻幅则注在图廓间，使两幅拼接时，避免注记重复。

(5) 中断在图廓内的等高线，其高程不易判读时，应在图廓间适当注出其高程。

(6) 境界线过内图廓时，在图廓间应注出区域名称。

3.8.3 地形图的输出

地形图绘制完成后，可用绘图仪、打印机等设备输出。执行【文件】→【绘图输出】→【打印】命令，弹出“打印”对话框，如图 3-97 所示。

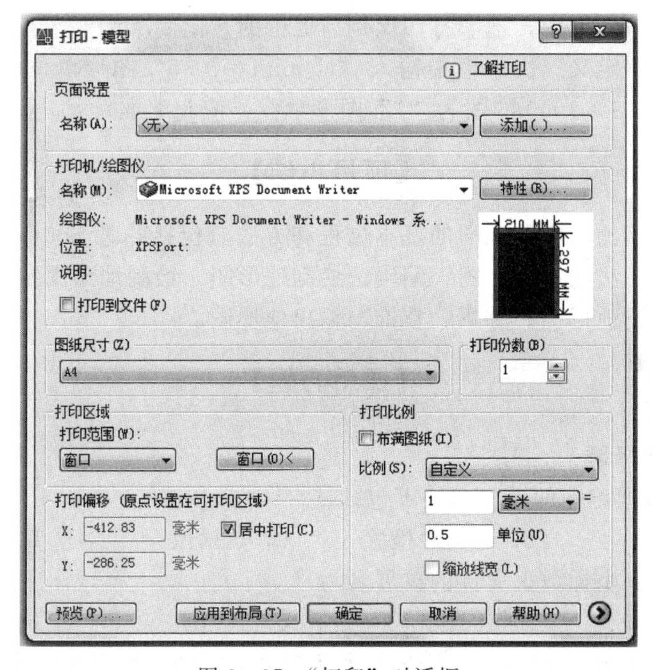

图 3-97 “打印”对话框

1. 打印机设置

首先，在“打印机配置”框中的“名称（M)”一栏中选相应的打印机，然后单击“特性”按钮，进入“打印机配置编辑器”。

(1) 在“端口”选项卡中选取“打印到下列端口（P)”单选按钮，并选择相应的端口。

(2) 在“设备和文档设置”选项卡中。择“用户定义图纸尺寸与标准”分支选项下的“自定义图纸尺寸”。在“自定义图纸尺寸”页面，可以根据用户的特殊尺寸，单击“添加”按钮，添加一个自定义图纸尺寸。

(3) 对于非彩色打印机或者绘图仪，我们需要将图形输出设置成黑白两色。“设备和文档设置”子页面中，点击“图形”前的“+”号，点击“图形”列表中的“矢量图形”，在“分辨率和颜色深度”框中，把“颜色深度”框里的单选按钮框置为“单色（M)”，然后，把下拉列表的值设置为“2 级灰度”，单击最下面的“确定”按钮。这时，出现“修改打印机配置文件”窗，在窗中选择“将修改保存到下列文件”单选钮。最后单击“确定”完成。

2. 设置图纸尺寸

在“打印”对话框中，把“图纸尺寸”框中的“图纸尺寸”下拉列表的值设置为先前创建的图纸尺寸设置。

3. 设置打印范围

在“打印”对话框中，把“打印区域”框中的下拉列表值置为“窗口”，下拉框旁边会出现按钮“窗口”，单击“窗口（O)”按钮，鼠标指定打印窗口。

4. 根据地形图比例尺确定打印比例

在“打印”对话框中，把“打印比例”框中的“比例（S)”下拉列表选项设置为“自定义”，在“自定义”文本框中输入“1” mm=“0.5”图形单位（1∶500 的图为“0.5”图形单位；1∶1000 的图为“1”图形单位，依此类推)。

【项目小结】

主要讲述数字测图内业成图的基本过程和方法。包括熟悉 SouthMap 软件、识读地形图图式、草图法绘制地形图、编码法绘制地形图、绘制地形图地物符号、绘制等高线、注记与编辑地形图、分幅、整饰与输出地形图。

【课后习题】

一、单项选择题

1. 全站仪数据传输的通信参数不包括（　　）。

A. 波特率　　B. 奇偶性检验　　C. 数据位　　D. 网速

2. SouthMap 坐标数据文件的扩展名为（　　）。

A. *.doc　　B. *.pdf　　C. *.dat　　D. *.xls

3. cass 中根据测点点号定位法选择外业观测数据的文件名后缀为（　　）。

A. *.dwg　　B. *.dxf　　C. *.doc　　D. *.dat

4. 在绘等高线之前，必须先将野外测的高程点建立（　　）。

A. 数字线划图（DLG)　　B. 数字地面模型（DTM)

C. 数字正射影像图（DOM)　　D. 数字栅格图（DRG)

5. CASS 软件绘制等高线时，若选择“由数据文件生成”方式建立 DTM 时，应选择（　　）数据文件名。

A. *.dwg　　B. *.RTK　　C. *.dat　　D. *.xls

二、多项选择题

1. 以下属于全站仪上传数据必须要做的工作有（　　）。

A. 设置仪器端通信参数　　B. 设置计算机端通信参数

C. 连接传输线　　D. 格式化全站仪内存

2. 编码引导法数据文件里面包含了成图的三类信息包括（　　）。

A. 点位信息　　B. 空间信息　　C. 属性信息

D. 连接信息　　E. 表征信息

3. 以下属于等高线绘制过程工作内容的有（　　）。

A. 构建数字地面模型 DTM　　B. 数字地面模型 DTM 的修改

C. 绘制等高线　　D. 等高线的修饰

4. 等高线的拟合方式包括（　　）。

A. 不拟合（折线）　　B. 张力样条拟合

C. 三次 B 样条拟合　　D. SPLINE 拟合

5. 等高线按其作用不同，可分为（　　）。

A. 首曲线　　B. 计曲线　　C. 间曲线　　D. 助曲线

三、判断题

1. GNSS－RTK 手簿采集到的数据在传输之前需要进行格式转换。（　　）

2. SouthMap 软件常用的 dat 格式数据文件中，X 坐标在 Y 坐标之前。（　　）

3. 如果就想单独绘制某一条等高线（如以水库水面高程绘制水库淹没范围线），则可以选择绘制单条等高线。（　　）

4. 建立 DTM 的方式分为两种方式，即由数据文件生成和由图面高程点生成。（　　）

5. 绘制等高线之前需要先建立三角网。（　　）

四、简答题

1. 用 SouthMap 测图软件绘制平面图，主要有哪几种成图方法？

2. 简述利用 SouthMap 从全站仪下载数据的操作步骤？

3. 简述 SouthMap 绘制等高线的主要操作步骤。

项目 3
课后习题答案

【课堂测验】

请扫描二维码，完成本项目课堂测验。

课堂测验 3

课堂测验 3 答案

弘扬中国北斗精神，托起航天强国梦想

中国北斗卫星导航系统（BeiDou Navigation Satellite System，BDS）是中国自行

研制的全球卫星导航系统。是继美国全球定位系统（GPS）、俄罗斯格洛纳斯卫星导航系统（GLONASS）之后第三个成熟的卫星导航系统。中国BDS和美国GPS、俄罗斯GLONASS、欧盟GALILEO，是联合国卫星导航委员会已认定的供应商。

北斗卫星导航系统由空面段、地面段和用户段三部分组成，可在全球范围内全天候、全天时为各类用户提供高精度、高可靠定位、导航、授时服务，并具短报文通信能力，已经初步具备区域导航、定位和授时能力，定位精度10m，测速精度0.2m/s，授时精度10ns。

2018年12月26日，北斗三号基本系统开始提供全球服务。2019年9月，北斗系统正式向全球提供服务，在轨39颗卫星中包括21颗北斗三号卫星：有18颗运行于中圆轨道、1颗运行于地球静止轨道、2颗运行于倾斜地球同步轨道。2019年9月23日5时10分，在西昌卫星发射中心用长征三号乙运载火箭，成功发射第47、48颗北斗导航卫星。2019年11月5日1时43分，成功发射第49颗北斗导航卫星，北斗三号系统最后一颗倾斜地球同步轨道（IGSO）卫星全部发射完毕，12月16日15时22分，在西昌卫星发射中心以“一箭双星”方式成功发射第52、53颗北斗导航卫星。至此，所有中圆地球轨道卫星全部发射完毕。

2020年3月9日19时55分，中国在西昌卫星发射中心用长征三号乙运载火箭，成功发射北斗系统第54颗导航卫星。

中国北斗导航是当之无愧的“大国重器”，北斗卫星导航系统提供服务以来，已在农林渔业、交通运输、水文监测、气象测报、通信授时、电力调度、救灾减灾、公共安全等领域得到广泛应用，同时广泛进入我国大众消费和民生领域，产生了显著的社会效益和经济效益。

项目4

EPS倾斜摄影三维测图

【项目概述】

本项目以EPS三维测图系统V2.0为蓝本，主要讲述EPS工程创建及软件界面认识、测图数据准备及加载、地形数据采集与编辑、数据检查与输出。对于EPS工程创建及软件界面认识，重点介绍了软件启动、工作台设置、建立测图工程，并说明了三维测图界面、三维测图菜单以及常用快捷键；对于测图数据准备及加载，重点介绍了OSGB数据转换、加载倾斜模型、加载超大影像；对于地形数据采集与编辑，重点介绍了要素编码选取、地物绘制、地貌采集、文字注记绘制；对于数据检查与输出，重点介绍了数据标准检查、空间关系检查、空间关系修复、等高线检查、CASS9输出、打印输出图片。

【学习目标】

通过本项目的学习，熟悉EPS三维测图系统的界面及主要功能，掌握运用该测图系统基于三维场景模型测绘地形图的方法和具体操作，能够熟练应用该测图系统完成地形图测绘任务，获得合格的地形图成果。

【内容分解】

项目	重难点	任务	学习目标	主要内容
EPS倾斜摄影三维测图	EPS三维测图工程建立； OSGB模型数据格式转换； 地物符号的绘制； 地貌符号的绘制； 文字注记的绘制	任务4.1：EPS工程创建及软件界面认识	掌握软件启动和工作台设置； 掌握工程建立流程和方法； 认识三维测图界面、三维测图菜单； 熟悉常用快捷键	启动EPS软件，练习工作台设置以及三维测图工程建立；认识三维测图软件界面和三维测图菜单；熟悉常用快捷键，为后续将快捷键应用到地形数据采集与编辑中做好准备
		任务4.2：测图数据准备及加载	掌握OSGB数据格式转换方法； 掌握倾斜模型加载方法； 掌握超大影像加载方法	将已经获得的OSGB格式模型转换为DSM格式倾斜模型，并将转换后的倾斜模型加载到EPS软件三维窗口中；准备好超大影像并将其加载到二维窗口中
		任务4.3：地形数据采集与编辑	能熟练应用EPS软件大部分功能； 掌握使用EPS软件绘制地物、采集地貌、绘制文字注记等操作	实现房屋、道路、围墙等地物符号绘制；实现等高线、高程点、陡坎等地貌符号采集；给绘制的地物进行文字注记
		任务4.4：数据检查与输出	使用EPS软件对所测地形数据进行检查，以及对检查合格数据进行输出等操作	对所测数据进行数据标准、空间关系以及等高线等各类检查，还可以对数据进行空间关系修复； 将检查合格数据输出为CASS9格式，或者打印输出图片

EPS三维测图系统，是山维科技基于自主版权的EPS地理信息工作站研发的多源多模式一体化采编系统。系统提供基于正射影像（DOM）、实景三维模型（OSGB、3DS、OBJ、DSM等）、点云数据（机载Lidar、车载、地面激光扫描、无人机等）的二维、三维采集编辑工具，支持大数据浏览以及采编制图建库一体化，直接对接基础地形测绘、自然资源调查、三维不动产测量、多测合一等专业应用。

EPS三维测图系统具有以下特点：

（1）支持直接调用倾斜摄影生成的模型。

（2）支持海量数据快速浏览。

（3）支持多窗口同步测图、二三维联动。

（4）支持二三维采编建库一体化，实现信息化与动态符号化。

（5）三维采、编、质检与平台二维功能一致，并提供直观的三维专用功能。

（6）提供所采地物根据指定位置快速升降高程信息。

（7）支持透视投影与正射投影切换。

（8）支持模型裁剪去除植被与高楼。

（9）支持轮廓线自动提取。

（10）剖面与投影方式采集立面图。

（11）支持立面图输出。

（12）支持模型文件切割。

（13）支持三维场景输出打印。

（14）支持三维视角标记并输出视角图。

（15）支持网络化生产，数据统一管理。

（16）成果直接对接不动产、常规测绘、管网测量、智慧城市等专业应用解决方案。

EPS三维测图系统包含点云三维测图、垂直摄影三维测图、倾斜摄影三维测图以及虚拟现实立体测图4个组成部分，本项目主要介绍倾斜摄影三维测图部分。

EPS倾斜摄影三维测图技术流程：首先将CC（Context Capture）等三维建模软件生成的OSGB模型转化为DSM格式模型，用EPS软件加载该格式模型，也可以同时加载对应区域的超大影像和倾斜影像。然后基于三维场景模型采集各类地物信息以及地貌信息，同时添加注记，采集完成后对成果进行检查，若检查合格，最后输出数字线划图成果；若检查不合格，对采集成果重新进行编辑、修改。

任务4.1 EPS工程创建及软件界面认识

4.1.1 软件启动及工作台设置

1. 软件启动

用鼠标左键双击桌面上的图标，打开EPS2016的工作站界面，如图4-1所示。

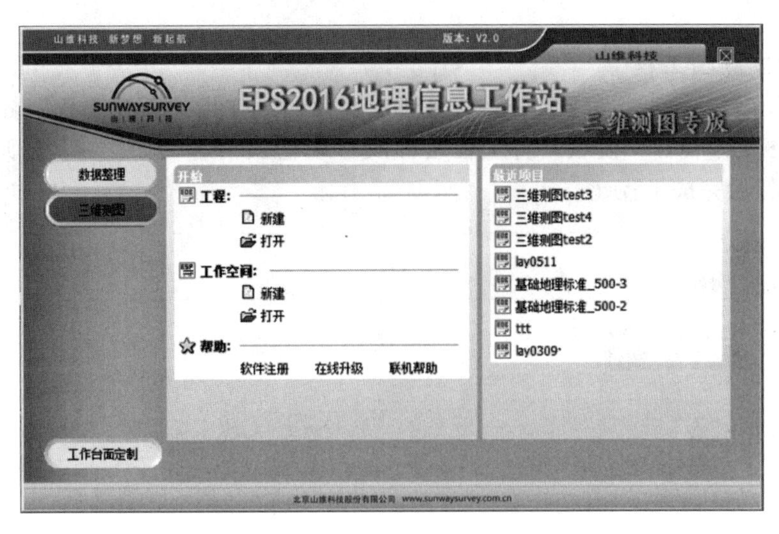

图 4-1 EPS 工作站界面

2. 工作台设置

由于 EPS 工作站集成了诸多功能软件模块，每个功能软件模块具有不同的软件界面，为了界面简洁，EPS 把它定义成不同功能独立的工作平台。具体设置如下：

（1）单击 EPS 工作站界面左下角【工作台面定制】按钮。

（2）在弹出的“工作台面定制”对话框中单击【增加】按钮，在弹出的编辑框中输入“三维测图”，然后单击【确定】按钮。

（3）在图 4-2 右侧列表框中勾选需要的三维测图模块（使用模块、编辑平台、脚本必选）。

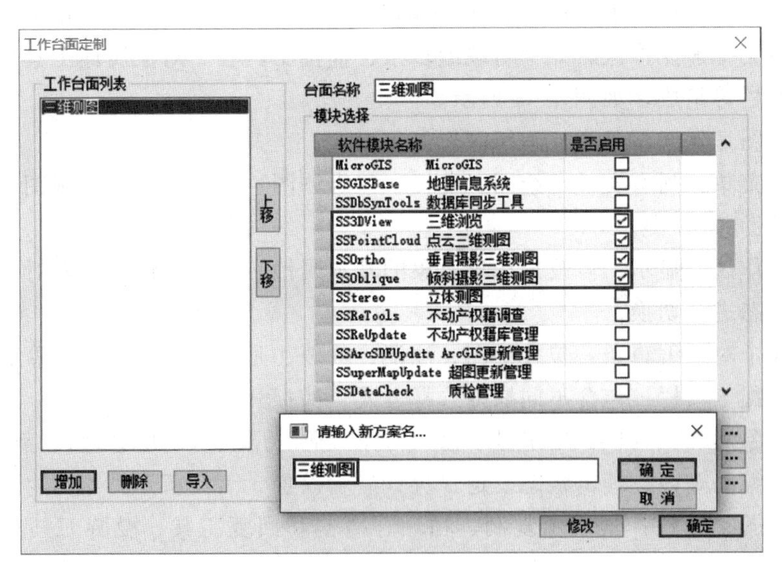

图 4-2 EPS 工作台界面

（4）按【确定】按钮后返回，在工作站界面的工作台列表中显示出“三维测图”

工作台。

4.1.2 建立测图工程

单击EPS工作站界面【工程】→【新建】命令，弹出“新建工程”界面，选择“基础地理标准 _ 500”模板，将工程名称及目录输入内容，如图4-3所示，单击【确定】按钮后完成工程建立。

⊙4-1

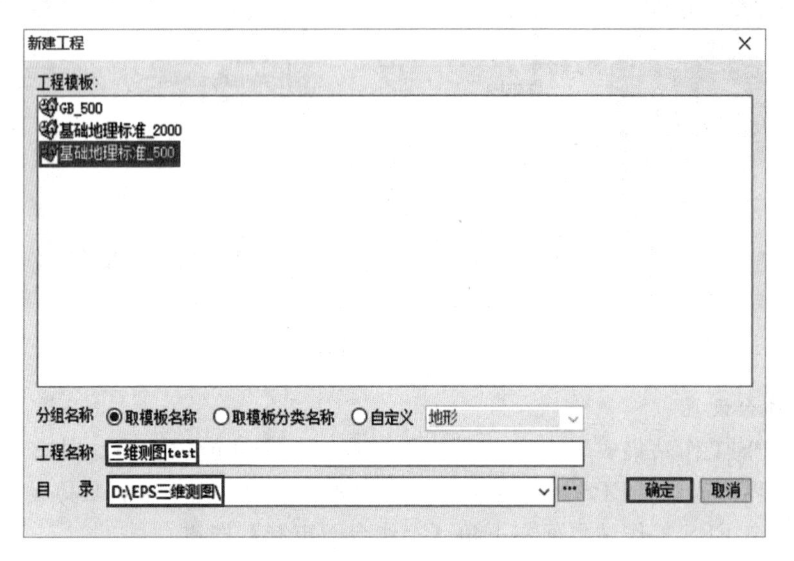

图4-3 新建工程

4.1.3 三维测图界面及菜单认识

1. 三维测图主界面认识

测图工程建立后，弹出的界面就是EPS三维测图的主界面，主界面主要由绘图显示区、主菜单、操作区、几个对象编辑条、捕捉工具栏、对象属性工具栏、视图工具栏、状态栏等组成，如图4-4所示。

（1）绘图显示区：显示、编辑图形的窗口。

（2）主菜单：列有文件、绘图、编辑、三维测图、处理、工具、视图、设置、地模处理、帮助共10类。

（3）操作区：显示、修改选择集对象的基本属性、扩展属性，或者对系统已经启动功能的状态进行切换。

（4）几个对象编辑条：包含绘图、注记、裁剪、延伸、修线、打断等工具。

（5）捕捉工具栏：包含不同捕捉选择方式、捕捉开关。

（6）对象属性工具栏：用来显示输入对象编码、层名（图层管理）、颜色、线形、线宽，还有编码查询、编辑状态设定、背景显示设置、工具箱开关等功能。

（7）视图工具栏：集成了复制、粘贴、撤销和回复工具、漫游工具和图形显示开关。

（8）状态栏：显示当前光标位置、光标位置捕捉的对象信息等。

EPS三维测图界面与地形测图界面的主要不同体现在绘图显示区上，地形测图界

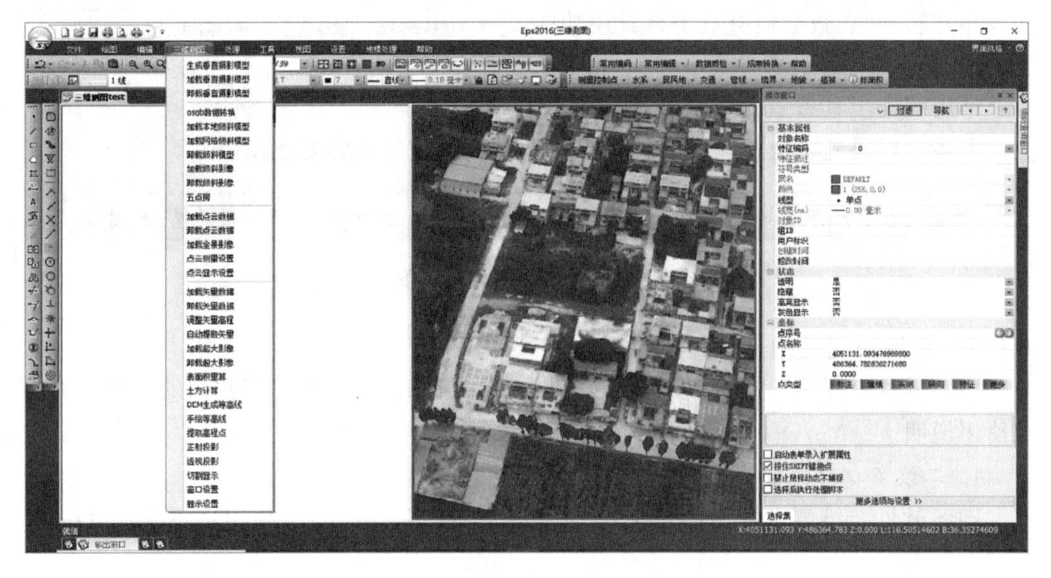

图4-4 EPS三维测图主界面

面仅有一个绘图显示区，而三维测图界面可以设置2～4个。

三维测图界面可以同时将三维模型显示区、二维图形显示区、立体图形显示区和影像显示区分别进行显示，且这些显示区之间是联动的。单击【三维测图】→【窗口设置】命令，在弹出“窗口设置”对话框中进行设置。进行三维测图时，经常同时显示三维模型显示区和二维图形显示区，如图4-5所示。

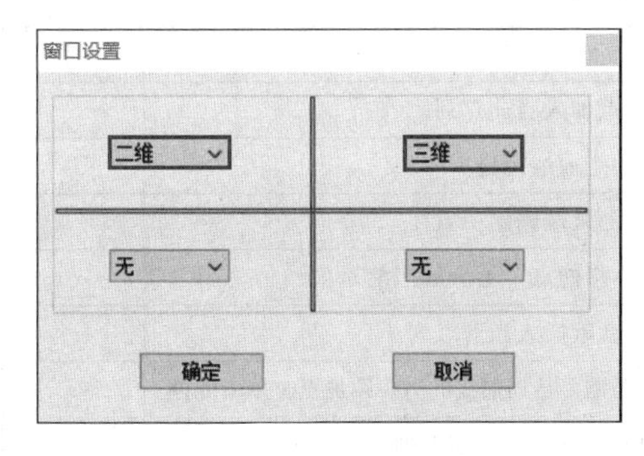

图4-5 绘图显示区的窗口设置

2. 三维测图菜单认识

与地形测图界面相比，这里三维测图界面的主菜单多了一个“三维测图”子菜单，“三维测图菜单”包括垂直模型测图（垂直模型的生成、加载和卸载）、倾斜模型测图（OSGB数据转换、倾斜模型加载和卸载）、点云数据测图（点云数据加载和卸载）、矢量影像加载和卸载，以及测图相关工具。

4.1.4 常用快捷命令工具条设置

EPS三维测图界面的工具条可以通过屏幕菜单进行设置，一般最常用的三维测图工具条和常用要素编码工具条都建议勾选上。用鼠标右键单击图标工具条上任意位置，弹出如图4-6所示屏幕菜单栏，勾选上所需工具条即可。

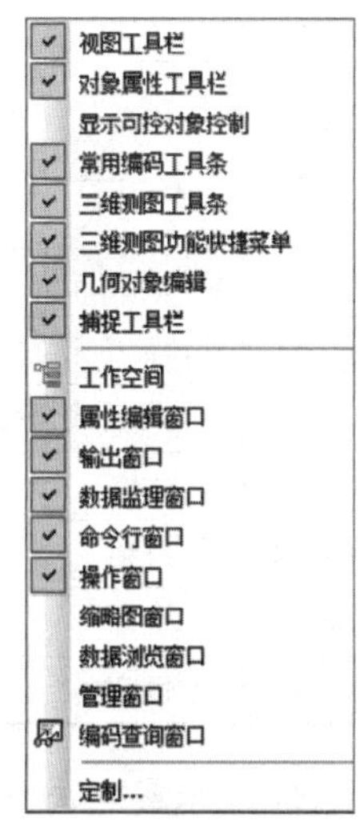

图4-6 工具条设置

1. 三维测图工具条

三维测图工具条包含数据转换（与南方CASS 9.1的图形

文件相互转换)、数据检查、平台常用功能。

数据转换 ▾ 数据检查 ▾ 平台常用功能 ▾ 帮助 ▾

图 4-7 三维测图工具条

2. 常用编码工具条

常用编码工具条主要包括常用的测量控制点、水系、居民地、交通、管线、境界、地貌、植被等地物要素编码。

测量控制点 ▾ 水系 ▾ 居民地 ▾ 交通 ▾ 管线 ▾ 境界 ▾ 地貌 ▾ 植被 ▾ 删除植被内部点

图 4-8 常用编码工具条

4.1.5 常用快捷键的使用

EPS软件有很多快捷键，下面是二维测图、三维测图数据采集常用的快捷键介绍及使用说明。

1. 二维窗口快捷键的使用

EPS软件二维窗口常用的快捷键：A、C、X、W、E、Z、S、D、Shift+D、F、Shift+F、G、Shift+G、R、T、Ctrl+T、Shift、Shift+Z，功能见表4-1。

表4-1 二维窗口快捷键表

键盘位置	功能名称	功能描述	备注
A	加点	将光标位置点加入当前点列	
C	闭合	使打开的当前线闭合	
X	回退一点	从当前点列的末端删除一点	
W	抹点	从当前点列中删除光标指向点，不分解当前对象	
E	任意插点	将光标位置点就近插入当前点列	
Z	点列反转	线、面类地物首尾两点直接切换，若需要从当前线的另一端加点时单击此键	
S	捕矢量点	将光标指向的矢量点加入当前点列	
D	线上捕点	将鼠标滑动线与某一最近矢量线的交点加入当前点列	
Shift+D	捕垂足点	将当前线末点与光标指向线的垂足点加入当前点列	
F	接线	拾取光标指向的某一线对象与当前线就近连接	在画线状态下可用
Shift+F	取消接线	接线逆操作（等于Undo）	
G	快捷面填充	默认上次填充的面编码，否则填充2面	
Shift+G	快捷面填充	选择需要的面编码填充鼠标点所在的闭合区域	
R	距离平行线	过光标点作当前线的距离平行线，如果当前线为复杂线，新线将自动反向	
T	属性拾取	用光标指向对象的属性重置当前对象与对象属性工具条	
Ctrl+T	删除	删除当前点列所有点（删除当前对象）	
Shift	拖点	按下鼠标左键移动光标，将目标点拖到其他位置	
Shift+Z	地物反向	地物方向（如陡坎的短线等）	

2. 三维窗口快捷键的使用

EPS软件三维窗口常用的快捷键：Shift+A、A、Ctrl+鼠标左键组合、Ctrl+

A，功能见表 4－2。

表 4－2　　三维窗口快捷键表

键盘位置	功能描述
Shift＋A	采集地物过程中提升采集点的高程
A	升降整体高程，建立体白模型时常用到
Ctrl＋鼠标左键组合	根据墙面采集多点房时常用
Ctrl＋A	锁定高程

任务 4.2　测图数据准备及加载

4.2.1　倾斜模型准备

1. 生成 OSGB 数据

应用 ContextCapture 等软件将倾斜摄影采集的影像数据进行空三加密处理和三维模型构建，生成 OSGB 格式的三维模型数据，用于后续地形图测绘。

2. OSGB 数据转换

在主菜单栏，单击【三维测图】→【osgb 数据转换】命令，打开“osgb 数据转换”对话框，将对话框里原有的模型数据路径和元数据文件路径都删除，然后将模型数据路径指定到存储模型数据的 Data 文件夹如图 4－9 所示，将元数据文件路径指定到 metadata. xml 文件，合并 DSM 选“否”，如图 4－10 所示，单击【确定】按钮，允许转换后，在 Data 文件夹下生产一个 Data. dsm 文件。

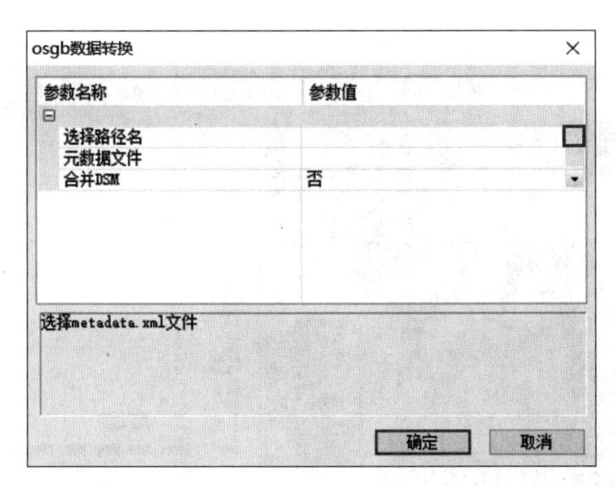

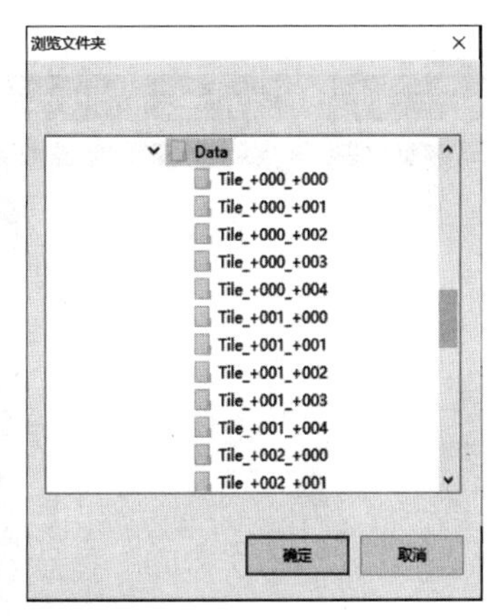

图 4－9　选择模型数据路径

4.2.2　加载倾斜模型

在主菜单栏，单击【三维测图】→【加载本地倾斜模型】命令，弹出“打开”对话框，选择 Data 目录下生成的 Data. dsm 文件，如图 4－11 所示，单击【打开】按钮，将 *. dsm 实景表面模型加载到三维窗口中，结果如图 4－12 所示。

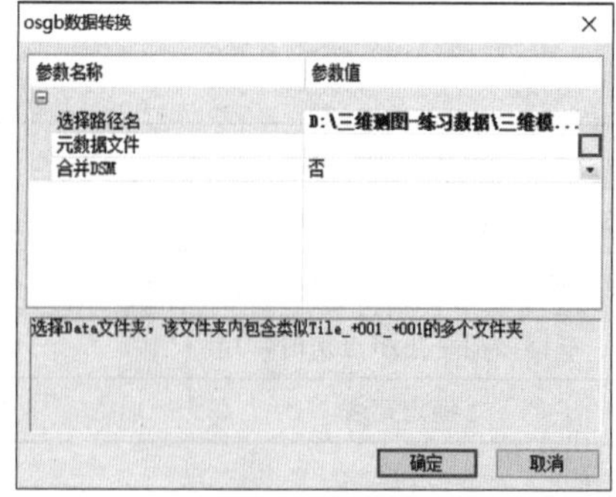

图 4-10　选择元数据文件路径

⊙4-2

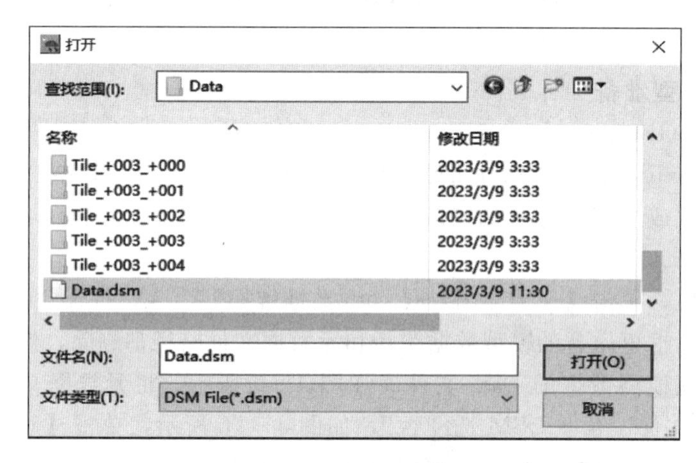

图 4-11　加载倾斜模型

⊙4-3

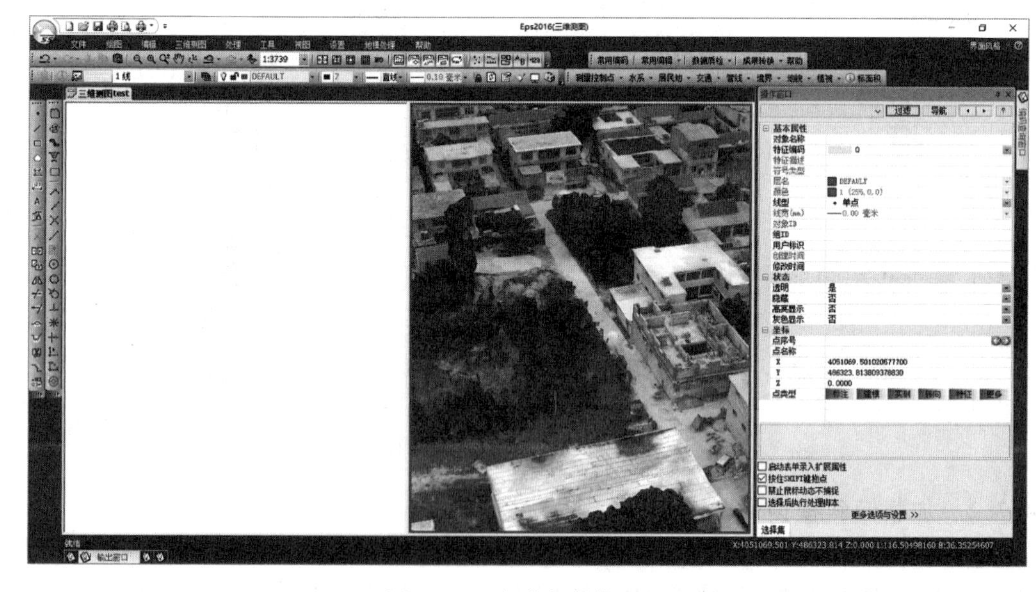

图 4-12　加载倾斜模型后

4.2.3 加载超大影像

EPS 软件可以支持加载超大的影像数据，比如超大正射影像 DOM。超大影像加载后，可以方便作业人员更准确完成矢量数据采集。需要特别注意，加载时，超大影像所在目录下需要有同名的 TFW 坐标文件。

单击主菜单【三维测图】→【加载超大影像】命令，弹出“打开”对话框，选择超大影像文件，如图 4-13 所示。单击【打开】按钮，将超大影像加载到二维窗口中，如图 4-14 所示，加载后第一次转换会自动创建一个 OVI 格式的与 .tif 同名的文件。

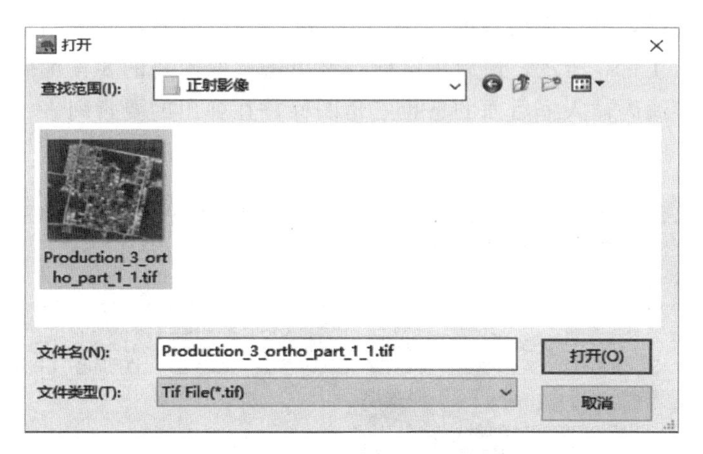

图 4-13 加载超大影像

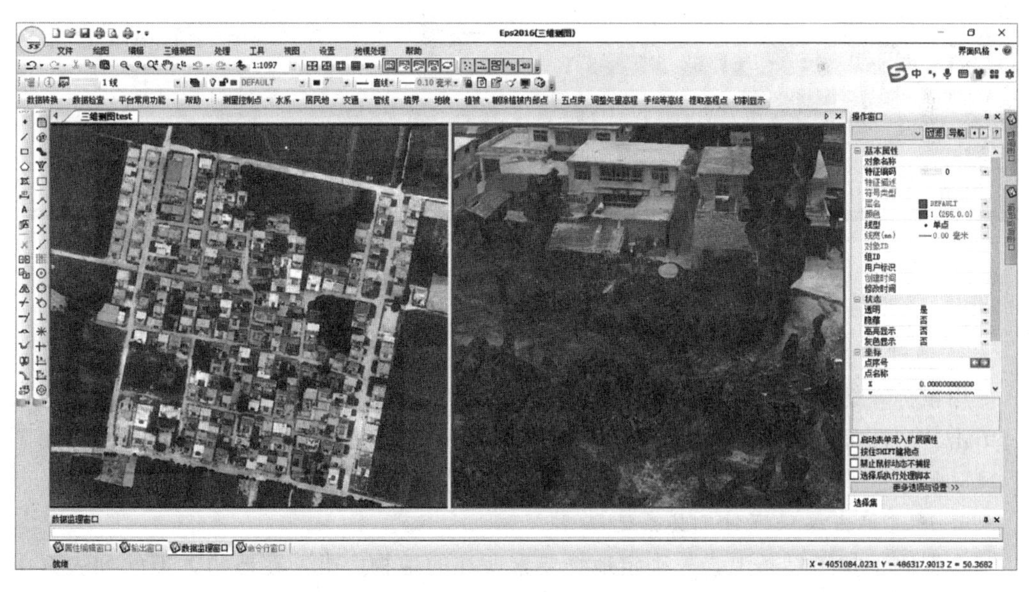

图 4-14 加载超大影像后

4-4

任务4.3 地形数据采集与编辑

4.3.1 要素编码选取

应用EPS软件绘制地形图，对所有地物和注记对象的表达以要素类为基础，采用不同的要素编码表达，需要给绘制地物选择相应的编码。EPS系统规定，在绘制地物要素前，必须选择地物要素编码，选取地物要素编码有下面3种方式。

1. 通过对象属性工具栏要素编码输入框选取

在对象属性工具栏要素编码输入框输入要素编码或者要素名称（也可以输入要素的部分编码或名称，进行模糊查询），按ESC键，就可以显示相应系列的要素编码及要素名称，如图4-15所示，最后用鼠标左键单击选取需要的要素编码。也可以用鼠标左键单击要素编码输入框后面的下拉三角图标，在弹出的要素列表中选取相应的编码，如图4-16所示。

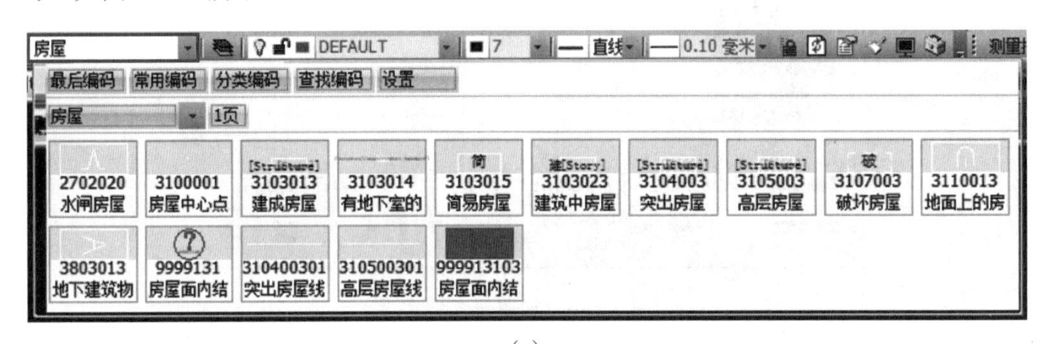

(a)

(b)

图4-15 要素编码输入框

2. 通过单击绘图显示区右侧的编码查询窗口选取

用鼠标左键单击绘图显示区右侧的编码查询窗口，切换到“编码查询窗口”，通过单击“房屋面列表框”下的“建成房屋”，以此来选取建成房屋的要素编码，如图4-17所示。

3. 通过单击编码下拉工具条选取

在编码下拉工具条上，先确定地物要素所在的地物大类，在地物大类的列表框中选取对应的要素编码，比如通过单击编码下拉工具条上【居民地】→【建成房屋】来选取建成房屋要素编码，如图4-18所示。

4.3.2 地物绘制

1. 房屋绘制

墙体为砖墙（有灰缝）或者其他永久性建筑结构，有门框、窗框，层高大于等于 2.2m，有完整顶盖（可以为预制板、瓦、石棉瓦、彩钢瓦等），可认定为建成房屋。对于墙体结构为砖但没有灰缝，或其他简易材料搭建的房屋，或层高不足 2.2m 的各类房屋，认定为简易房屋或临时房屋。

图 4-16 要素编码列表框

采集好的图形只保留了房屋的角点、扩展属性、图形特征（房屋高度），每个点都有空间 *X*、*Y*、*Z* 坐标，内部注记等制图表现是根据扩展属性动态符号化出来的，数据符合制图与信息化要求，也具有三维白膜的空间高度信息。

（1）房屋（五点房）。对于常规的四点房，只需要点击 5 个点，程序即可自动生成房屋，对于生成的房屋可以修改扩展属性，也可以降低到地面并获取高度，操作方法和绘制步骤如下。

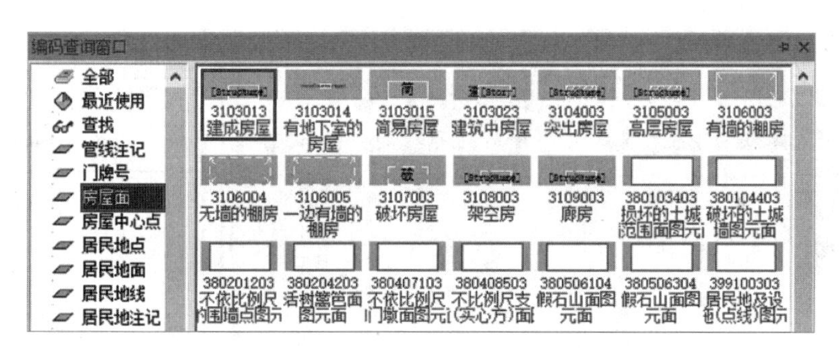

图 4-17 房屋面列表框-建成房屋

1）选择建成房屋要素编码。单击编码下拉工具条中【居民地】→【建成房屋】命令，也可以采用上面“要素编码选取”任务中提到的其他方法。

2）启动五点房命令。用鼠标左键在主菜单上单击【三维测图】→【五点房】。

3）在房屋的各边上共采集 5 个点。在房屋的第一条边上点击 2 个点，其余 3 条边都各点击一个点，如图 4-19 所示。

4）点击功能菜单上的【绘制】按钮，绘制出房屋。

5）选择绘制的房屋，在操作窗口的属性操作栏中修改“建筑物结构”和“楼层数目”，如图 4-20 所示。

6）若需要所绘房屋的高程值是房顶处高程，先将鼠标放到房顶处，读取房顶处的高程，然后选中房屋，单击主菜单【三维测图】→【调整矢量高程】命令，弹出“调

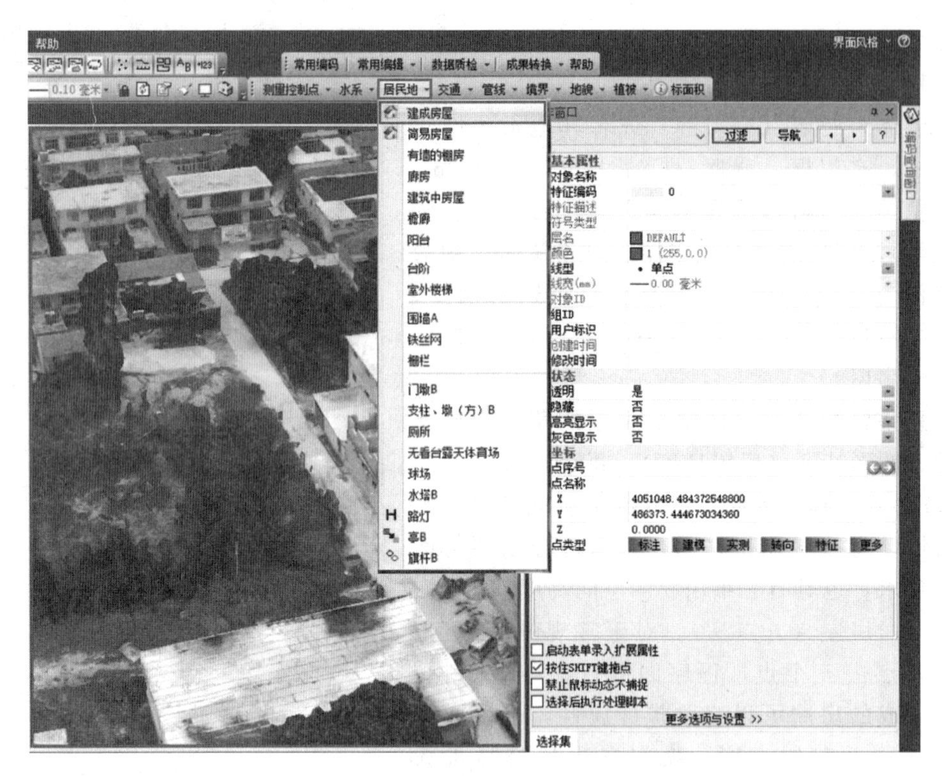

图 4-18 居民地-建成房屋

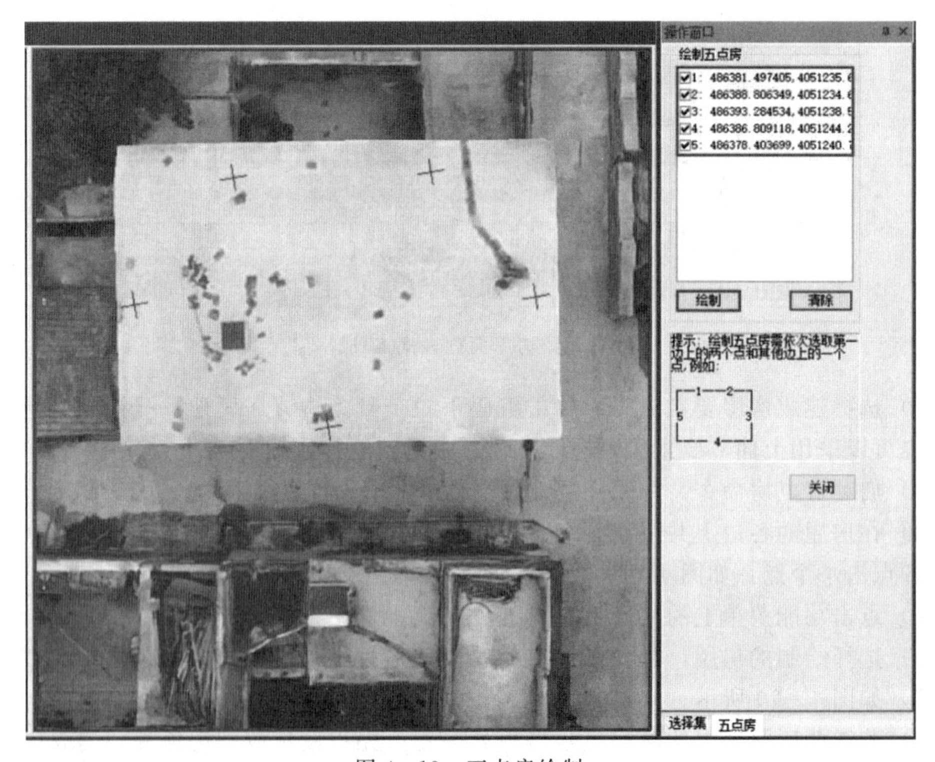

图 4-19 五点房绘制

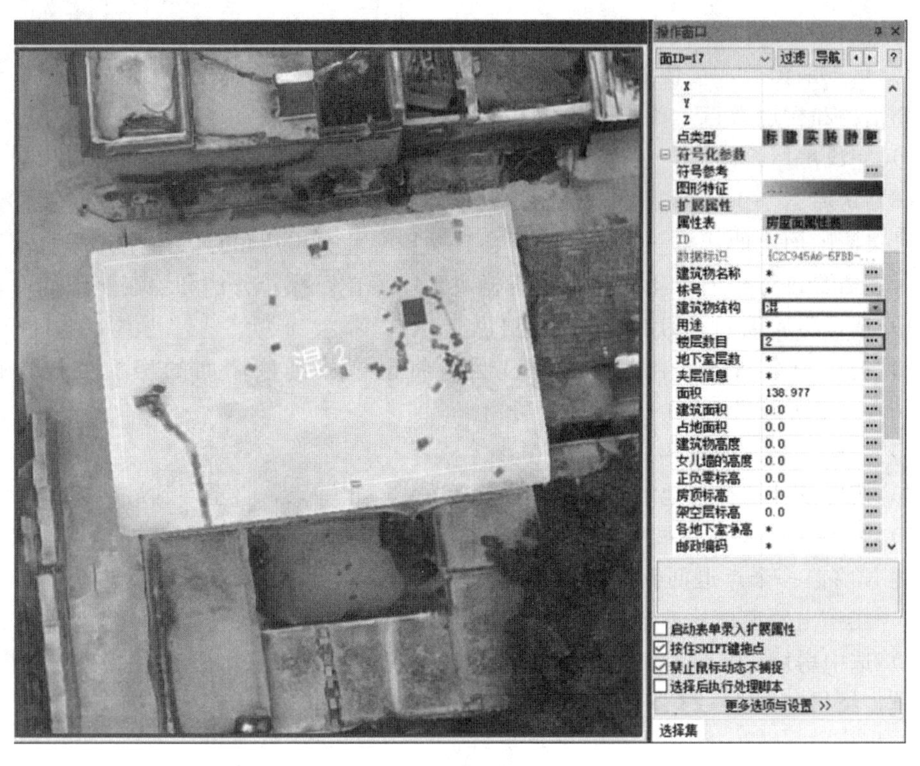

图 4－20　编辑房屋结构和层数

整矢量高程”对话框，将“固定高程值”后面编辑框里的值修改为所读取的房顶高程，单击【确定】按钮，房屋高程值修改完成，如图 4－21 所示。

（2）房屋（采房角）。在这种采集模式下，将光标放在房角处，依次采集房屋的各个角点，结束后弹出属性采集界面，录入建筑物结构、楼层数目等相关信息，操作方法和绘制步骤如下。

1）选择房屋编码“3103013 建成房屋”。

2）将鼠标放到房顶处，按快捷键 Ctrl＋A，弹出“高程锁定”对话框，将“锁定高程”修改为“是”，如图 4－22 所示，然后单击【确定】按钮。

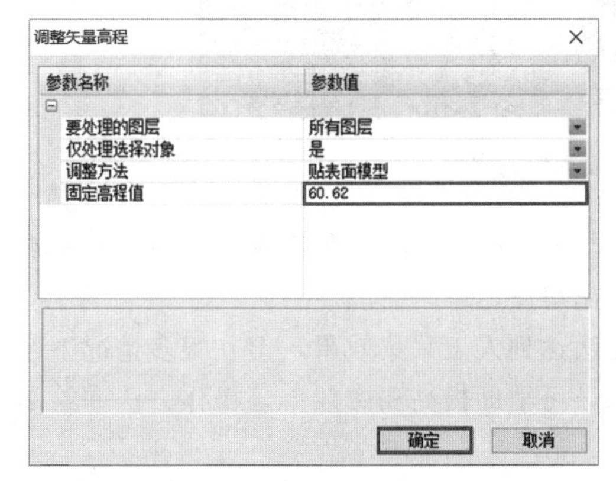

图 4－21　高程调整为固定值

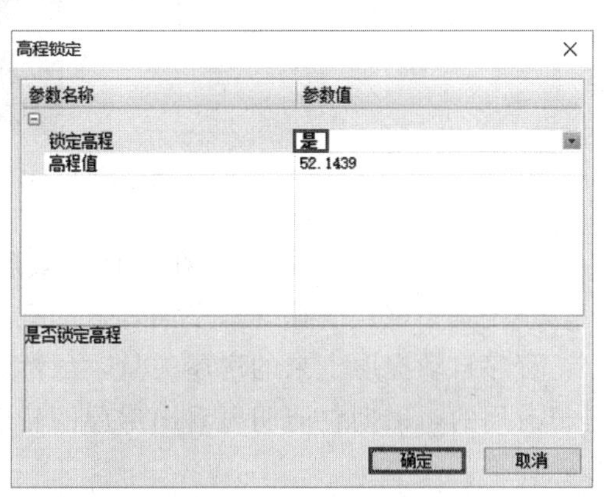

图 4－22　锁定高程操作

4－5

4－6

3）依顺时针方向或逆时针方向依次采集房屋的各个角点。

4）角点采集后，按快捷键“C”闭合，自动弹出“建筑物结构”对话框，录入建筑物结构和楼层数目，单击【确定】按钮，完成房屋绘制。

5）完成房屋绘制后，还需要将图 4-22 中的“锁定高程”修改为“否”。

(3) 房屋（基于墙面采集）。这是应用“以面代点”测量模式来采集房屋的，只需要采集清晰面上的任意一个点，程序会自动拟合计算出房角点。采集过程直接采集墙面，不需要进行房檐改正，省去了房檐改正的工作，操作方法和绘制步骤如下。

1）选择房屋编码“3103013 建成房屋”。

2）选择一个墙面，在其上采集 1 点，将鼠标放到该墙面的房檐处按快捷键 Shift+A，将所采集 1 点的高程升至房檐。

3）在同一墙面采集第 2 点。

4）按住 Ctrl 键在其他每个面依次用鼠标左键点击一点，直至回到最初选择的墙面。

5）按快捷键 X 退回最后一点到房角点，再按快捷键 Z 切换到第一个点，然后按快捷键 X 将第一个点退回到房角点，最后按快捷键 C 闭合。

6）在弹出的窗口修改建筑物结构和楼层数目。

7）选中房屋，将鼠标放至底部地面位置，在三维窗口中，使用快捷键 A 建立立体白模，结果如图 4-23 所示。

▶4-7

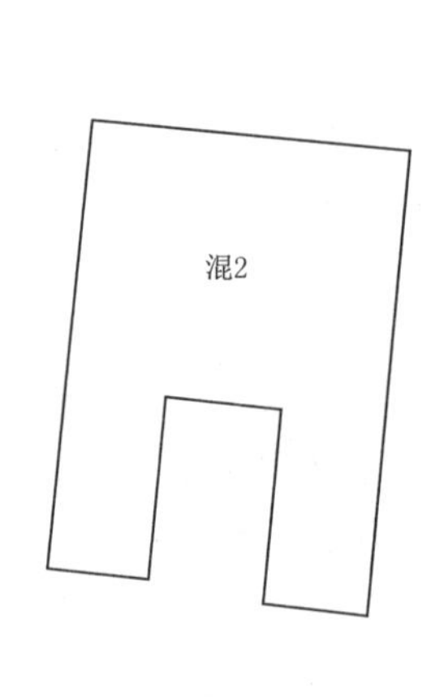

图 4-23　基于墙面绘制房屋

(4) 房屋（自动提取）。在这种采集模式下，需将光标放在建筑物的某一水平点上，系统基于该点所在的水平面，自动截取出房屋轮廓。

程序自动提取出来的房屋矢量，虽然无法达到人工采集效果，但在很多情况下还是很有用的，借助它能明显看出房屋的轮廓，可辅助提高测图效率，操作方法和绘制步骤如下。

1）在主菜单上左键单击【三维测图】→【自动提取矢量】命令。

2）在操作窗口将提取方式选择为“水平面”，用鼠标左键在提取位置单击，获取到当前位置高程。

3）点击可修改“编码”以及“图层”。

4）单击【提取矢量】按钮，系统自动提取出房屋轮廓，结果如图4-24所示。

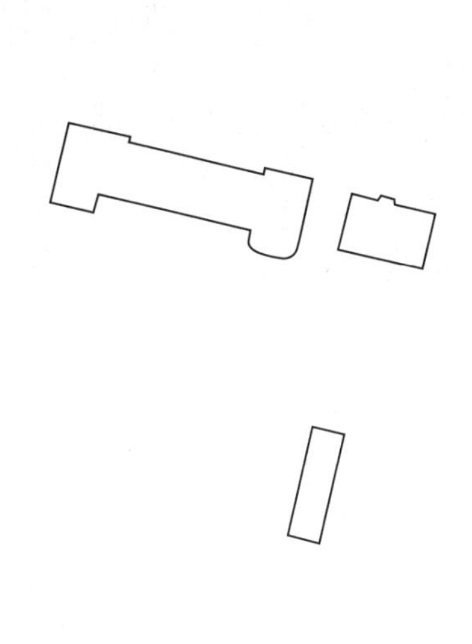

图4-24 自动提取房屋轮廓

2. 室外楼梯或台阶的绘制

室外楼梯是依附楼房外墙的非封闭楼梯。台阶是砖、石、水泥砌成的阶梯式构筑物，图上不足三级台阶的不表示。EPS可绘制多种室外楼梯或台阶样式，需借助键盘快捷键操作，J是转点，K是特征点，其中K需要成对出现，以下列出了部分室外楼梯或台阶样式供参考，如下图4-25所示。

（1）普通四点台阶绘制。对于这种普通的四点台阶，先选择台阶编码“3804043台阶”，然后从台阶左下角点或右下角点开始，依次在台阶的各个角点上单击采点，再在第2个采集的作为转点的角点处按J键，最后用快捷键C闭合，就可以生成台阶，结果如图4-26所示。

（2）U形台阶绘制。对于这种U形台阶，先选择台阶编码“3804043台阶”，然后从台阶左下角点或右下角点开始，参照U形台阶示意图，依次在台阶的各个角点上单击采点，需要注意挨着房屋的台阶角点在采集时要捕捉到房屋上，再在第2、5、6个3个作为转点的角点处按J键，最后用快捷键C闭合，就可以生成U形台阶，结果如图4-27所示。

（3）带平台的台阶绘制。对于这种带平台的台阶，先选择台阶编码“3804043台阶”，然后从台阶左下角点或右下角点开始，参照带平台台阶的示意图，依次在台阶的各个角点上单击采点，需要注意在楼梯和平台的过渡处也要采点，可以直接按顺序采集，也可以通过辅助线加点，同时需要注意挨着房屋的台阶角点在采集时要捕捉到房屋上，再在左上角或右上角作为转点的角点处按J键，接下来用快捷键C闭合，就可以初步生成普通台阶，最后在台阶和平台的过渡点上按K键形成平台，结果如图4-28所示。

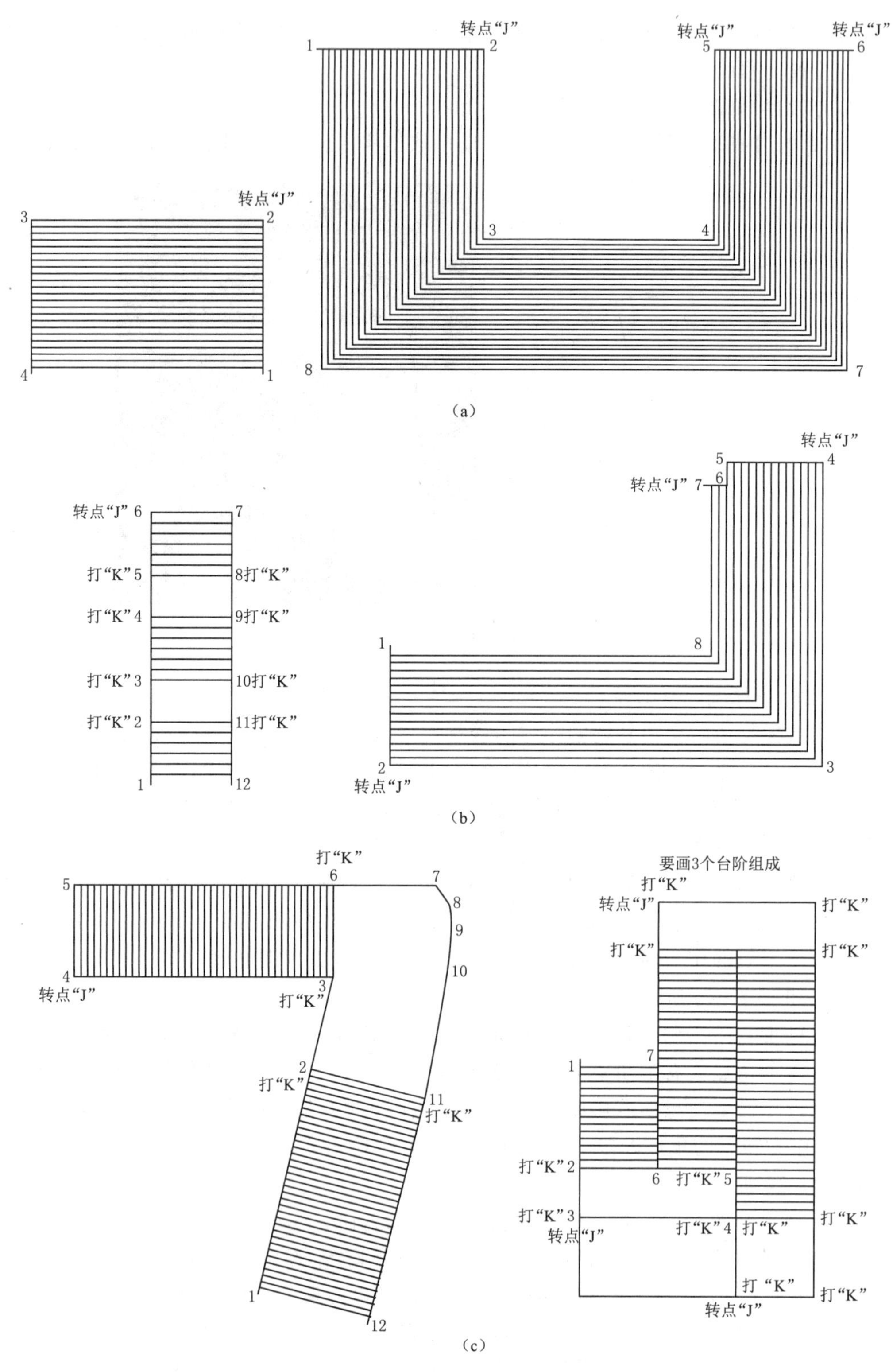

图 4-25 各种台阶绘制方法

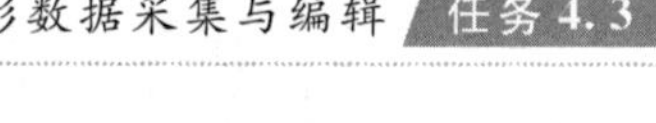

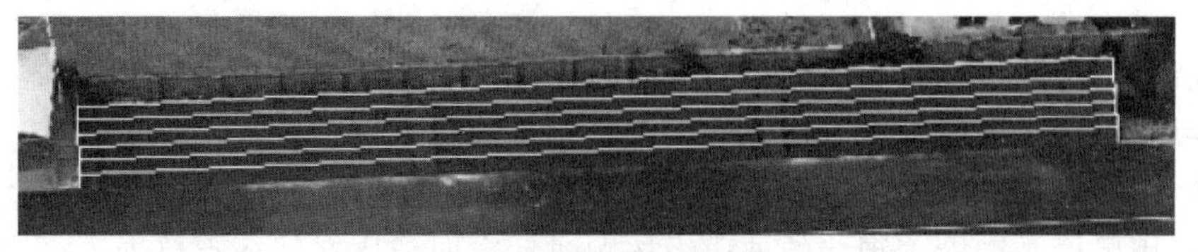

（a）台阶的三维模型

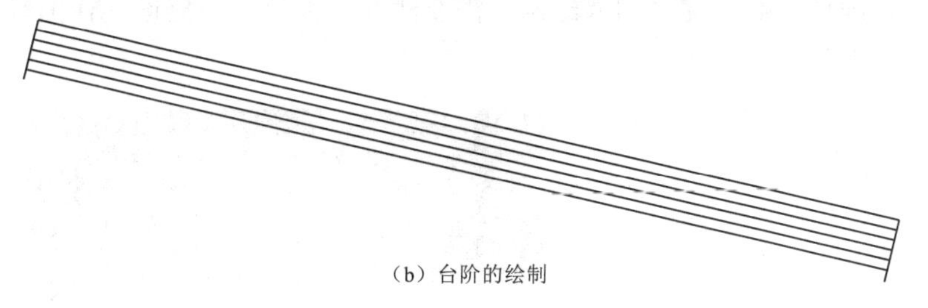

（b）台阶的绘制

图 4－26 普通四点台阶的绘制

（a）台阶的三维模型

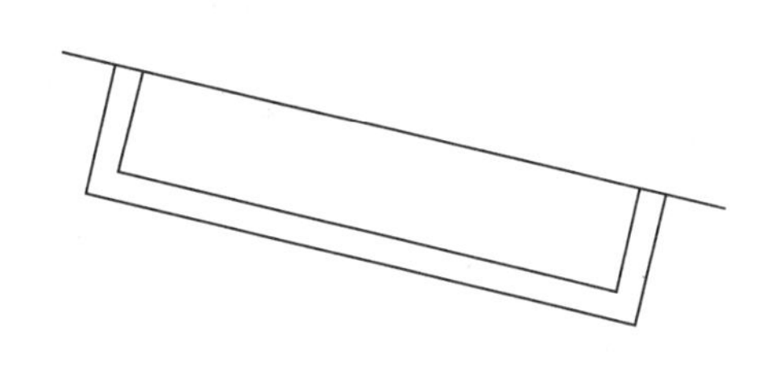

（b）台阶的绘制

图 4－27 U 形台阶的绘制

（a）台阶的三维模型

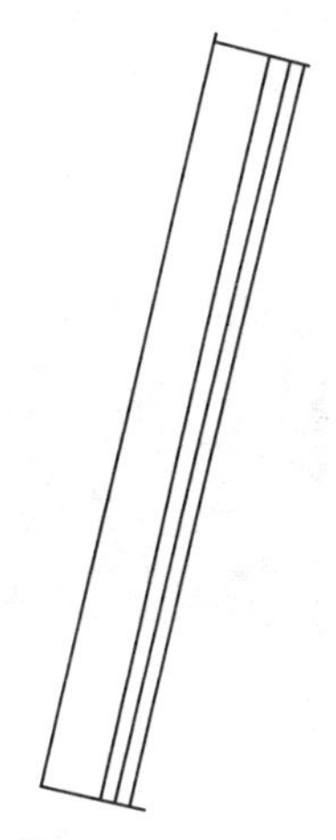

（b）台阶的绘制

4－8

4－9

图 4－28 带平台台阶的绘制

3. 围墙绘制

围墙是用土或砖、石砌成的起封闭阻隔作用的墙体，包含依比例尺的和不依比例尺的，以依比例尺围墙为例，操作方法和绘制步骤如下。

(1) 选择依比例围墙编码“3802014 围墙（依比例）”。

(2) 用鼠标左键沿着围墙的外边缘按顺时针方向依次在特征点单击，一定要保证围墙定位点在围墙外侧，完成围墙绘制，需要注意可以使用快捷键 S 让围墙和房屋相交，绘制结果如图 4-29 所示。

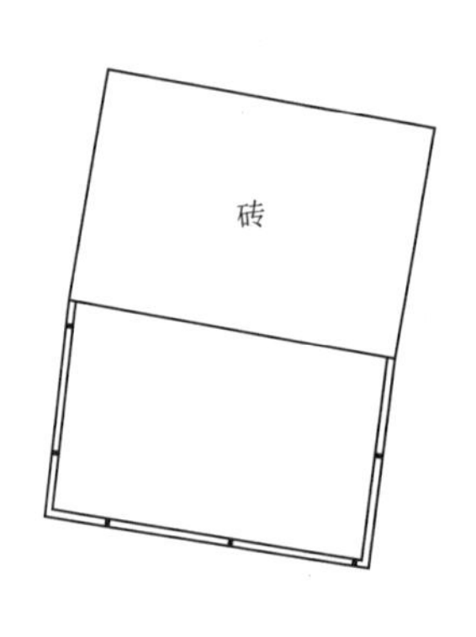

图 4-29 围墙的绘制

4. 道路绘制

绘制道路时根据道路的等级选择合适的道路符号。

(1) 道路（多义线）。道路中线包含多种线型（直线、圆弧与曲线），直线与圆弧、曲线是一个整体，采集、编辑过程二三维都支持强大的快捷键，需要用到快捷键：直线—“1”、曲线—“2”、圆弧—“3”，操作方法和绘制步骤如下。

1) 选择道路编码“内部道路边线 4306004”。

2) 鼠标左键单击个点绘制道路，绘制过程中注意用快捷键进行线型的切换，如图 4-30 所示。

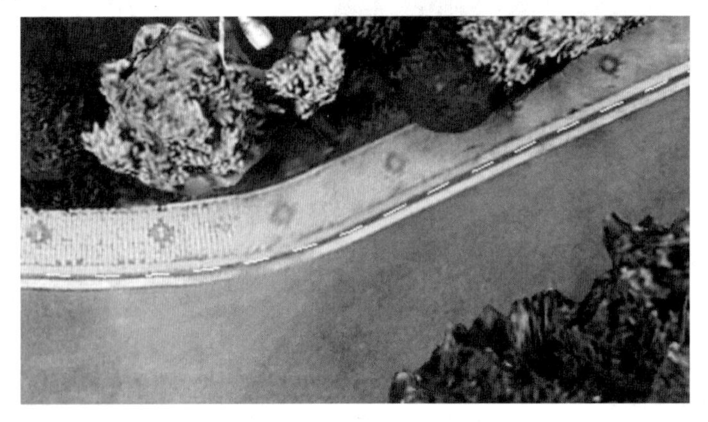

图 4-30 绘制多义线道路

图4-31　绘制道路平行线

▶4-10

(2) 道路（平行线）。对于平行线道路，先沿着道路的一边采集，采集结束后，鼠标放到道路另一边右键单击，自动生成平行线，此时道路的另外一边采集完成，注意在加线状态下需要勾选“结束生成平行线”功能，操作方法和绘制步骤如下。

1）选择道路编码“内部道路边线4306004”。

2）鼠标左键单击各点绘制道路，绘制结束后，勾选“结束生成平行线”功能。

3）将鼠标放到道路的另外一条边线上单击右键，在鼠标位置会自动生成平行线，如图4-31所示。

(3) 道路（植被剔除方式）。在倾斜模型中采集道路时，经常会受植被和高程建筑影像，如果道路被植被严重遮挡，可以对模型进行切割显示，剔除植被或高程建筑覆盖部分，方便道路绘制，操作方法和绘制步骤如下。

1）在主菜单上单击【三维测图】→【切割显示】功能。

2）在操作窗口，将提取方式选择为“水平切割”。

3）点击切割位置，自动获取当前位置高程，高程值为74.9585m。

4）切割时，切割方向可以选择“正”或者“反”，若选择“反”，切割操作窗口设置如图4-32所示，切割后结果如图4-33所示。

图4-32　模型切割操作窗口设置

5. 路灯绘制

路灯是指安装在道路具有照明功能的灯具，一般指交通照明中路面照明范围内的灯具，路灯是以点状表示的地物，需要在加点功能下绘制，操作方法和绘制步骤如下。

（1）输入路灯编码“3805011 路灯”。

（2）切准路灯中心点所在位置，用鼠标左键单击，即可绘制出路灯。如图 4－34 所示。

图 4－33　模型切割结果

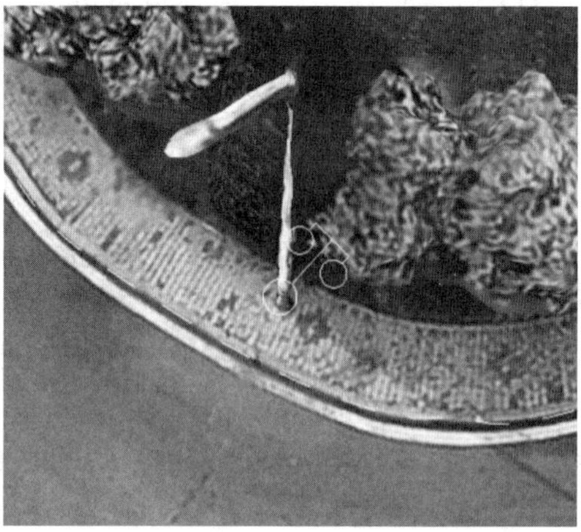

图 4－34　路灯绘制

6. 植被绘制

先采集确定植被边界，然后根据植被边界进行构面，系统自动生成二三维植被符号，植被数据与实景模型相吻合，以植被中的草地为例，操作方法和绘制步骤如下。

（1）将鼠标放到闭合区域内，使用快捷键 Shift＋G，自动弹出“值录入对话框”。

（2）在弹出的对话框上，设置填充面编码“8106023 天然草地”，如图 4－35 所示。

（3）单击【确定】按钮完成填充，结果如图 4－36 所示。

图 4－35　天然草地植被符号填充设置

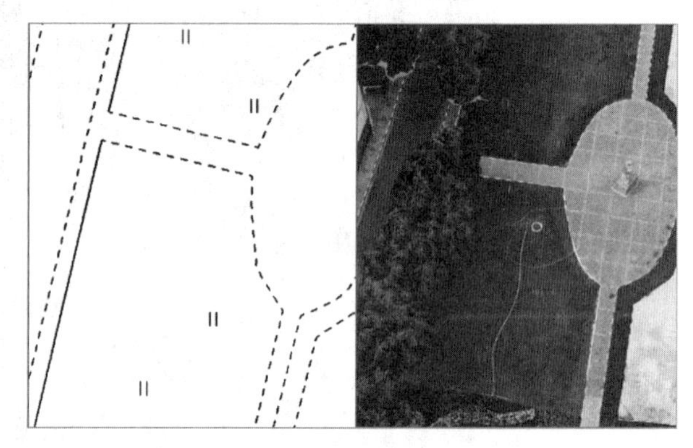

图 4－36　天然草地植被符号填充结果

（4）对于同类属性地物，鼠标可以依次放置到相应闭合区域内，使用快捷键

“G” 填充面编码 “8106023 天然草地”。

4.3.3 地貌采集

1. 高程点采集

高程点即标有高程数值的信息点，通常与等高线配合表达地貌特征的高程信息。获取高程点方式可以是手动采集，也可以自动提取。

(1) 高程点（手动采集）。手动采集高程点的操作方法和步骤如下。

1) 输入高程点编码 “7201001 高程点”。

2) 在倾斜模型上，在需采集高程点位置切准地面，用鼠标左键单击，直接添加出带高程值标注的高程点。

(2) 高程点（自动提取）。基于倾斜模型，自动提取高程点，加点方式有以下 3 种。

1) 点选：在鼠标左键单击处增加高程点。

2) 线选：沿所画线方向，按给定的高程点间距增加高程点，右键单击结束。

3) 面选：在所选范围内，按给定格网间距生成的格网中心位置增加高程点，右键单击结束。

自动提取高程点时，按需选择以上 3 种方式中的一种，线选模式下的高程点间距和面选模式下的格网间距值一致，一般根据测绘地形图比例尺设定，操作方法和步骤如下。

1) 在主菜单上左键单击【三维测图】→【提取高程点】，操作窗口出现如图 4 - 37 所示界面。

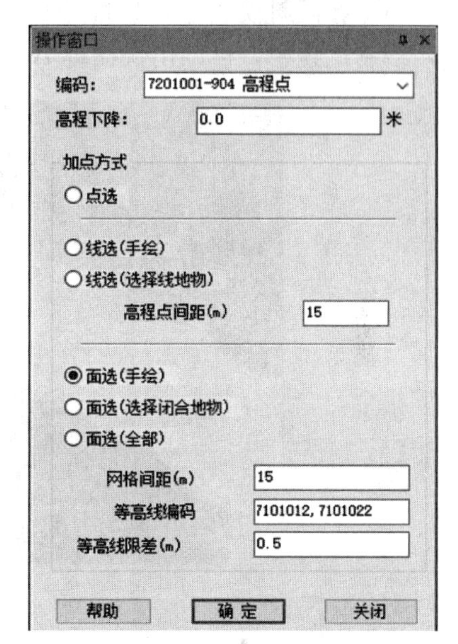

图 4 - 37　提取高程点信息框

2) 输入高程点编码 “7201001 高程点”。

3) 当选择 “点选” 单选按钮时，左键单击需要增加高程点的位置，自动提取高程点，并标注出高程值。

4) 当选择 “线选” 单选按钮时，设置高程点间距值，可以手绘线状地物，也可以选择已有的线状地物，单击鼠标右键根据设置的间距值自动提取高程点。

5) 当选择 “面选” 单选按钮时，输入格网间距，输入等高线编码 “7101012 首曲线、7101022 计曲线”，输入等高线限差 “0.5” 即是与等高线的距离为 0.5m 的位置不提取高程点，这样可以避免点线矛盾，手动绘制面范围，或者选择闭合的面地物，或者确定为全部区域，单击【确定】按钮，按所设置格网间距自动提取相应区域的高程点。

2. 等高线采集

等高线是地面上高程相等的各相邻点所连成的闭合曲线，等高线分为首曲线、计曲线、间曲线、助曲线、草绘等高线。等高线遇到房屋、窑洞、公路、双线表示的河渠、冲沟、陡崖、路堤、路堑等符号时，应表示至符号边线。根据倾斜模型，手动采集首曲线的方法和步骤如下，其他类型等高线方法和步骤类似。

（1）选择首曲线“7101012首曲线”。

（2）在主菜单上，用鼠标左键单击【三维测图】→【手绘等高线】功能，自动弹出锁定高程和调节高程功能菜单。

（3）对弹出的功能菜单进行设置，在“当前高程”处输入要绘制的高程值，比如51，单位是m，等高线“步距”设置为1，单位是m，如图4－38所示。

图4－38　手动绘制等高线设置

（4）在倾斜模型上，切准地面，依次单击鼠标左键绘制等高线，如图4－39所示，绘制过程中，可以用快捷键A来加线。

图4－39　手动绘制等高线

3. 陡坎绘制

陡坎包含天然陡坎和人工陡坎，分别用不同的符号表示。天然陡坎是形态壁立、难于攀登的陡峭崖壁或各种天然形成的坎（坡度在70°以上），分为土质的、石质的两种；人工陡坎是人工修成的坡度在70°以上的陡峻地段，分为未加固的、已加固的两种。采集时，基于倾斜模型，切准陡坎边缘按逆时针方向绘制，陡坎锯齿朝向高程低处，对于测区中存在的加固人工陡坎，其操作方法和绘制步骤如下。

（1）输入已加固的人工陡坎编码“7506062已加固的人工陡坎”。

（2）切准陡坎边缘高程，用鼠标左键按逆时针方向依次单击绘制陡坎，绘制完成后，单击鼠标右键结束绘制。

（3）陡坎绘制后，如果发现方向反了，可以选中陡坎，按快捷键“Shift＋Z”，将陡坎方向反转过来，结果如图4－40所示。

4. 斜坡绘制

各种天然形成和人工修筑的坡度在70°以下的坡面地段，包含未加固的和已加固的两种，未加固的斜坡又分为天然的和人工的。采集时，先进行坡顶采集，再进行坡

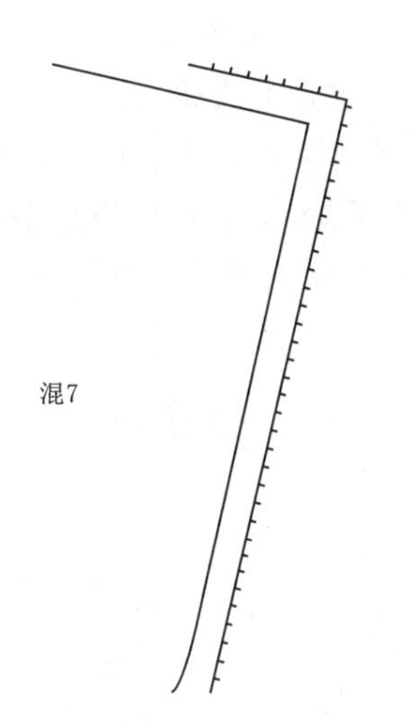

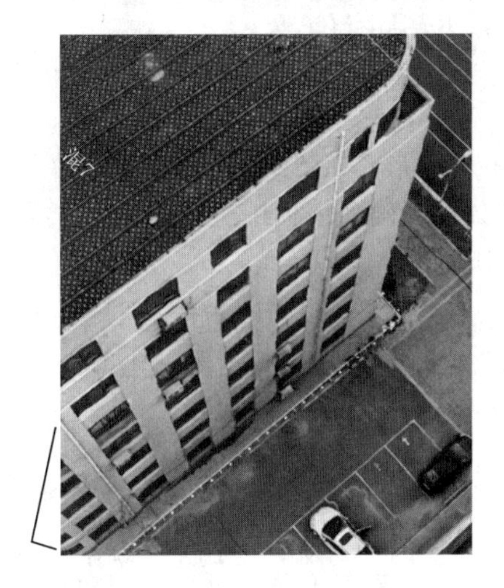

图 4-40 陡坎的绘制

底采集，系统自动生成二三维斜坡符号，三维斜坡数据与实景模型相互吻合，绘制过程需借助键盘快捷键操作，J 是转点，K 是特征点，其中 K 需要成对出现，对于测区中存在的未加固斜坡，操作方法和绘制步骤如下。

(1) 选择斜坡编码“7601013 未加固斜坡范围面”。

(2) 在倾斜模型上，用鼠标左键切准坡顶单击绘制坡顶线，继续绘制出坡的宽度，再绘制出坡底线，使用快捷键 C 闭合，形成闭合斜坡面。

(3) 斜坡面绘制完成后，在坡顶与坡脚拐角处，使用快捷键 J，生成斜坡符号。

(4) 要使得斜坡锯齿垂直坡顶坡底保持美观，需要保证斜坡的坡顶和坡底都有对应节点，在节点位置使用快捷键 K，如图 4-41 所示。

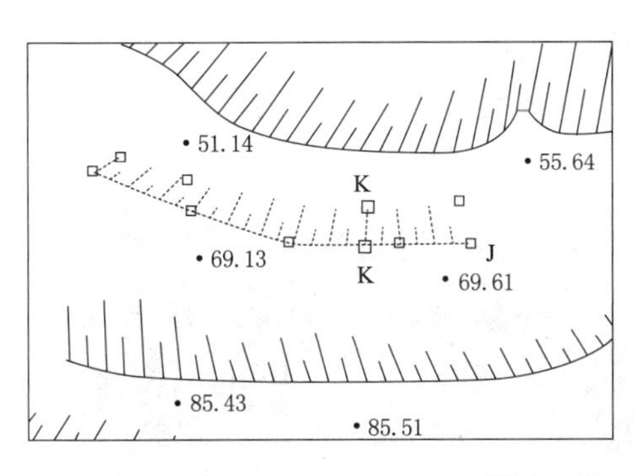

图 4-41 斜坡的绘制

4.3.4 文字注记的绘制

地形图上各种要素除用符号、线划、颜色表示外，还需用文字和数字来注记，既能对图上物体做补充说明，成为判读地形图的依据，又弥补了地形符号的不足，使得图面均衡、美观，并能说明各要素的名称、种类、性质和数量。对于文字注记的绘制，操作方法和步骤如下。

图 4-42 打开分类编码列表框

（1）在几何对象编辑工具条上通过左键单击选择工具【注记】。

（2）单击对象属性工具栏要素编码输入框后面的下拉三角形，如图 4-42 所示，自动弹出编码列表框，切换到分类编码列表框。

（3）在分类编码列表框中选择道路分类号“4990004 支道、内部道路名称注记”，如图 4-43 所示。

图 4-43 选择分类注记

（4）选择注记线型为“直线线型注记”，如图 4-44 所示。

（5）用鼠标左键在绘图显示区注记的起始点单击。

（6）在弹出的文字编辑框中输入需要注记的文字，比如“春晖路”。

（7）用鼠标左键继续点击文字注记的结束点，完成绘制，如图 4-45 所示。

4-11

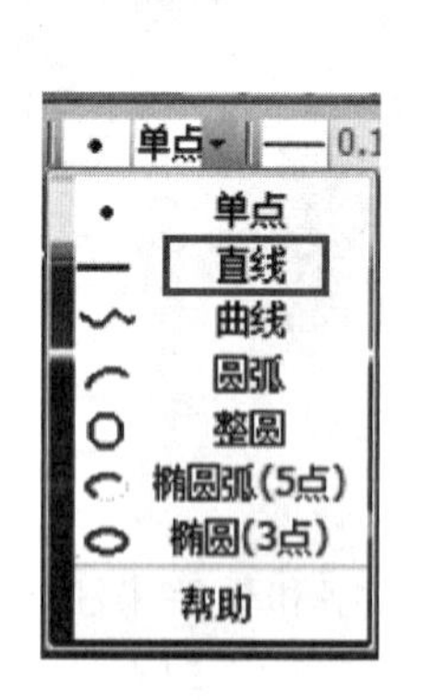

图 4-44 选择注记线类型

图 4-45 直线排列文字注记

（8）按 ESC 键退出文字注记绘制。

任务4.4 数据检查与输出

4.4.1 数据检查

数据合法性检查内容较多，需要分步操作完成。可以在某一检查项上双击执行，也可以单击鼠标右键从快捷菜单中选择【执行组检查】。如果需要启动数据合法性检查，需要单击【工具】→【数据检查】→【数据合法性检查】，如图4-46所示。

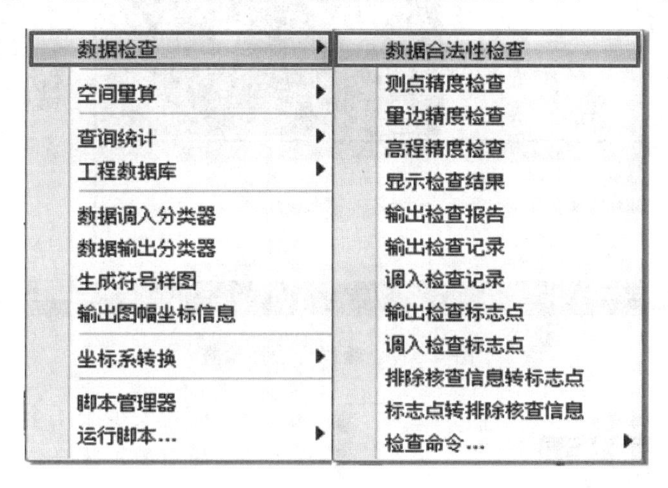

图4-46 数据合法性检查菜单

1. 数据标准检查

检查各要素的归类是否正确，即要素的分类代码是否正确。

(1) 编码合法性检查。用于检查编码的长度、无对照编码、属性层中的非属性编码等各对象编码的合法性，操作方法和步骤如下。

1) 在二维窗口中打开矢量地形图。

2) 在主菜单，用鼠标左键单击【工具】→【数据检查】→【数据合法性检查】。

3) 在绘图显示区右侧操作窗口的基础地形检查中，双击【编码合法性检查】，绘图显示区底部命令行会列出相关检查信息，如图4-47所示。

(2) 层码一致性检查。用于检查在数据中对象层名与对照表中定义的层名不一致的错误，操作方法和步骤同上。

2. 空间关系检查

对生产中数据空间关系的正确性进行检查，包括重叠、悬挂、自相交等数据空间正确性的检查。

(1) 空间数据逻辑检查。用于检查数据的空间逻辑性正确与否，菜单如图4-48所示。包括如下。

1) 线对象只有1个点。

2) 一个线对象上相邻点重叠。

3) 一个线对象上相邻点往返，即回头线。

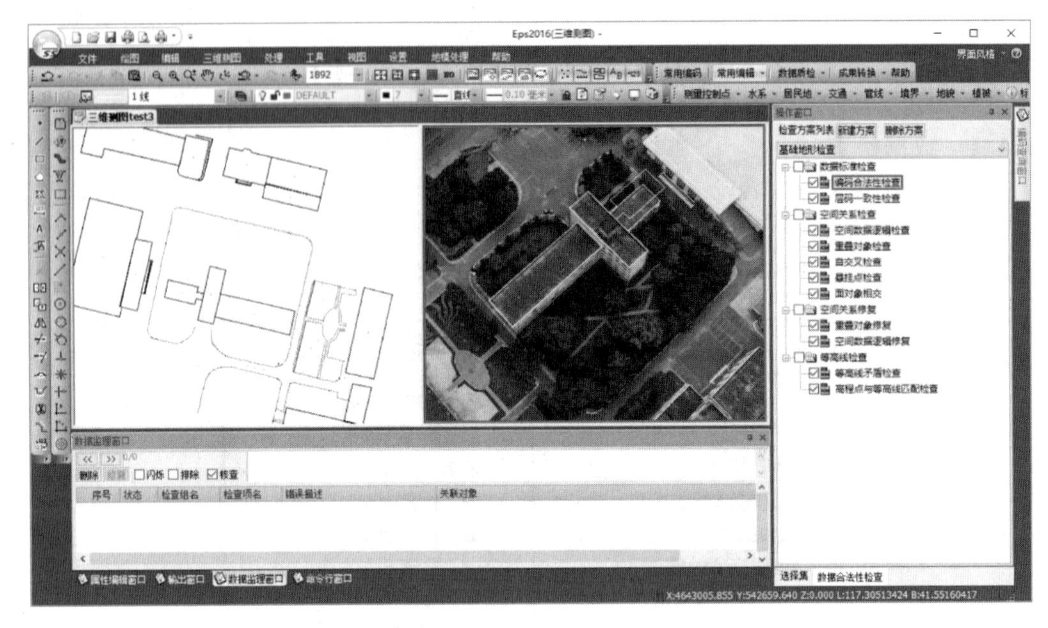

图 4-47 编码合法性检查

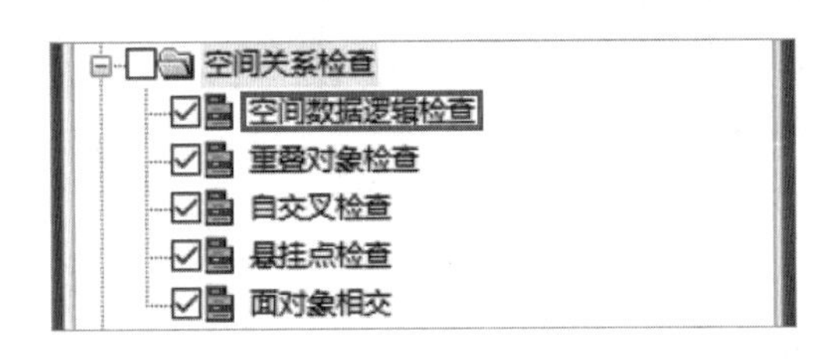

图 4-48 空间数据逻辑检查菜单

4）面对象少于 4 个点。

5）面对象不闭合，此项检查需要设置相邻重合点间的最大限距（缺省值 0.001m）。

（2）重叠对象检查。用于检查图中地物编码、图层、位置等相同的重复对象。

（3）自交叉检查。检查自相交错误。

（4）悬挂点检查。用于检查图中房屋、道路等地物有无悬挂点，悬挂点是指两点之间或点线之间的限距很小的点，应该重合而未重合。

（5）面对象相交检查。用于检查指定编码面之间是否存在相互交叉的关系，如图 4-49 所示。

3. 空间关系修复

用于修复空间关系类，如图 4-50 所示。

（1）重叠对象修复。地物重叠对象修复是对检查出来的点、线、面、注记 4 类对象编码、层一致、位置也一致的重叠对象进行删除。

（2）空间数据逻辑修复。是对块图中检查出来的空间数据非法性进行自动修复，包括如下。

1）将只有一个点的线对象删除掉。

2）一个线对象上存在相邻点重叠，将多余相邻点删除掉。

3）一个线对象上存在相邻点往返，即存在回头线，将多余点删除。

图 4-49　面对象相交检查

4-12

4. 等高线检查

对等高线合理性进行检查，包括以下两个方面，如图 4-51 所示。

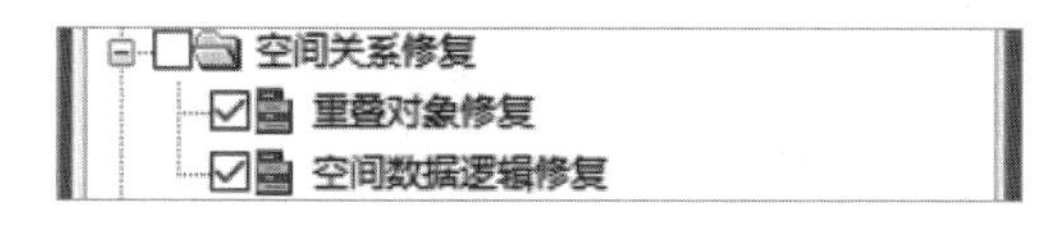

图 4-50　空间关系修复

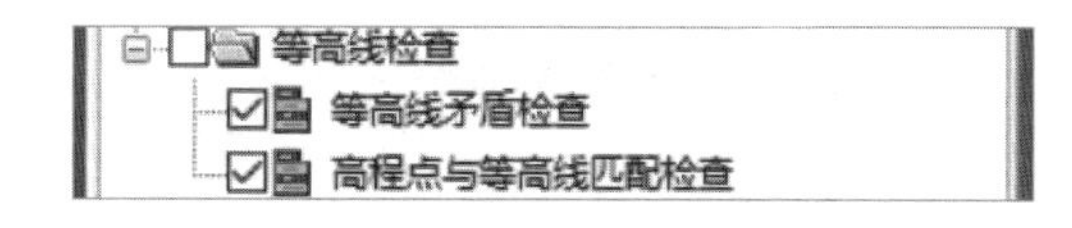

图 4-51　等高线检查

(1) 等高线矛盾检查。用于检查三根相邻的等高线值是否矛盾。

(2) 高程点与等高线匹配检查。检查高程点与等高线之间的位置、高差是否能匹配上，比如存在于两条等高线之间的一个高程点，其高程值超出两条等高线限定的范围。

4.4.2 数据输出

1. CASS9 输出

数据绘制完成后，可以将数据输出为南方 CASS9 格式，操作方法和步骤如下。

(1) 在成果输出工具条上，单击【成果转换】→【CASS9 数据输出】，或者在主菜单上，单击【工具】→【运行脚本 ...】→【CASS 转换】→【CASS9 数据输出】，如图 4-52 所示。

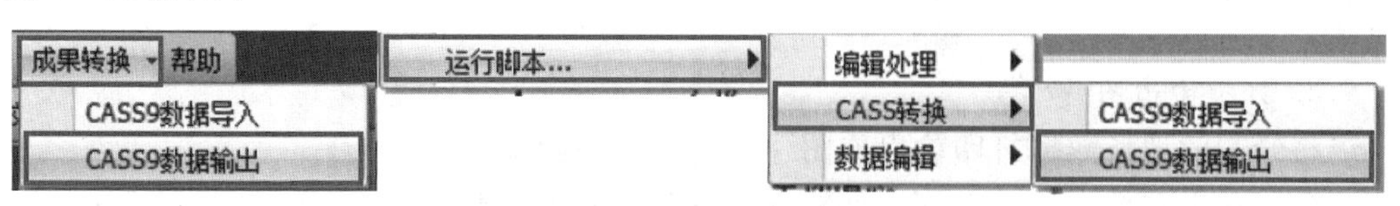

图 4-52　CASS9 文件输出菜单

（2）在弹出的“设置输出模式”对话框中选择输出的范围是“全部输出”，然后单击【确定】，如图4-53所示。

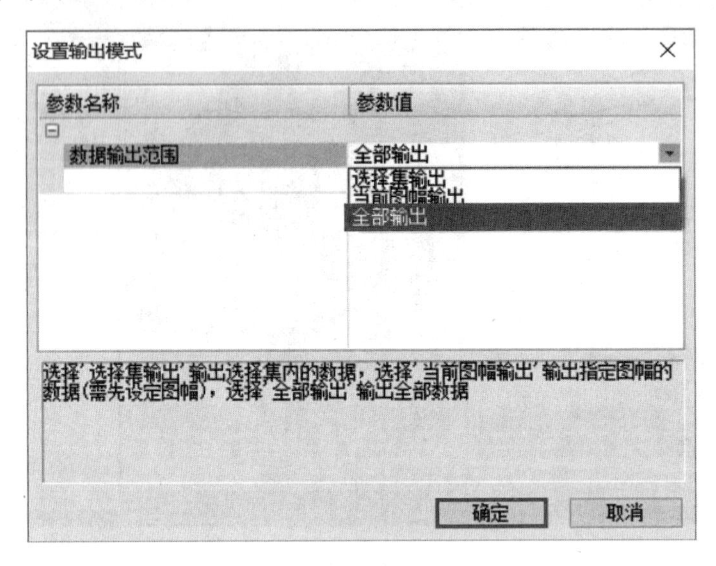

图4-53 设置输出模式

（3）在弹出的“指定输出文件名”对话框中选择存放路径、保存类型，输入成果名称，点击【保存】，如图4-54所示。

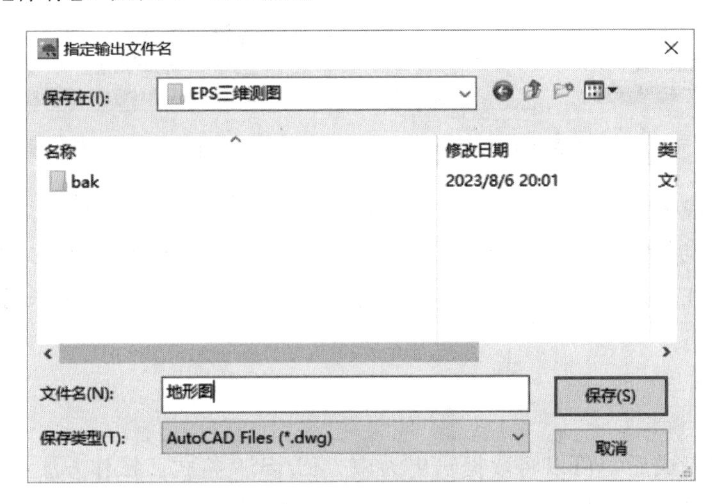

图4-54 指定输出文件名

（4）弹出对话框“输出完成”，单击【确定】按钮，得到输出成果如图4-55所示。

2. 打印输出图片

将绘制的地形数据打印输出成图片，操作方法和步骤如下。

（1）在主菜单上，单击【文件】→【打印区域设置】。

（2）在图框列表中设置图纸，根据纸张进行自定义设置，如图4-56所示。

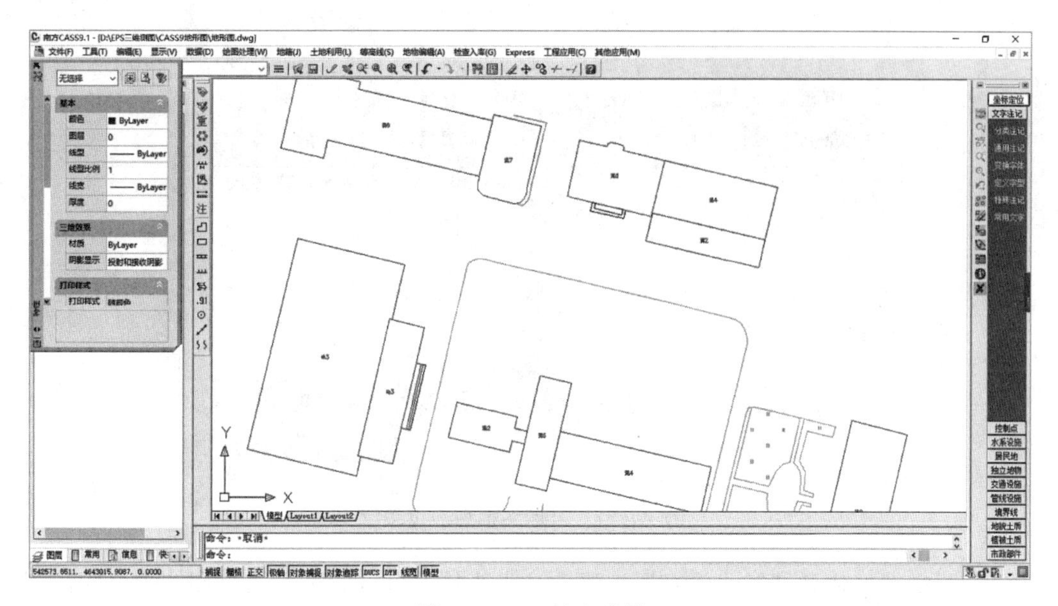

图 4－55　输出成果

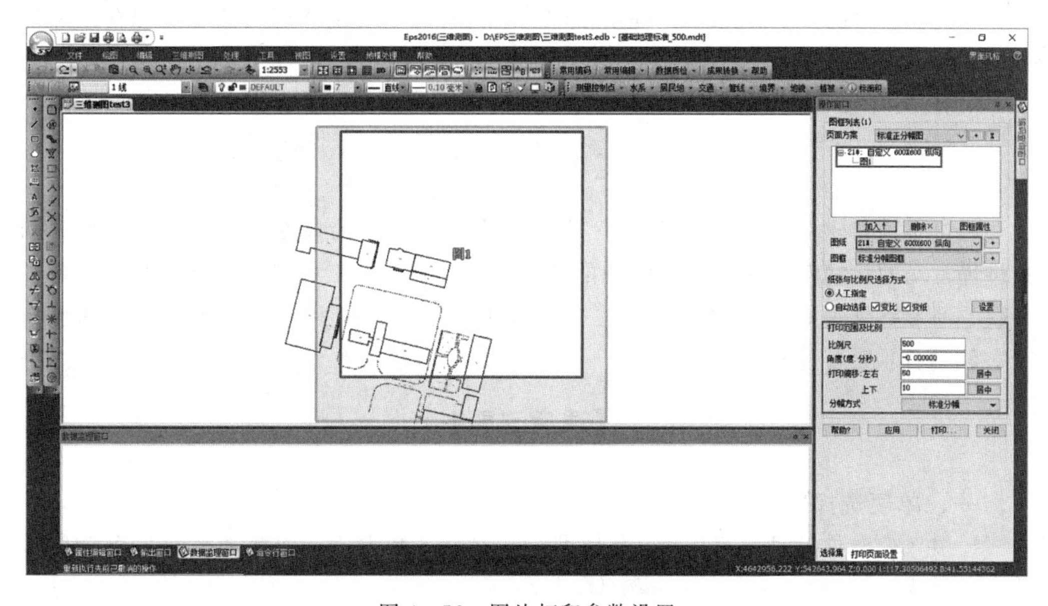

图 4－56　图片打印参数设置

▶4－13

（3）页面方案选择为“标准正分幅图”。

（4）设置比例尺。

（5）设置打印偏移为“居中”。

（6）手动二维窗口选择打印图幅。

（7）点击【加入】。

（8）继续点击【打印】，图框中显示“打印图框列表”需要打印的图幅，如图 4－57 所示。

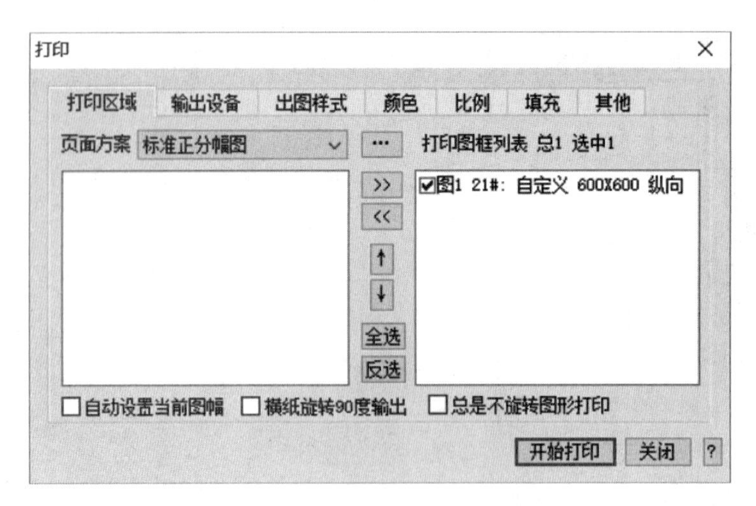

图 4－57　打印图框列表设置

(9) 继续切换到“输出设备”选项卡，可直接通过打印机方式打印，也可输出到图像。

(10) 点击【开始打印】，在弹出框中填写文件名字，选择存放路径、保存的文件类型，然后单击【保存】。

(11) 打印输出 JPG 文件成果。

【项目小结】

通过本项目学习，使学生熟悉了 EPS 三维测图系统的界面、三维测图菜单、测图过程常用的快捷键以及软件能实现的功能，掌握了测图工程建立、测图数据准备及加载、地形数据采集与编辑、数据检查与输出等系列流程和方法，进而能熟练操作 EPS 软件各项功能实现地形图绘制。

【课后习题】

一、单项选择题

1. 由 CC 软件处理出来的 mesh 模型 OSGB 格式数据不能直接加载到 EPS 测图软件中，需要转换为（　　）格式模型数据。

A. DOM　　B. DSM　　C. DTM　　D. DEM

2. 加载超大影像 DOM 时，目录下需要有同名的（　　）格式坐标文件。

A. TFW　　B. TIN　　C. XML　　D. TWM

3. 在 EPS 三维测图系统下，在采集地物过程中需要提升当前采集点的高程，可以使用快捷键（　　）。

A. Shift＋Z　　B. Shift＋D　　C. Ctrl＋A　　D. Shift＋A

4. 在加线状态下，要实现接线功能用的快捷键是（　　）。

A. Z　　B. X　　C. S　　D. F

5. 下面说法错误的是（　　）。

A. 基于倾斜模型，自动提取高程点，加点方式有以下 3 种：点选、线选、面选

B. 等高线分为首曲线、计曲线、间曲线、助曲线、草绘等高线

C. EPS 软件绘制室外楼梯或台阶，需借助键盘快捷键操作，J 是转点，K 是特征点，其中 J 需要成对出现

D. 各种天然形成和人工修筑的坡度在 70°以下的坡面地段称为斜坡

二、判断题

1. EPS 三维测图系统不支持透视投影与正射投影切换。（　　）

2. 绘制地物要素前，必须先选择地物要素编码。（　　）

3. 道路绘制时需要用到快捷键：直线—“1”、曲线—“2”、圆弧—“3”。（　　）

4. 采集斜坡时，先采集坡顶，再采集坡底，一般鼠标左键点击绘制坡顶线，坡顶结束的位置使用快捷键 K。（　　）

5. 植被绘制需要使用快捷键：Shift＋G 设置填充编码，G 填充。（　　）

项目 4
课后习题答案

三、简答题

1. 简述应用五点房功能绘制常规四点房的流程。

2. 回顾本学期的课程，简述用 EPS 软件采集立体模型绘制地形图的作业步骤？

【课堂测验】

请扫描二维码，完成本项目课堂测验。

课堂测验 4

课堂测验 4 答案

学习工程测量工匠，弘扬大国工匠精神

学习大工工匠先进事迹，弘扬“技能宝贵、劳动光荣、创造伟大”的时代风尚，培养工匠精神，促进学生职业素养全面提升。

2022 年 3 月 2 日，中央电视台综合频道 CCTV－1 首播“2021 年大国工匠年度人物”发布仪式，中交一航局员工陈兆海成功获评。

陈兆海，中共党员，1974 年 12 月出生，1995 年毕业于天津航务技工学校测量试验专业，现为中交一航局三公司测量首席技能专家，作为测量施工的主要负责人，他是索塔上随叫随到的“蜘蛛侠”，也是中国土木工程詹天佑奖的获得者，更是创下了靠人工测量方法，将沉箱水下基床标高精度控制在厘米级的奇迹……一次次挑战、一次次跨越，专业、专心与专注已经融进他的血液之中，他用执着与坚守、用心与细腻，一次又一次撰写着中国工程的技艺和传奇。

26 年工作在测量一线，他先后参与修建了我国首座 30 万吨级矿石码头、首座航母船坞、首座双层地锚式悬索桥等多个国家重点工程。他执着专注、勇于创新，练就了一

双慧眼和一双巧手，以追求极致的匠人匠心，为大国工程建设保驾护航。他执着专注、不忘初心。从“攻克悬索安装”到“高精度测量”，他不仅精炼了“中国速度”，更创造了“中国精度”。

从我国首座30万吨级矿石码头——大连港30万吨级矿石码头工程；及我国首座航母船坞——大船重工香炉礁新建船坞工程；到国内最长船坞——中远大连造船项目1号船坞工程；再到我国首座双层地锚式悬索桥——星海湾跨海大桥工程，以及大连湾海底隧道和光明路延伸工程，顺利承建的背后，都见证了他攻坚克难、精雕细琢、勇于创新和追求极致的匠人匠心。

一路走来，陈兆海在平凡中创造着非凡，在非凡中演绎着感动。用工匠精神对待每一个微小的细节，持之以恒追逐匠梦、呕心沥血传授技艺，凭着对测量事业的执着与热爱，陈兆海将一团团永不熄灭的激情火焰点燃在无数的点与线之间，他所蕴藏的不竭奋斗与赤子情怀弥足珍贵，不仅照亮了自己别样的人生，也诠释出新时代央企工匠的风采与活力，更托起了辉煌的中国梦！

项目 5

数字测图质量检查

【项目概述】

本项目主要讲述测绘成果质量检查验收制度、测绘成果质量检查验收实施过程、数字测图成果质量检查验收的内容与方法、数字测图的质量控制、数字测图成果常见质量缺陷、数字地图检查入库等内容。

【学习目标】

通过本项目的学习，应该掌握大比例尺数字地形图的质量要求，数字地形图的质量检查与验收的内容和方法，以及数字地图检查入库流程及内容。

【内容分解】

项目	重难点	任务	学习目标	主要内容
数字测图质量检查	数字测图产品成果检查的程序、原则、内容； 数字地图产品质量评定的标准及方法； “过程检查、最终检查、验收”的实施单位(部门)和实施阶段(时间)	任务 5.1：测绘成果质量检查验收制度	了解基本质量检查验收术语； 掌握质量检查验收的基本规定	检查验收基本术语； 检查验收的基本规定：检查验收的依据、二级检查一级验收制度、数学精度的检查、质量等级、记录和报告质量问题处理； 分批和抽样：确定单位成果、确定检验批和样本量、抽取样本； 质量检查与评价：质量检查、单位成果质量评定、样本质量评定、检验批成果质量评定。应提交检查验收的资料
		任务 5.2：测绘成果质量检查验收实施过程	了解检查验收工作流程； 掌握检查验收工作实施方法	检查验收工作流程； 检查验收工作实施方法：检查工作的实施、验收工作的实施、概查内容、详查内容、错漏
		任务 5.3：数字地图质量检查验收的内容与方法	掌握内业检查与验收的内容； 掌握外业检查与验收的内容	内业检查与验收的内容：控制成果的检验、原始数据文件检验、各项成果资料检查、模拟显示检验及底图检查验收。接边精度的检测； 外业检查与验收的内容：地物点点位（X，Y，H）的检测、检测数据的处理

续表

项目	重难点	任务	学习目标	主要内容
数字测图质量检查	数字测图产品成果检查的程序、原则、内容； 数字地图产品质量评定的标准及方法； “过程检查、最终检查、验收”的实施单位（部门）和实施阶段（时间）	任务 5.4：数字测图的质量控制	掌握大比例尺地形图质量要求； 了解数字测图过程的质量控制	大比例尺地形图质量要求：大比例尺地形图质量特性、大比例尺数字地形图成果种类； 数字测图过程的质量控制：准备阶段质量控制、野外测图质量控制、内业成图质量控制
		任务 5.5：数字测图成果常见质量缺陷	掌握数字线划地形图产品质量元素组成、检查验收单的内容与方法； 了解数字线划地形图单位产品缺陷分类	数字线划地形图产品质量元素：一级质量元素、二级质量元素； 数字线划地形图检查验收单的内容与方法：文件名及数据格式检查、数学基础检查、平面和高程精度检查、接边精度检查、图形检查、属性精度检查、逻辑一致性检查、完备性及现实性的检测、附件质量检查； 数字线划地形图单位产品缺陷分类：严重缺陷、重缺陷、轻缺陷
		任务 5.6：数字地图检查入库	了解数字地图检查入库流程； 掌握 SouthMap 软件检查入库功能	入库流程：准备工作、数据预处理、数据处理、属性录入、数据核查、拓扑关系建立、数据入库、其他问题等。 SouthMap 软件检查入库功能：地物属性结构设置、复制实体附件属性、批赋实体属性、图形实体检查、检查伪节点、检查面悬挂点等

5-1

学习本项目需要用到以下规范。

（1）《1∶500、1∶1000、1∶2000 地形图质量检验技术规程》（CH/T 1020—2010）。

（2）《数字线划图（DLG）质量检验技术规程》（CH/T 1025—2011）。

（3）《数字测绘成果质量检查与验收》（GB/T 18316—2008）。

（4）《测绘成果质量检查与验收》（GB/T 24356—2023）。

5-2

任务 5.1　测绘成果质量检查验收制度

5-3

测绘产品的检查验收是生产过程中必不可少的工序，是对测绘产品最终质量的评价，是保证测绘产品质量的重要手段，是对测绘产品最终质量的评价。因此，完成数字地形图后必须做好检查验收和质量评定工作。

5.1.1　基本术语

5-4

（1）测绘成果。通过对自然地理要素或者地表人工设施的形状、大小、空间位置及其属性等进行测定、采集、表述，以及对获取的数据、信息等进行处理，形成的数据、信息、图件、系统以及相关技术资料。

（2）单位成果。为实施测绘成果检查与验收而划分的基本单元。单位成果可以是点、测段、网、幅、区域、行政区划等。

（3）批。按同一生产条件或按规定的方式汇总起来的同一测区、相同规格的同类型单位成果集合。

（4）检验批。检查与验收实施过程中，将批划分为一个或多个分别进行成果质量检验的单位成果集合。

（5）批量。批成果中单位成果的数量。

（6）样本。从检验批中抽取的用于判定批成果质量的单位成果集合。

（7）样本量。样本中单位成果的数量。

（8）全数检查。对检验批中全部单位成果逐一进行的检查。

（9）抽样检查。从检验批中按照一定的抽样规则抽取样本进行的检查。

（10）简单随机抽样。从检验批中抽取样本时，采用抽签、掷骰子、查随机数表等方法，使每一个单位成果都以相同概率构成样本。

（11）分层随机抽样。将检验批按作业单位、工序或生产时间段、地形类别、作业方法等分层后，根据样本量分别从各层中随机抽取单位成果组成样本。

（12）质量元素。说明质量的定量、定性组成部分。即成果满足规定要求和使用目的的基本特性。质量元素的适用性取决于成果的内容及其成果规范，并非所有的质量元素适用于所有的成果。

（13）质量子元素。质量元素的组成部分，描述质量元素的一个特定方面。

（14）检查项。质量子元素的检查内容。说明质量的最小单位，质量检查和评定的最小实施对象。

（15）详查。对单位成果质量要求的全部检查项进行的检查。

（16）概查。对单位成果质量要求的部分检查项进行的检查。部分检查项一般指重要的、特别关注的质量要求或指标，或系统性偏差、错误。

（17）错漏。检查项的检查结果与要求存在的差异。根据差异的程度，将其分为A、B、C、D 4 类错误类型。

（18）高精度检测。检测的技术要求高于生产的技术要求。

（19）同精度检测。检测的技术要求与生产的技术要求相同。

5.1.2 检查验收的基本规定

1. 检查验收依据

检查验收工作的主要依据应包括：项目依据的标准；经批准的设计书及补充技术文件；项目委托书、合同书、任务书；项目检查验收委托文件。常用的规范包括《测绘成果质量检查与验收》（GB/T 24356—2023）、《数字测绘成果质量检查与验收》（GB/T 18316—2008）、《数字测绘成果质量要求》（GB/T 17941—2008）。

2. 二级检查一级验收制度

（1）检查程序。测绘成果质量通过两级检查一级验收的方式进行控制，包括过程检查、最终检查和验收检验，各阶段应独立、按顺序进行，不得省略、代替或颠倒顺序。如图 5-1 所示。

（2）过程检查。过程检查要求如下：

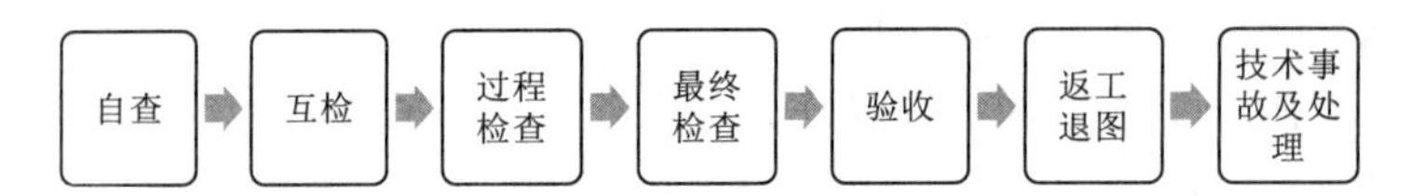

图5-1 数字测图产品二级检查、一级验收制度

1）过程检查由测绘单位作业部门承担。

2）过程检查应实施全数检查。

3）过程检查完成，并确认修改无误的成果方可提交最终检查。

（3）最终检查。最终检查要求如下：

1）最终检查由测绘单位质量管理部门组织实施。

2）最终检查内业应实施全数检查，野外检查项可采用抽样检查。

3）最终检查应评定单位成果质量和检验批成果质量等级。

4）最终检查应编写检查报告。

5）最终检查完成，并确认修改无误的成果方可提交验收检验。

（4）验收检验。验收检验要求如下：

1）由项目委托单位组织验收或委托具有资质的质量检验机构承担验收检验。

2）验收检验对最终检查进行核验。

3）验收检验可采用抽样检验。

4）验收检验应评定单位成果质量、样本质量，判定检验批成果质量。

5）验收检验应编制检验报告。

6）验收检验完成，并确认修改无误的成果方可提交。

（5）二级检查一级验收制度的要求。过程检查对批成果中的单位成果进行全数检查，不做单位成果质量评定。

◎5-1

最终检查对批成果中的单位成果进行全数检查并逐幅评定单位成果质量等级。

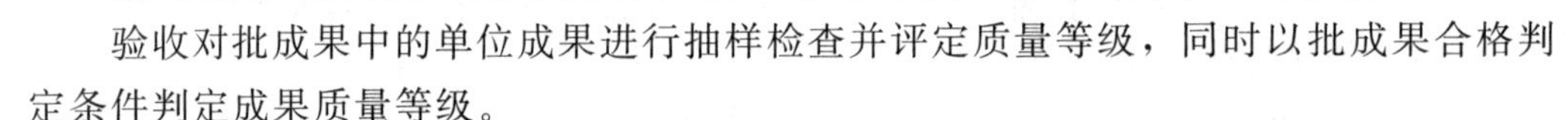

验收对批成果中的单位成果进行抽样检查并评定质量等级，同时以批成果合格判定条件判定成果质量等级。

3．数学精度检测

（1）高程精度检测、平面位置精度检测及相对位置精度检测，检测点（边）应分布均匀、位置明显。检测点（边）数量视地物复杂程度、比例尺等具体情况确定，每个单位成果宜选取20～50个。

（2）按单位成果统计数学精度困难时可适当扩大统计范围。

（3）高精度检测时，在允许中误差2倍以内（含2倍）的误差值均应参与数学精度统计，超过允许中误差2倍的误差视为粗差。同精度检测时，在允许中误差$2\sqrt{2}$倍以内（含$2\sqrt{2}$倍）的误差值均应参与数学精度统计，超过$2\sqrt{2}$倍的误差视为粗差。

（4）检测点（边）数量少于20时，以误差的算术平均值代替中误差；大于20时，按中误差统计。

（5）高精度检测时，中误差计算按式（5-1）执行。

$$M=\pm\sqrt{\frac{\sum_{i=1}^{n}\Delta_i^2}{n}} \tag{5-1}$$

式中：M 为成果中误差；n 为检测点（边）总数；Δ 为较差。

（6）同精度检测时，中误差计算按式（5-2）执行。

$$M=\pm\sqrt{\frac{\sum_{i=1}^{n}\Delta_i^2}{2n}} \tag{5-2}$$

式中：M 为成果中误差；n 为检测点（边）总数；Δ 为较差。

4. 质量等级

（1）最终检查单位成果和检验批成果质量等级采用优、良、合格、不合格 4 级评定。

（2）验收检验单位成果和样本质量等级采用优、良、合格、不合格 4 级评定，检验批成果质量等级采用批合格、批不合格判定。

5. 记录和报告

（1）记录。记录应符合下列要求。

1）检查、验收检验记录包括质量情况及其处理记录、质量统计记录等，见附录 A。

2）记录填写应及时、完整、规范、清晰，经检查者、复核者签字后一般不得更改。

3）过程检查、最终检查、验收检验应保留全部检查记录文件。

（2）报告。检查报告和检验报告应内容完整，随测绘成果一并归档。

6. 质量问题处理

（1）过程检查、最终检查中发现的质量问题应改正。过程检查、最终检查工作中，当对质量问题的判定存在分歧时，由测绘单位质量负责人裁定。

（2）最终检查评定为不合格的单位成果应退回处理，处理后再重新进行检查，直至合格为止。

（3）验收检验判为不合格的批，应将检验批退回处理，并经测绘单位检查合格后再次申请验收，再次申请验收时应重新抽样。

5.1.3 分批和抽样

1. 确定单位成果

测绘成果抽样检验前应明确成果类型、单位成果和质量元素组成。

2. 确定检验批和样本量

（1）检验批的样本量按表 5-1 执行。

（2）当单位成果总数大于或等于 1001 时，应分为多个检验批，且批次数最小，各检验批批量应均匀。

3. 抽取样本

（1）检验批的样本应分布均匀。

表 5-1 批量与样本量对照表

批量	样本量	批量	样本量
1～20	3	181～200	15
21～40	5	201～232	17
41～60	7	233～282	20
61～80	9	283～362	24
81～100	10	363～487	30
101～120	11	488～686	40
121～140	12	687～1000	56
141～160	13	≥1001	应分批次抽取样本
161～180	14		

注 当样本量大于或等于批量时，则全数检查。

（2）样本宜采用简单随机抽样方式抽取，也可根据作业单位、工序或生产时间段、地形类别、作业方法等采用分层按比例随机抽样等多种方式抽取。

（3）样本内容包括从检验批中抽取的各单位成果的全部资料。下列资料作为单位成果的补充材料，提取原件或复印件：设计书、实施方案、补充规定；技术总结、检查报告及最终检查记录；仪器检定证书和检验资料复印件；项目委托书、合同书、任务书；其他需要的文档资料。

5.1.4 质量检查与评价

1. 质量检查

（1）质量检查一般采用详查和概查相结合的方式，对样本进行详查，根据需要对样本外成果进行概查。

（2）样本详查应依据《测绘成果质量检查与验收》（GB/T 24356—2023）第 7 章规定的相应成果质量元素和检查项逐个检查样本单位成果，统计存在的各类错漏数量，并评定单位成果质量。

（3）根据需要对样本外成果进行概查时，一般只记录 A 类、B 类错漏和普遍性问题。当单位成果未检出 A 类错漏且 B 类错漏个数少于 4 个时，判概查合格；否则判概查为不合格。

2. 单位成果质量评定

（1）评定原则。

1）单位成果质量水平以百分制表征。

2）当单位成果中检出 A 类错漏，或质量元素、质量子元素得分小于 60 分，则评定单位成果质量不合格。

（2）质量元素、质量子元素与错漏分类。单位成果质量元素、质量子元素及权、错漏分类按 GB/T 24356—2023 第 7 章执行。

（3）权的调整原则。质量元素、质量子元素的权一般不作调整。当仅检查部分质量元素或质量子元素时，依据本文件规定相应权的比例调整质量元素或质量子元素的权值，调整后的各质量元素、质量子元素权之和应为 1.0。

（4）质量评分方法。

1）数学精度评分方法。数学精度评分方法包括两种：一种是采用检测方式评定数学精度得分，另一种是采用错漏扣分方式评定数学精度得分。公式分别为式（5-3）和式（5-4）。

$$\begin{cases} S_1 = 60 + \dfrac{40}{0.7 \times m_0}(m_0 - m) & m_0 \geqslant m > 0.3m_0 \\ S_1 = 100 & m \leqslant 0.3m_0 \end{cases} \tag{5-3}$$

式中：S_1 为涉及中误差的质量元素或检查项得分值；m_0 为中误差允许值；m 为中误差检测值。

$$S_i = 100 - \left(a_1 \times \frac{12}{t} + a_2 \times \frac{4}{t} + a_3 \times \frac{1}{t}\right) \tag{5-4}$$

式中：a_1 为质量子元素中的 B 类错漏个数；a_2 为质量子元素中的 C 类错漏个数；a_3 为质量子元素中的 D 类错漏个数；t 为扣分值调整系数。

2）成果质量错漏扣分方法。

（a）成果质量按错漏类型扣分，错漏类型与扣分值对照见表 5-2。

（b）一般情况下取 $t=1$；需要进行调整时，可根据困难类别、要素数量等为原则进行调整（平均困难类别 $t=1$）；调整后的 t 值应经过委托方批准。

表 5-2　错漏类型与扣分值对照表

错漏类型	扣分值	错漏类型	扣分值
A 类	42 分	C 类	$4/t$ 分
B 类	$12/t$ 分	D 类	$1/t$ 分

3）质量子元素评分方法如下：

（a）数学精度按式（5-3）执行，即得到 S_i。

（b）其他质量子元素评分，首先将质量子元素得分预置为 100 分，根据式（5-4）的要求对相应质量子元素中出现的错漏逐个扣分；S_i 的值按式（5-4）计算。

4）质量元素评分方法。采用加权平均法计算质量元素得分，S_2 的值按式（5-5）计算。

$$S_2 = \sum_{i=1}^{N}(S_{1i} \times P_i) \tag{5-5}$$

式中：S_2 为质量元素得分；N 为质量元素中包含的质量子元素个数；S_{1i} 为第 i 个质量子元素得分；P_i 为第 i 个质量子元素的权。

5）单位成果质量评分。采用加权平均法计算单位成果质量得分。S 的值按式（5-6）计算。

$$S = \sum_{j=1}^{N}(S_{2j} \times P_j) \tag{5-6}$$

式中：S 为单位成果质量得分；N 为单位成果中包含的质量元素个数；S_{2j} 为第 j 个

质量元素得分；P_j 为第 j 个质量元素的权。

（5）单位成果质量等级评定。全部质量子元素（质量元素）得分大于或等于60分时，计算单位成果质量得分，并评定单位成果质量等级，质量等级评定方法见表5-3。

表5-3 质量等级评定方法

质量等级	质量得分
优	$S \geqslant 90$ 分
良	75分 $\leqslant S <$ 90分
合格	60分 $\leqslant S <$ 75分

3. 样本质量评定

（1）样本中检出不合格单位成果时，评定样本质量等级为不合格。

（2）样本中全部单位成果合格后，根据单位成果质量得分，按算术平均方式计算样本质量得分 S，按表5-3评定样本质量等级。

4. 检验批成果质量评定

（1）最终检查检验批成果质量等级评定。最终检查批成果合格后，按以下原则评定检验批成果质量等级。

1）优级：优良级品率达到90%以上，其中优级品率达到50%以上。

2）良级：优良级品率达到80%以上，其中优级品率达到30%以上。

3）合格：未达到上述标准。

（2）验收检验批成果质量判定。当检验批详查和概查均为合格时，判为检验批合格；否则，判为检验批不合格。若只实施了详查，则依据详查结果判定检验批成果质量，详查合格时，判为检验批合格；否则，判为检验批不合格。

检验中发现伪造成果现象或技术路线存在重大偏差，判为批不合格。

5. 报告编制

包括检查报告和检验报告。具体内容和格式参见《测绘成果质量检查与验收》（GB/T 24356—2023）的附录B和附录C。

5.1.5 应提交检查验收的资料

提交的成果资料必须齐全，一般应包括如下：

（1）项目设计书、技术设计书、技术总结、生产单位的终极检查报告、检查记录等，验收单位有义务核查文档里料的齐全、规范、合理性。

（2）文档簿、质量跟踪卡等。

（3）数据文件，包括图廓内外整饰信息文件，元数据文件等。

（4）作为数据源使用的原图或复制的二底图。

（5）图形或影像数据输出的检查图或模拟图。

（6）技术规定或技术设计书规定的其他文件资料。

凡资料不全或数据不完整者，承担检查或验收的单位有权拒绝检查验收。

任务 5.2　测绘成果质量检查验收实施过程

5.2.1　检查验收工作的流程

检查验收工作流程如图 5-2 所示。

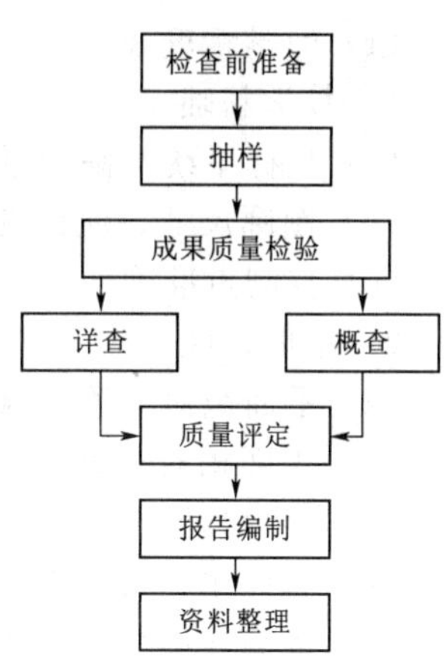

图 5-2　检查验收工作流程

5.2.2　检查验收工作的实施

1. 检查工作的实施

(1) 作业人员经自查，确认无误后方可按规定整理上交资料成果。中队（室）进行过程检查，生产单位（院）进行最终检查，二级均为 100%的成果全面检查。

(2) 在进程、最终检查时，如发觉有不吻合质量要求的产品时，应退给功课组、中队（室）举行处理，然后再举行检查，直到检查合格为止。

(3) 产品经最终检查、返回作业人员进行修改处理后，按"单位产品质量评定方法"评定产品的质量，并按附录 B 的规定编写检查报告。检查报告经生产单位领导审核后，随产品一并提交验收。

(4) 测绘生产单元应书面向委托生产的单元或任务下达部门申请验收。

2. 验收工作的实施

(1) 验收工作应在测绘产品经最终检查合格后进行。

(2) 检验批一般应由统一地域、统一生产单元的测绘产品构成。统一地域范围较大时，能够按生产时间不同划分构成检验批。

当验收部门在验收时，一般按检验批中的单位产品数量 N 的 10%抽取样本。

(3) 验批单位产品数量 $N \leqslant 10$ 时，$n=2$；当 $N>10$ 时，且 $N \times 10\%$ 不为整数时，则取整加 1 作为抽检样本数。

(4) 抽样方法可采用简单随机抽样法或分级随机抽样法。对困难类别、作业方法等大体一致的产品，可采用简单随机抽样法。否则，应采用分级随机抽样法。

(5) 对样本进行详查，并按规定进行产品质量核定。对样本以外的产品一般进行概查。如样本中经验收有质量为不合格产品时，须进行二次抽样详查。

(6) 根据规定判定检验批的质量。经验收判为合格的检验批，被检单位要对验收中发现的问题进行处理；经验收判为一次检验未通过的批，要将检验批全部或部分退回被检单位，令其重新检查、处理，然后再重新复检。

(7) 凡是复检的产品，必须重新抽样。

(8) 验收工作完成后，按规定编写验收报告，验收报告经验收单元上级主管部门审核（委托验收的验收报告送委托单元审核）后，随产品归档，并送生产单元一份。

3. 概查内容

(1) 使用的仪器检查。

(2) 成图范围、区域。

(3) 基本等高距。

(4) 图幅分幅、编号。

(5) 测图控制。

4. 详查内容

(1) 数学精度。

1) 数学基础。

(a) 坐标系统、高程系统的正确性。

(b) 图廓尺寸、注记的正确性。

(c) 控制点准确性。

2) 平面精度。

(a) 平面绝对位置中误差（每幅图实测20～50个检测点）。

(b) 平面相对位置中误差（每幅图选择20～50条边检测）。

3) 高程精度。

(a) 高程注记点高程中误差。

(b) 等高线高程中误差。

(2) 数据及结构正确性。

1) 要素分层的正确性。

2) 属性代码的正确性。

(3) 地理精度。

1) 地理要素的完成性、正确性。

2) 注记和符号的正确性。

3) 综合取舍的合理性。

(4) 整饰质量。

1) 注记质量。

2) 图面要素协调性。

3) 图面、图廓整饰质量。

(5) 附件质量。

1) 成果资料的齐全性。

2) 检查报告、技术总结、附表、附图的规整性。

5. 错漏

(1) 严重错漏：A类。

(2) 重错漏：B类。

(3) 次重错漏：C类。

(4) 轻错漏：D类。

任务5.3 数字地图质量检查验收的内容与方法

5.3.1 内业检查与验收

1. 各等级控制测量（平面和高程）成果的检验

各等级控制测量（平面和高程）成果的检验内容包括控制网点的密度、位置的合理性；标石的类型和质量；手簿的记录和注记的正确、完备性；电子记录格式的正确性和输出格式的标准化程度；各项误差与限差的符合情况；各项验算的正确性、资料的完整性等，以及对控制网平差计算采用的软件的检验。

2. 各种原始数据文件的检验

(1) 数据采集原始信息资料的可靠性、正确性检验是检查、验收的重要内容之一，它包括对数据采集原始数据文件、图根点成果文件和碎部点成果文件的检查。

(2) 图根点、碎部点成果文件的检验，即是对所有图根点和碎部点的三维坐标成果检查核对。

(3) 仪器设备检验的项目、方法、结论和计量核定等方面的原始记录和文件的检查。

3. 各项电子成果资料的检查验收

数字测图的大部分成果均是以数字的形式（计算机文件）存储在计算机中的，除特殊需要须将成果输出外，多数情况下均是用计算机进行处理、传输、共享及成果的提交的。因此，在数字测图成果的检查、验收中，电子成果资料的检查、验收是必不可少的关键环节。目前，对电子成果资料的检查、验收在国内还没有形成一套完整的、操作性强的检查体系和方法。大体上，数字测图电子成果资料的检查、验收包括以下内容。

(1) 成果说明文件及图幅数量的检查。检查成果的目录格式及目录文件是否齐全、各目录下图幅数量与图幅结合表记录的数量是否一致等。

(2) 图形信息文件和地形图图形文件的检查包括空间数据检查、数据逻辑一致性检查、图形要素的完备性检查和高程注记点检查。

1) 空间数据检查主要包括数学基础的检查，即图廓点、坐标格网顶点、控制点的理论值输入是否正确、有无遗漏；各类地形要素（如测量控制点、房屋、道路、桥梁、水系、独立地物、境界等）的精度及表示是否符合要求；数据分类与代码是否符合《基础地理信息要素分类与代码》(GB/T 13923—2022) 的要求等。

2) 数据逻辑一致性检查主要包括地理要素的协调性检查（检查有无适应性矛盾，如出现平行道路明显不平行、河流流向自相矛盾等）、图幅接边检查（检查相邻图幅图边要素的几何位置、属性接边，重点检查不同作业组分界处的图幅接边是否满足要求）、形状保真度检查（主要是各要素图形能否正确反映实地地物的形态特征，有无逻辑变形扭曲）、拓扑关系检查（主要检查地物有无伪节点及多边形闭合情况）。

3) 图形要素的完备性检查主要包括检查数据分层是否正确、有无重复或漏层；图层数量、图层名、颜色、属性等是否正确完整，有无非本层要素；检查实体种类、数据属性、各种名称注记和说明注记表示是否正确、指示是否明确、有无错漏等。

4) 高程注记点检查，应检查高程注记点密度能否达到“图上每 100cm^2 内 8～20 个”的要求。

(3) 其他方面检查、验收包括控制点数据库、数字地形图分类与代码、密级、产品标记、数字地形图的构成等是否符合技术设计书的要求。

4. 数字地形图的模拟显示检验及底图检查验收

数字地形图的模拟显示检验是检查其线画是否光滑、自然、清晰，有无抖动、重复等现象；符号表示规格是否符合地形图图式规定；注记压盖地物的比率等。数字地形图底图检查是检查其数量、图名、编号是否与图形文件一致；图中字体、字大、字数、字向、单位等能否符合相应比例尺地形图图式的规定；符号间是否满足规定的间隔，是否清晰、易读。

5. 接边精度的检测

通过量取两相邻图幅接边处要素端点的距离 Δd 是否等于0来检查接边精度，未连接的记录其偏差值；检查接边要素几何上自然连接情况，避免生硬；检查面域属性、线划属性的一致情况，记录属性不一致的要素实体个数。

5.3.2 外业检查与验收

外业检查是在内业检查的基础上进行的，重点检测数字地形图的测量精度，包括数学精度的检测和地理精度的检测。

1. 地物点点位（X，Y，H）的检测

（1）选择检测点的一般规定。数字地形图检测点的选择应均匀分布，随机选取明显地物点，对样本进行全面检查。检测点的数量视地物复杂程度、比例尺等具体情况确定，原则上应能准确反映所检样本的平面点位精度和高程精度，一般每幅图选取20～50个点。

（2）检测方法。检测方法视数据采集方法而定。野外测量采集数据的数字地形图，当比例尺大于1∶5000时，检测点的平面坐标和高程采用外业散点法按测站点精度施测。用钢尺或测距仪量测相邻地物点间距离，量测边数量每幅一般不少于20处。摄影测量采集数据的数字地形图按成图比例尺选择不同的检测方法：

1）当比例尺大于1∶5000时，检测点的平面坐标和高程采用外业散点法按测站点精度施测。若用内业加密能达到控制点平面精度与高程精度，也可用加密点来检测，而不必采用外业检测。

2）当比例尺小于1∶5000（包括1∶5000）且有不低于成图精度的控制资料时，采用内业加密点的方法检测。

3）用高精度资料或高精度仪器进行检测。

2. 检测数据的处理

（1）分析检测数据，检查各项误差是否符合正态分布。

（2）检测点的平面位置和高程中误差计算。地物点的平面中误差按式（5-7）和式（5-8）计算。

$$\begin{cases} m_x = \pm\sqrt{\dfrac{\sum\limits_{i=1}^{n}(X_i - x_i)^2}{n}} \\ m_y = \pm\sqrt{\dfrac{\sum\limits_{i=1}^{n}(Y_i - y_i)^2}{n}} \end{cases} \tag{5-7}$$

$$M_{检}=\pm\sqrt{m_x^2+m_y^2} \tag{5-8}$$

式中：m_x 为坐标 x 的中误差，m；m_y 为坐标 y 的中误差，m；X_i 为第 i 个检测点的 X 坐标检测值（实测），m；x_i 为第 i 个同名地物点的 x 坐标原测值（从数字地形图上提取），m；Y_i 为第 i 个检测点的 Y 坐标检测值（实测），m；y_i 为第 i 个同名地物点的 y 坐标原测值（从数字地形图上提取），m；n 为检测点数；$M_{检}$ 为检测地物点的平面位置中误差，m。

相邻地物点之间间距中误差（或点状目标位移中误差、线状目标位移中误差）按式（5-9）计算。

$$M_s=\pm\sqrt{\frac{\sum_{i=1}^{n}\Delta S_i^2}{n}} \tag{5-9}$$

⊕5-2

⊕5-3

式中：ΔS_i 为相邻地物点实测边长与图上同名边长较差或地图数字化采集的数字地形图与数字化原图套合后透检量测的点状或线状目标的位移差；n 为量测边条数（或点状目标、线状目标的个数）。

高程中误差按式（5-10）计算。

$$M_H=\pm\sqrt{\frac{\sum_{i=1}^{n}(H_i-h_i)^2}{n}} \tag{5-10}$$

式中：H_i 为检测点的实测高程，m；h_i 为数字地形图上相应内插点高程，m；n 为高程检测点个数。

（3）地理精度的检测。对于用作详查的图幅，通过野外巡视的方法，全数检查各地理要素表示的正确性、合理性，以及有无丢、错、漏的现象。

任务 5.4　数字测图的质量控制

数字测图产品质量是测图工程项目成败的关键，它不仅关系到测绘企业的生存和社会信誉，甚至会影响到整个工程建设项目的质量。为保证数字测图的质量，必须牢固树立“质量第一、注重实效”的思想观念。数字地形图的质量要求是指数字地形图的质量特性及其应达到的要求。数字测图是一项精度要求高、作业环节多、涉及知识面广、技术含量高、组织管理复杂的系统工程，要控制数字测图产品质量，就必须以保证质量为中心、满足需求为目标、防检结合为手段、全员参与为基础，明确各工序、各岗位的职责及相互关系，规定考核办法，以作业过程质量、工作质量确保数字测图产品质量。

5.4.1　大比例尺地形图质量要求

1. 大比例尺数地形图质量特性

只有明确成果的要求，才能有序地开展测绘生产。大比例尺地形图属于国家基本比例尺地形图之一，在国民经济建设中起到重要作用，主要是以数字线划图方式来表达，因此本章节主要阐述大比例尺数字线划图的质量特性。从检查验收技术规范《测绘成果质量检查与验收》（GB/T 24356—2023）中规定中，检查质量元素为数学精度、数据及结构正确性、地理精度、整饰质量、附件质量，从对大比例尺地形图质量元素描述中，数据成果的质量特性应具有以下特征。

（1）数学精度。具有严密的数学基础及符合要求的平面和高程位置精度。

（2）特定的数据分类及数据结构。

1）具有统一的数据文件命名规则、统一的数据格式。

2）具有正确、完备的数据分层结构及数据分类代码，所有要素均按照其技术设计书和有关规范的规定进行分层，不能遗漏或错误。

3）图幅与图幅之间无缝接边，即在几何图形方面，相邻图幅接边地物要素在逻辑上保证无缝接边；在属性方面，相邻图幅接边地物要素属性应保持一致；在拓扑关系方面，相邻图幅接边地物要素拓扑关系应保持一致。整个测区具有逻辑上的一致性。

如下图是相邻两幅 1∶500 比例尺数字地形图在 AutoCAD 2004 中的截图。

1）图 5－3 中相邻图幅按规则命名；所有图幅均为 DWG 格式；两幅图代码包含“2101016 至 9300070”共 132 个图层，均为正确分层与代码。

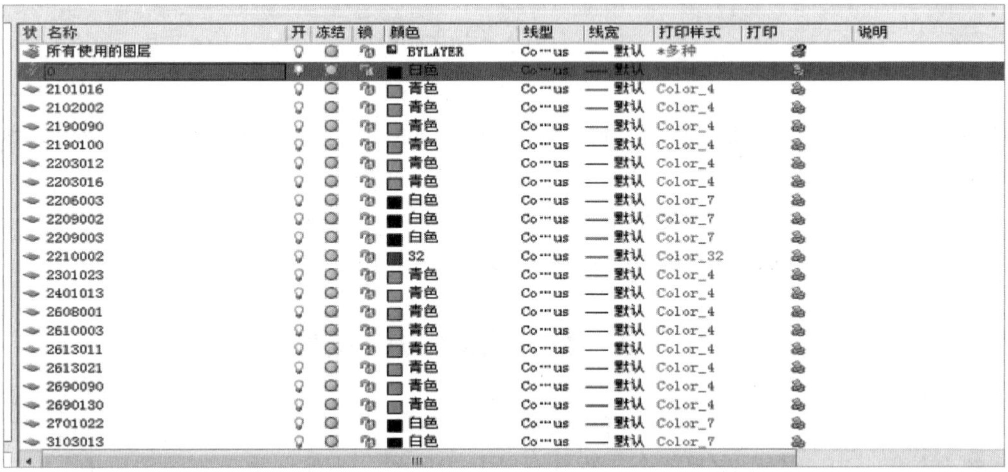

状	名称	开	冻结	锁	颜色	线型	线宽	打印样式	打印	说明
	所有使用的图层				BYLAYER	Co…us	—— 默认	*多种		
	0				白色	Co…us	—— 默认			
	2101016				青色	Co…us	—— 默认	Color_4		
	2102002				青色	Co…us	—— 默认	Color_4		
	2190090				青色	Co…us	—— 默认	Color_4		
	2190100				青色	Co…us	—— 默认	Color_4		
	2203012				青色	Co…us	—— 默认	Color_4		
	2203016				青色	Co…us	—— 默认	Color_4		
	2206003				白色	Co…us	—— 默认	Color_7		
	2209002				白色	Co…us	—— 默认	Color_7		
	2209003				白色	Co…us	—— 默认	Color_7		
	2210002				32	Co…us	—— 默认	Color_32		
	2301023				青色	Co…us	—— 默认	Color_4		
	2401013				青色	Co…us	—— 默认	Color_4		
	2608001				青色	Co…us	—— 默认	Color_4		
	2610003				青色	Co…us	—— 默认	Color_4		
	2613011				青色	Co…us	—— 默认	Color_4		
	2613021				青色	Co…us	—— 默认	Color_4		
	2690090				青色	Co…us	—— 默认	Color_4		
	2690130				青色	Co…us	—— 默认	Color_4		
	2701022				白色	Co…us	—— 默认	Color_7		
	3103013				白色	Co…us	—— 默认	Color_7		

图 5－3　正确分层与代码

2）图 5－4 由于高亮显示的为错误图层、代码。在数据整理过程中要对错误的图层进行清理。

注意：也可以是其他命名分层方式，如 CASS 软件自带的分层标准。如图 5－5 所示，无论哪种分层方式都要自成系统，保持概念一致性。

（3）地理精度及图幅整饰合理性。

1）图形具有正确性、完备性，不能有遗漏或重复、错误现象。

2）具有形状保真度，各要素的图形能正确反映实地地物的形态特征及密度特征，无变形扭曲；各种地理要素具有协调性，主次分明，取舍合理。

3）图上具有各种名称注记、说明注记，应指示明确，不得有错误或遗漏。

名称	颜色	线型	线宽	打印样式
8102002	绿色	Co…us	默认	Normal
8103024	绿色	Co…us	默认	Normal
8103034	绿色	Co…us	默认	Normal
8104014	绿色	Co…us	默认	Normal
8105014	绿色	Co…us	默认	Normal
8105024	绿色	Co…us	默认	Normal
8105031	绿色	Co…us	默认	Normal
8105091	绿色	Co…us	默认	Normal
8105102	白色	Co…us	默认	Normal
8106023	绿色	Co…us	默认	Normal
8190090	绿色	Co…us	默认	Normal
8190100	绿色	Co…us	默认	Normal
8201004	白色	Co…us	默认	Normal
8202002	绿色	Co…us	默认	Normal
8202004	绿色	Co…us	默认	Normal
9300070	白色	Co…us	默认	Normal
Defpoints	白色	Co…us	默认	Normal
JMD	白色	Co…us	默认	Normal
Title Block	白色	Co…us	默认	Normal
TK	白色	Co…us	默认	Normal
Viewport	白色	Co…us	默认	Normal

图5-4　包含错误的分层与代码

名称	颜色	线型	线宽	打印样式
0	…	CO…US	默认	Co…
ASSIST	…	CO…US	默认	Co…_7
DGX	…	CO…US	默认	Co…_2
DLDW	11	CO…US	默认	Co…11
DLSS	…	CO…US	默认	Co…_4
DMTZ	…	CO…US	默认	Co…_3
GCD	…	CO…US	默认	Co…_1
GXYZ	…	CO…US	默认	Co…_2
JMD	…	CO…US	默认	Co…_6
SXSS	…	CO…US	默认	Co…_5
TK	…	CO…US	默认	Co…_7
ZBTZ	…	CO…US	默认	Co…_3
ZJ	…	CO…US	默认	Co…_7

图5-5　CASS软件自带的分层标准

4）具有高程注记点，密度为每个方里网格内13个左右。

5）地形图模拟显示时，其线划应光滑、自然、清晰，无抖动、重复等现象。符号表示规格、线划、色彩符合相应比例尺地形图图式规定。注记应尽量避免压盖地物，其字体、字大、字数、字向、单位等一般应符合相应比例尺地形图图式的规定。符号间应保持规定的间隔，达到清晰、易读，图面能真实反映地理情况。

（4）附件质量齐全、完备性。

1）元数据文件，即数据的数据。元数据作为一个单独文件，用于记录数据源、数据质量、数据结构、定位参考系、产品归属等方面的信息。必要时提供数据说明，数据说明是数字地形图的一项重要质量特性，数字地形图的质量要求应包含数据说明部分。数据说明可存储于产品数据文件的文件头中或以单独的文本文件存储，内容编排格式可以自行确定。数字地形图的数据说明应包括表5-4所示内容。

表 5-4　　数字地形图的数据说明内容

产品名称、范围说明	①产品名称；②图名、图号；③产品覆盖范围；④比例尺
存储说明	①数据库名或文件名；②存储格式和（或）简要使用说明
数学基础说明	①椭球体；②投影；③平面坐标系；④高程基准；⑤等高距
采用标准说明	①地形图图式名称及编号；②测图规范名称及编号；③地形图要素分类与代码标准的名称及编号；④其他
数据源和数据采集方法说明	①摄影测量方法采集；②地形图数字化；③野外采集
数据分层说明	①层名；②层号；③内容
产品生产说明	①生产单位；②生产日期
产品检验说明	①验收单位；②精度及等级；③验收日期
产品归属说明	归属单位
备注	

2）各类报告、附图（接合图）、附表、簿册整饰，检查报告、技术总结等齐全、规范性的文档资料。

2. 大比例尺数字地形图成果

（1）成果数据：分幅图、测区结合表、元数据。

（2）控制测量成果文件。

（3）数据采集原始数据文件。

（4）图根点成果文件。

（5）碎部点成果文件。

（6）文档资料（如技术设计、检查报告、技术总结、合同等）。

5.4.2　数字测图过程的质量控制

数字测图的质量控制是指测绘单位从承接测图任务、组织准备、技术设计、生产作业直至产品交付使用全过程实施的质量管理。质量控制是指为满足质量要求所采取的作业技术和活动，即运用科学技术与方法来管理和控制生产过程，以便在最佳的综合条件下生产出符合用户要求的成果。

数字测图过程的质量控制实质上就是严格执行技术设计和有关规范的过程。

数字测图是一项精度要求高、作业环节多、工序复杂、参与人员多、组织管理较为困难的系统工程。为了保证数字测图的质量，就必须从数字测图项目的准备阶段开始，直至项目结束，实施全过程质量控制。

1. 准备阶段的质量控制

数字测图准备工作包括组织机构准备和业务技术准备两方面，其中的业务技术准备主要包括收集资料、野外准备、仪器准备及技术设计等工作。有关技术设计的内容详见项目3任务3.1。

（1）收集资料、野外准备的质量控制。测图任务确定后，根据评审后的测绘合同（或测绘任务书）中确定的测区范围和相关要求，调查了解测区及附近的已有测绘工作情况，并收集必要的测绘成果资料为本次测图服务。

已有测绘成果关系到后续测图工作的坐标系统和高程系统的选择，其质量直接影响到测图控制测量成果的质量，进而影响整个数字测图的质量。因此，收集的已有控制测量成果不但要有坐标和高程数据，而且应收集说明这些成果的平面坐标系统和高程系统，选用的投影面、投影带及其带号，依据的规范，施测等级，最终的实测精度，测图比例尺及测量单位，施测年代等质量信息，提供成果资料的单位（或个人）要加盖公章（或签字），以说明资料的真实性和正确性。

数字测图野外准备应对测区进行踏勘，是在充分研究分析已收集资料的基础上，现场调查了解已有控制点、图根点的实际质量（保存及完好情况、通视情况、分布状况等）。

此外，在野外踏勘过程中，还应考察了解测区的地物特点、地貌特征、测绘难易程度、交通运输情况、水系分布情况、植被情况、居民点分布情况及当地的风土人情等方面的信息，以便针对测区的具体情况考虑适当的测绘手段和对策。

（2）对仪器设备的要求。测量工作所使用的各种仪器设备是测图工程的物质基础，仪器设备的状态是否良好直接影响实测数据的质量，所以必须对其及时检查校正、精心使用和保养，使其保持良好状态。

一项测图任务实施前，必须对所用的仪器、设备、工具进行检验和校正，以判断仪器的状况。测绘仪器经过较长时间的使用和搬运，其状况会产生不同程度的变化，甚至损坏，因此事先检验、校正所用的仪器对成果质量十分重要，未经专业部门鉴定的测绘仪器不能用于测绘生产。

在数字测图生产过程中使用的计算机、信息存储介质、输入输出设备及其他需用的各种物资，应能保证满足产品质量的要求，不合格的不准投入使用；所使用的成图软件应具有软件开发证书、鉴定证书和应用报告等有关证明材料，绘制出的数字地形图，其分类、命名、内容、图形符号、各种线条等必须符合现行有关规范的要求。

2. 野外测图质量控制

在工程实施时，应对作业参与人员进行教育培训，培养他们认真、负责、细致的工作态度和奉献精神，树立规范意识；认真学习技术设计书及有关的技术标准、操作规程，工作要做到有章可循、有据可查，其成果可以追本溯源，并对各项工作质量负责。

要制定完整可行的工序管理流程表，严格遵循测绘工作的“三大基本原则”，严格执行技术设计书中的各项任务，加强工序管理的各项基础工作，有效控制影响产品质量的各种因素。

生产作业中的工序成果必须达到规定的质量要求，经作业人员自查、互检，如实填写质量记录，达到合格标准，方可转入下一工序。下一工序有权退回不符合质量要求的上一工序成果，上一工序应及时进行修正、处理，退回及修正的过程，都必须如实填写质量记录。应当在关键工序、重点工序设置必要的检验点，实施工序成果质量的现场检查。现场检验点的设置，可以根据测绘任务的性质、作业人员水平、降低质量成本等因素确定。

对检查发现的不合格品，应及时进行跟踪处理，做好质量记录，采取纠正措施。不合格品经返工修正后，应重新进行质量检查；不能进行返工修正的，应予报废并履行审批手续。

图根平面控制测量的布设层次不宜超过两次附合，图根点（包括高级控制点）密度应符合技术设计书的要求，地形复杂、隐蔽区及城市建筑区，一定要根据需要适当加大密度；图根点高程宜采用图根水准、图根电磁波测距三角高程或GNSS测量方法测定。图根控制测量（平面和高程）无论是野外观测还是室内计算，均应按照技术设计书及相关规范中的要求进行，成果的精度一定要符合相应的技术要求。

碎部点数据采集是测图工程的基本工作，也是数字测图成图精度的关键工序，所以应尽量采用自动化采集系统直接测量碎部点三维坐标（X，Y，H），这样不仅工效高、精度高，更重要的是可以大大降低出错率。测站设置时，其对中误差、仪器高及觇标高的量记等一定要符合技术设计书中的要求；后视定向后，务必要实测另一控制点坐标进行检核，确有困难时至少再实测后视点坐标，并与其已知坐标相比较，平面位置误差和高程误差均小于相关限差后，方可进行碎部点坐标测量。一测站碎部测量完成后应重新检查后视点坐标。

采集数据时，碎部点坐标（X，Y，H）的读记位数、测距的最大长度、高程注记点间距及测绘内容的取舍等均应按照技术设计书和有关规范的要求进行。

野外草图的绘制要清晰明了，各种必要的信息表达明确、唯一，避免外业草图粗制滥造、以偏概全、过度省略、意思表达模棱两可等现象发生，给后续工序造成不必要的麻烦。一般地区可以采用绘图法绘制草图，复杂地区可采用记录法代替草图。草图中还应记录测区号、测量日期、测站点号、后视点号、仪器高、后视觇标高、检查实测数据、观测者、记录者、本测站采集的碎部点起、终点号等辅助信息。

外业采集的数据应及时传输至计算机，做好原始数据的备份，并及时成图，要尽量做到当天所测当天成图，避免因时间间隔过长而造成内业混乱、遗忘现象的出现。

3. 内业成图质量控制

数字测图内业成图包括数据处理、图形处理和成果输出等工序。

数据处理是数字测图内业的主要工序之一，它是对传输至计算机中的原始数据文件进行转换、分类、计算、编辑，最终生成标准格式的绘图数据文件和绘图信息文件。

图形处理对最终成果质量具有至关重要的作用。它是利用数字化成图系统在计算机中依据绘图数据文件、绘图信息文件以及其他相关资源，最终生成地形图。绘制的地形图符号不仅要与现行地形图图式中规定的符号完全一致，而且位置精度也要符合技术设计书的相关要求。

线状符号要进行余部处理，绘制的曲线不仅要光滑美观，而且应满足规范的精度要求；面状符号要进行必要的直角纠正；绘制的等高线应能够正确表达实际地貌的高低起伏形态，更重要的是其精度也应满足规范的要求。标示地物、地貌、数据属性的代码应具有科学性、可扩性、通用性、实用性、唯一性和统一性。

成果输出就是根据编辑好的地形图图形文件在绘图仪上输出纸质地形图。图形绘制时应设置好绘图比例尺、绘图范围、各要素的线粗、绘图原点、旋转角等，绘图时应掌握绘图仪的各项性能，控制绘图质量。

任务5.5 数字测图成果常见质量缺陷

5.5.1 数字线划地形图产品质量元素

数字地形图产品质量元素见表5-5。

表5-5 数字地形图产品质量元素

一级质量元素	二级质量元素
基本要求	文件名称、数据格式、数据组织
数学精度	数学基础、平面精度、高程精度、接边精度
属性精度	要素分类与代码的正确性；要素属性值的正确性； 属性项类型的完备性； 数据分层的正确及完整性；注记的正确性
逻辑一致性	拓扑关系的正确性；多边形闭合；节点匹配
要素的完备性及现势性	要素的完备性；要素采集或更新时间；注记的完整性
整饰质量	线划质量；符号质量；图廓整饰质量
附件质量	文档资料的正确、完整性；元数据文件的正确、完整性

5.5.2 数字线划地形图检查验收内容与方法

DLG数据的质量可以从图形的几何现象、地物的属性信息、拓扑构建结果以及各种矛盾数据等方面进行检测和控制。

检查方法：根据规范、技术设计书等的规定，采用程序自动检查、人机交互检查与手工检查相结合的方式，对DLG数据质量进行全面检查。

过程检查时，数据格式可以不按最终成果的格式提供。检查的程序和步骤，可根据组织形式、软件情况、工序情况，采用分幅、分层或以工序进行全部内容的检查。经过程检查修改的数据应转为最终成果的数据格式方可上交，进行最终检查和验收。

1. 文件名及数据格式检查

(1) 检查文件名命名格式与名称的正确性。

(2) 检查数据格式、数据组织是否符合规定。

2. 数学基础的检查

(1) 检查采用的空间定位系统正确性。

(2) 将图廓点、首末公里网、经纬网交点、控制点等的坐标按检索条件在屏幕上显示，并与理论值和控制点的已知坐标值核对。

3. 平面和高程精度的检查

DLG产品的数学精度检测与常规地形图的检测方法相同，主要是野外实地对明显地物点的平面精度和一般高程注记点及等高线的高程精度进行数据采集，与数字图上同名地物点相比较以评定其数学精度。

4. 接边精度的检测

通过量取两相邻图幅接边处要素端点的距离 Δd 是否等于0来检查接边精度，未连接的记录其偏差值；检查接边要素几何上自然连接情况，避免生硬；检查面域属性、线划属性的一致情况，记录属性不一致的要素实体个数。

5. 图形检测

主要是对数据采集和编辑过程中出现的几何现象（如线相交、重线、悬挂点、自相交和打折等现象）进行检测。在具体生产中，这些现象主要有水系与房屋相交、等高线相交、由于捕捉产生悬挂、数据的重复采集等（图形检测的主要内容见图形检测图）。

（1）自相交：所谓的自相交，就是一条折线或曲线自身存在交点的情况，如图5-6所示。

（2）打折：就是一条线段两端存在着两个连续的锐角或直角，并且该线段的节点数大于等于6个，如图5-7所示。

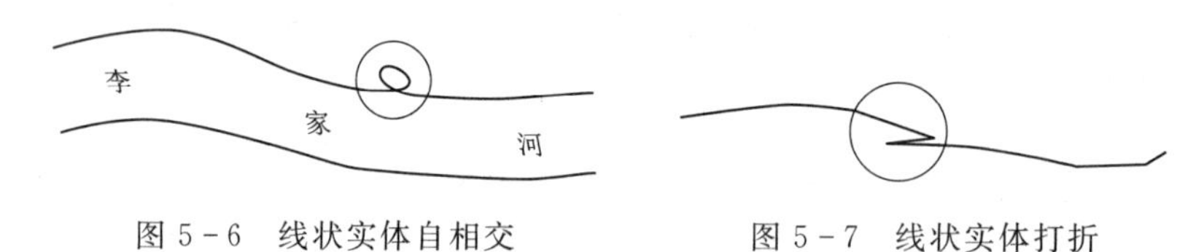

图5-6 线状实体自相交　　图5-7 线状实体打折

（3）两线相交：检查线状地物是否有相交的现象。线相交并不一定是不合理的，如区界与道路相交，电力线与河流相交等，在地形图上这种相交是正常的，有些相交现象是不合理的，如：等高线相交、铁路、公路等交通设施与居民点相交等，如图5-8所示。

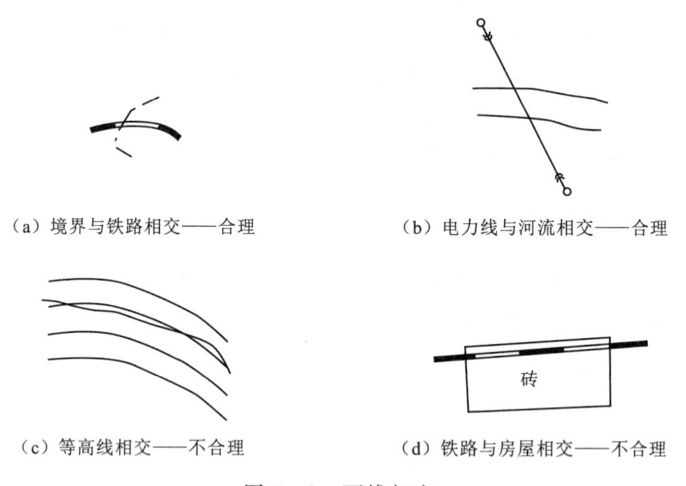

（a）境界与铁路相交——合理　（b）电力线与河流相交——合理

（c）等高线相交——不合理　（d）铁路与房屋相交——不合理

图5-8 两线相交

（4）公共边重复：就是两条线对象中的某一部分有重合的现象，如图5-9所示。

（5）悬挂点：当一条线的端点（起点或终点）位置上没有其他线对象的节点时，该端点即为悬挂点。如图5-10所示。当线段AB在此处没有节点时，点C为悬挂点。

关于悬挂点，可以这样理解，一个点是否有悬挂点，它需具备两个条件：

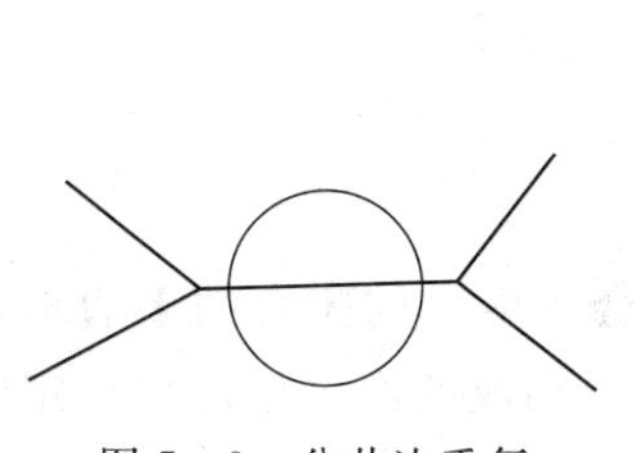

图5-9 公共边重复

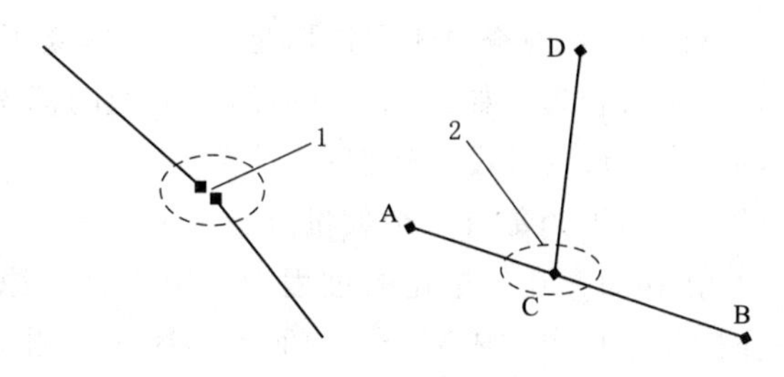

图5-10 悬挂点

1）是线的端点（起点或终点）。

2）在端点的同一位置上，没有其他节点。

6. 属性精度的检测

属性包含两方面的含义：第一方面是它是什么，即它有什么样的特性，划分为地物的哪一类，这种属性一般可以通过判读，考察它的形状和其他空间实体的关系即可确定。这类含义检查内容如下。

(1) 检查各个层的名称是否正确，是否有漏层。

(2) 逐层检查各属性表中的属性项类型、长度、顺序等是否正确，有无遗漏。

(3) 按照地理实体的分类、分级等语义属性检索，在屏幕上将检测要素逐一显示或绘出要素全要素图（或分要素图）与地图要素分类代码表，和数字化原图对照，目视检查各要素分层、代码、属性值是否正确或遗漏。

(4) 检查公共边的属性值是否正确。

(5) 采用调绘片、原图等方式检查注记的正确性。

第二方面的属性是实体的详细描述信息，例如一栋房子的建造年限、房主、住户等，这些属性必须经过详细的调查。这类属性精度的检测是为了防止在属性录入过程中由于不慎而出现的错误。按用户的要求来对层、地物类和对象的属性信息进行检测和控制，以查找和改正错误。检测内容如下。

(1) 唯一性：就是对某一属性值的重复次数进行检测。

(2) 长度：以长度为依据进行检查。

(3) 高程：以高程作为依据进行检查。

(4) 属性内容：对数据表的某个字段内容进行检查。

(5) 空值检测：将属性数据库的空记录查找出来。

(6) 属性综合检测：是对属性的内容进行更高条件的查询检测。

7. 逻辑一致性检测

(1) 用相应软件检查各层是否建立了拓扑关系及拓扑关系的正确性。拓扑检测主要是对拓扑构建的结果进行检测，以防止由于数据质量问题或用户设置不当而产生的不合适的结果。

在拓扑构建的过程中，由于数据质量的问题或者用户的设置的原因，在拓扑的构建过程中会出现各种错误，如标识点未关联、构成了不合法的面等。

拓扑检测主要检测内容如下。

1）标识点：检查封闭多边形是否已经建立了标识点的关联关系以及多边形内部的标识点是否合理，如图5－11所示。典型的标识点错误如下。

（a）多边形内部没有标识点。

（b）多边形内部有多个矢量点。

2）拓扑面：在矢量化的过程中，由于种种原因，会产生小的闭合的多边形，而在拓扑构建过程中构成不合法的面。拓扑面检测是对已经构成的面根据用户给定的面积限差来检查，以达到删除不合理面的目的。

3）悬挂线：在数据的采集过程中，由于主观或者客观的原因，会产生孤立的线。悬挂线是指在拓扑构建之后不作为任何一个面的边界线的线，如图5－12所示。

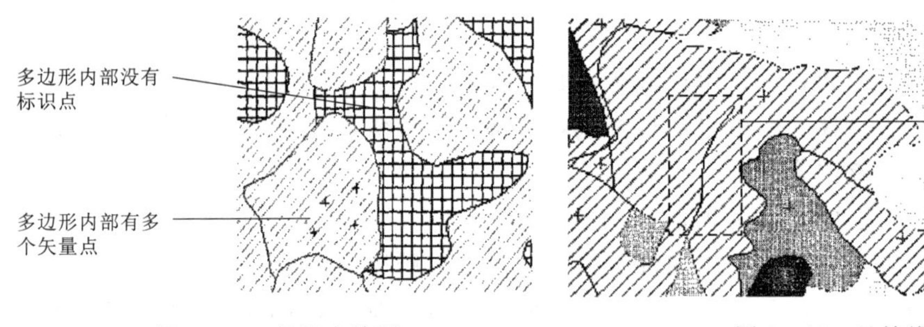

图5－11　标识点检测　　图5－12　悬挂线

（2）检查各层是否有重复的要素。

（3）检查有向符号，有向线状要素的方向是否正确。

（4）检查多边形的闭合情况，标识码是否正确。

（5）检查线状要素的节点匹配情况。

（6）检查各要素的关系表示是否合理，有无地理适应性矛盾，是否能正确反映各要素的分布特点和密度特征；例如，桥或停车场等与道路是相接的，如果数据库中只有桥或停车场，而没有与道路相连，则说明道路数据被遗漏，而使得数据不完整。在这种情况下，需要确定谁的精度更高。

（7）检查双线表示的要素（如双线铁路、公路）是否沿中心线数字化。

（8）检查水系、道路等要素数字化是否连续。

8．完备性及现势性的检测

（1）检查数据源生产日期是否满足要求，检查数据采集是否使用了最新的资料。

（2）采用调绘片、原图、回放图，必要时通过立体模型观察检查各要素及注记是否有遗漏。

9．整饰质量检查

对于地图制图产品，应检查以下内容：

（1）检查各要素符号是否正确，尺寸是否符合图示规定。

（2）检查图形线划是否连续光滑、清晰，粗细是否符合规定。

（3）检查各要素关系是否合理，是否有重叠、压盖现象。

（4）检查各名称注记是否正确，位置是否合理，指向是否明确，字体、字大、字向是否符合规定。

(5) 检查注记是否压盖重要地物或点状符号。

(6) 检查图面配置、图廓内外整饰是否符合规定。

10. 附件质量检查

(1) 检查所上交的文档资料填写是否正确、完整。

(2) 逐项检查元数据文件内容是否正确、完整。

5.5.3 数字线划地形图单位产品缺陷分类

数字线划地形图单位产品缺陷分类见表5-6。

表5-6 数字线划地形图单位产品缺陷分类

一级质量元素	严重缺陷	重缺陷	轻缺陷
基本要求	a) 数据文件不齐全; b) 文件名称有误或数据记录格式不符合规定		
数学精度	a) 空间定位参考系统采纳错误; b) 图廓点、控制点坐标值与理论值不符; c) 地物点平面位置中误差或高程点、等高线中误差超限	a) 地物点平面位置误差或高程误差超过最大误差限,一处计为1个; b) 要素几何图形不接边或属性不接边三处计为1个	不属于前两类缺陷的高程点、等高线中误差超限
属性精度	a) 点、线、面要素属性表中,字段名、字段类别、字段长度、字段顺序等有误或有遗漏; b) 国界、未定国界、特别行政区界以及相应的界桩、界碑放错层或属性数据错、漏; c) 国界、未定国界附近地名注错或其他错误造成主权归属错误	a) 国家一、二等级三角点、水准点及城市Ⅰ级控制以上高等级点属性数据错或放错层; b) 数据分层不完整或不正确; c) 图上长度在3cm以上的国家主要铁路属性数据错或放错层; d) 县或县以上境界放错层或属性数据错、漏; e) 国土长度在3cm以上的县级及县级以上公路或技术等级4级以上公路属性数据错、漏或放错层; f) 层名不正确或层的颜色不符合规定; g) 实体元素线型、线宽有误; h) 高程注记米以上数字错	a) 图上面积在4cm^{2}以上的面状要素属性错或漏一处;面积小于4cm^{2}的两处计为1个; b) 一般要素放错层或属性值错; c) 公共边或辅助线放错层或属性值有误; d) 等高线赋值错; e) 不属于前两类缺陷的问题
逻辑一致性	点、线、面要素拓扑关系未建立或建立错误	a) 面状要素未封闭两处计为1个; b) 面状要素无标识点或不止一个标识点两处计为1个	a) 出现悬挂节点、节点匹配精度超限等五处计为1个; b) 同一要素重复输入; c) 要素间关系不合理; d) 有向要素方向有误; e) 有注记无高程点或高程点无注记3个计为1个; f) 线划错误打断

续表

一级质量元素	严重缺陷	重缺陷	轻缺陷
完备性	国界、未定国界、特别行政区界或相应的界桩、界碑有遗漏	a）县或县级以上地名错或漏； b）全国一级河流、山脉等名称错、漏； c）图上长度在3cm以上的国家主要铁路、县级或县级以上公路或技术等级4级以上的公路漏绘； d）作为图名的图内注记错、漏； e）计曲线漏绘长度超过图上5cm一处计为1个	a）一般地名注记错或漏； b）面积在 $4cm^2$ 以上的水库、双线河流、湖泊等名称错、漏一处；面积小于 $4cm^2$ 的两处计为1个； c）一般要素漏三处计为1个； d）不属于前两类缺陷的问题
整饰质量	a）首末方里网线或图廓点经纬度注记错漏； b）图名、图号错、漏	*重要要素如铁路、公路、境界等线划、符号颜色、规格与规定不符	*a）注记压盖重要地物； *b）一般要素符号线划、颜色、规格与规定不符； *c）图廓内外整饰有错漏； d）不属于前两类缺陷的问题
附件质量			a）上交附件资料不齐全； b）元数据文件中漏或错信息1个； c）文档资料填写有漏或错信息； d）不属于前两类缺陷的问题

任务5.6 数字地图检查入库

5.6.1 数字地图检查入库流程

1∶500地形图建立数据库，按照要求，需要经过拼图分幅、数据处理、属性录入、数据汇总、数据核查、拓扑检查、数据入库等工序，详细流程如图5-13所示。

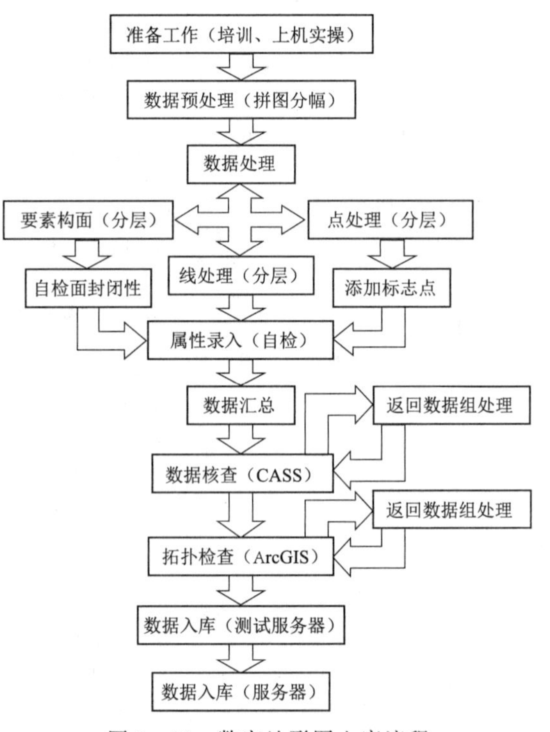

图5-13 数字地形图入库流程

1. 准备工作

主要是对入库标准规范、SouthMap处理流程、需要避免的问题等有具体的认知，达到数据能统一指标、统一流程、统一结果的目的。

2. 数据预处理

（1）资料准备。收集项目有关的地形图的所有版本，以最新版作为标准，对每一分块进行简单预处理（伪节点删除，重复实体删除），并对每一分块的图层按规范整理，图层标准命名见表5-7。

根据数据建库的需要，需添加图层，见表5-8。

表5-7 图层标准命名

图层名称	主要内容	图层名称	主要内容
ASSIST	辅助线层	DMTZ	地貌土质
KZD	控制点	ZBTZ	植被
GCD	高程点	JJ	境界线
JMD	居民地	DGX	等高线
DLDW	工矿设施	DSX	等深线
DLSS	交通设施	ZJ	汉字注记
GXYZ	管线设施	TK	图框
SXSS	水系设施		

表5-8 需添加图层

图层名称	主要内容	实体类型
SXM	面状水体	PG
ZBM	面状植被	PG
DLCN	道路中线	SL
JMDSP	单位机构位置标记点	SP
JJSP	地名标记点	SP
TKMAP	内图廓	PG

(2) 数据预处理。根据项目区域图对收集的地形图进行无缝拼接，构成一个整体，按照规范对其进行分幅。

3. 数据处理

以图幅为单位，按以下步骤进行地形图数据整理（按照面、点、线进行综合整理）。

(1) 要素构面（JMD、SXM、ZBM）。一个图层中有点线面3种元素，所以在执行这一步时，首先需将面独立分离成层。其中只需要对JMD执行这一步骤即可。

构面的方式有以下几种。

1) 可应用SouthMap软件的构面功能，即手动跟踪构面：将断断续续的复合线连接起来构成一个面。例如，花坛、道路边线、房屋边线等断开的线，可以通过手动构面，把它们围成的面域构造出来；即搜索封闭房屋：自动搜索某一图层上复合线围成的面域，并把它自动生成房屋面。

2) 原有轨迹复制编辑闭合。

3) 重新绘制。

4) 以上3种方法相互结合。

构面后需要自检：通过运行“面状地物封闭检查”功能实现。

面状地物封闭检查是面状地物入库前所必须进行的步骤。在此功能下定义“首尾点间限差”，程序自动将没有闭合的面状地物将其首尾强行闭合，当首尾点的距离大于限差，则用新线将首尾点直接相连，否则尾点将并到首点，以达到入库的要求。

注意：在运行“面状地物封闭检查”功能时，需要将图层独立成块文件进行检查。这能更好更快地达到检查的目的，也可避免因检查数据量过大而导致系统运转出现异常。

问题：

(a) 老图中存在一些样条曲线，可以通过重量线转成轻量线，SPLINE-复合线处理成复合线，一般情况下都能进行处理，实际处理不了的就重新绘制。

(b) 构面必须遵循原有轨迹，为了方便接边以及避免面面相交。

(c) 构面的同时最好进行分层，目的是方便面属性的统一录入和数据的复核检查，层名可以以编码+属性命名，例如：141200 简房。

(d) 水系构面，需区分水渠、河流、池塘。

(2) 符号。对每个图层单独处理，即对每个符号进行分类归层，可以以编码+属性命名，例如：154700 卫生所。

注意：

(a) 老图中符号的形式存在有形、块、点、圆、图案填充，而在入库标准中，符号的形式只能是块的形式，所以对于各层以这几种形式存在的符号，需要进行对其处理成以块形式存在的。

以形、圆、图案填充形式存在的符号，都需要重新绘制；以点形式存在的符号，可以通过属性匹配的方法来实现。

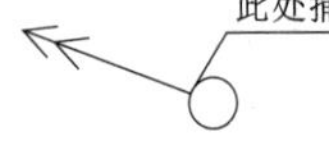

图5-14 配电线捕捉方式

(b) 配电线（通信线、输电线）箭头，入库后系统识别是以圆心为标准的。而在SouthMap中，捕捉如图5-14所示，箭头和电杆是分离的。

(c) 注记。注记以点形式存在的，其插入点为左下点，横排注记可以是字符串，竖排注记必须采用单个字符。

注意：有关政府机构、单位工厂、居民地名称等需添加单位机构标志点，点位一般应该在单位名称表示的中间位置或房屋中。有关地名等需添加地名标志点，点位一般应该在地名表示的中间位置或房屋中。同一单位名，同一地名只能有一个单位机构点、一个地名标志点。注记、SouthMap编码和SouthMap图层见表5-9。

表5-9　注记、SouthMap编码和SouthMap图层对应表

注记内容	SouthMap编码	SouthMap图层	备　注
其他控制点注记	130009	KZD	
单位名称说明注记	140009	JMD	
居民地说明注记	140019	JMD	
居民地门牌注记	140029	JMD	
工矿建筑说明注记	150009	DLDW	

续表

注记内容	SouthMap 编码	SouthMap 图层	备　注
交通说明注记	160009	DLSS	
管线注记	170009	GXYZ	
水系名称注记	180009	SXSS	
地名注记	190009	JJ	
地质地貌说明注记	200009	DMTZ	
高程点注记		GCD	使用 SouthMap 的标准来表示
植被说明注记	210009	ZBTZ	
图廓注记	220009	TK	

（3）线。根据线型，对老图中每个图层单独处理，无须分层。但 JMD 图层除外，因为 JMD 图层有多种同线型的不同地物，需一一分层。

注意：老图中有些地物，入库标准中实体形式是块的，但是却以线、图案填充的形式存在，如不依比例门墩。这种情况在处理时需特别注意。

适应 GIS 入库，需新增道路中线，道路中线可以通过【菜单】→【地物编辑】→【求中心线】实现，或者可用路的边线平推 1/2 的路宽平行线表示。一条完整的道路线用一条道路中心线表示。

注意：道路中心线相交的时候不产生交点。

4. 属性录入

要素构面、符号、文字、线分层完成后，按照《京维基础地形图内业整理技术细则》，直接给各地物匹配属性。

SouthMap 新增的地物，需要给其添加附加属性。

属性完全录入后需要自检：通过“属性完整性检查”和“过滤无属性实体”功能，检查地物的属性值是否完整，反复检查至图形实体属性一个不漏。

自检没问题后，把各分层汇总，成一个总的地形图。

5. 数据核查

由于数据处理过程中存在不规范或疏漏，比如房屋没有封闭，房屋与房屋中间有重复多余线，实体中没有属性或属性错误，以及存在没有属性的实体等，这些问题对基于基础数据的要素构面、GIS 数据库的入库是必须避免和消除的，否则将影响到 GIS 应用的可信度，甚至不能进行相关的 GIS 应用。数据核查主要分以下两步走。

对数据进行再次处理：删除伪节点（删除图面上的伪节点）、删除复合线多余点（删除图面中复合线上的多余点）、删除重复实体（删除完全重复的实体）。

应用 SouthMap 软件的“【菜单】→【检查入库】→【图形实体检查】”功能检查。

（1）图形数据编码正确性检查：检查地物是否存在编码、类型正确与否。

（2）图层正确性检查：检查地物是否按规定的图层放置，防止错误操作。

（3）符号线型线宽检查：检查线状地物所使用的线型是否正确。

（4）线自相交检查：检查地物之间是否相交。

（5）高程注记点检查：检查高程点图面高程注记与点位实际的高程是否相符。

（6）复合线重复点检查：旨在剔除复合线中与相邻点靠得太近又对复合线的走向影响不大的点，从而达到减少文件数据量，达到提高图面利用率的目的。设置“重复点限差”，执行检查命令后，如果相邻点的间距小于限差，则程序将报告错误。检查未通过的项目，将错误记录提交至制图处理，直至所有项目检查通过。

6. 拓扑关系建立

由于后期将对 SouthMap 软件成果数据新建拓扑管线和检查拓扑管线，因此需要建立 ArcGIS GEODATABASE 数据库，将 SouthMap 软件成果数据转入至 ArcGIS geodatabase 数据库。

应用 SouthMap 软件的 shp 文件接口、通过 ArcCatalog 自有功能或通过 SouthMap 转 SHP 小软件输出 shp 格式，将转换成 shp 格式的点、线、面简单要素类型数据转入 ArcGIS geodatabase 数据库中。由于 ArcGIS 数据库对数据有较高的要求，如图形实体放错图层、代码值错误、面状地物不封闭即有悬挂点、伪节点等错误均不能转入 ArcGIS 系统数据库。因此，还需要进行 ArcGIS 拓扑管线检查（拓扑处理的格式文件是 SHP 文件）。

SouthMap 软件成果数据转入 ArcGIS 数据库中，按《京维基础地形图内业整理技术细则》要素类型定义重组分类，SouthMap 软件成果数据与 ArcGIS 数据库分类映射见表 5-10。

表 5-10　SouthMap 软件成果数据与 ArcGIS 数据库分类映射表

图层内容	SouthMap 图层	GIS 图层	备注
等高线	DGX	TER	
地貌土质	DMTZ	TER	
道路	DLSS	TRA	
工矿设施	DLDW	INDRES	
管线设施	GXYZ	PIP	
高程点	GCD	TER	
居民地	JMD	INDRES	
控制点	KZD	CTL	
地名	JJ	NET	
范围界线	JJ	BOU	
水系设施	SXSS	HYD	
植被	ZBTZ	VEG	
其他类		OTH	COM、OVE、YW

拓扑是 GIS 在数据管理和完整性方面的关键要求。通常，拓扑数据模型通过将空间对象（点、线和面要素）表示为拓扑原始数据（节点、面和边）的基础图表来管理空间管线。这些原始数据（连同它们彼此之间及其所表示的要素边界之间的管线）通过在拓扑元素的平面图表中表示要素几何进行定义。拓扑用于确保空间关系的数据质

量并帮助数据编译。

在ArcCatalog中创建拓扑规则并执行该拓扑规则后，应用ArcMap软件根据错误提示进行修改。

修改有两种方式：

（1）SouthMap修改：在ArcGIS上定位后再在SouthMap上相应处修改之后，需要重新转SHP文件，重新拓扑检查。

（2）ArcGIS修改：直接在ArcGIS上修改后进行拓扑再检查。

注意：ArcGIS转CAD后，只有GIS图层和线条，原有SouthMap编码属性丢失。ArcGIS修改后的SHP文件可以直接保存入库。

ArcMap软件拓扑检查功能有对线拓扑（删除重复线、相交线断点等）、根据线拓扑生成面、拓扑编辑（如共享边编辑等）、拓扑错误显示（显示在ArcCatalog中创建的拓扑规则错误），拓扑错误重新验证（刷新错误记录）。

7. 数据入库

将经过拓扑再检查的SHP数据按照“GIS系统—菜单—地形图管理—地形图数据入库”操作，上传到测试数据库，成功后查看日志，并刷新系统，浏览检查新入库的地形图（系统地形图地物的配置等）。确定没问题后，再上传至服务器的数据库。

8. 其他问题

（1）老图中在SouthMap没找到相应编码的要经讨论后确定一个标准。

（2）保证图面整饰质量。

（3）某些地物直接属性匹配时，会出现类型转变的情况，如对老图中一些依比例支柱、墩属性匹配之后，其由方形变成了一条直线。这种情况主要是其实体本来就是线的形态，由于其线宽变粗，造成视觉上的错误判读，需要重新绘制。

（4）老图中有些围墙边是加固陡坎，在其匹配属性时也应是加固陡坎。

9. 一些常用的快捷命令

复合线加点：Y；属性匹配：S。

10. 检查中需注意的问题

（1）单位机构标志点，地名标记点，水系信息，道路中线在ArcGIS输出的属性表格中，修改的信息软件是否可以识别、浏览检查。

（2）水系面、植被面及房屋面相交相包含处理。

（3）房屋面处理，其结构和层数需要处理，SouthMap检查功能中建筑物文字正确性可以实现。

（4）图面是否符合实际地形（地物显示是否正确）。

（5）注意最新版图式规范，及时与最新规范同步。

5.6.2 SouthMap的检查入库功能

SouthMap软件具有较为完善的检查入库功能，如图5-15所示。

1. 地物属性结构设置

SouthMap的“属性结构设置”对话框如图5-16所示，用户可以在同一个界面上完成定制入库接口的所有工作，并易于查看、检核数据库表结构，方便了GIS建库

图 5－15　SouthMap 软件的检查入库菜单

工作。

（1）左侧窗口为各个实体层所对应的属性表名称；中间窗口为该实体层所对应的没有被赋予属性表的地物实体；右侧窗口为该实体层所对应的被赋予了该属性表的地物实体；下方窗口为该实体层所对应的属性表的字段内容。

（2）对话框左侧树状图中 Tables 根目录下的名称是符号（地物、地籍）所属层名，对应到数据库中就是该数据库的表名。要增加或删除数据表，可以在树状图的任意位置点击右键，选择“添加/删除”即可。

（3）在对话框中部的下拉框中选择地物类型，选取具体地物添加到当前层中，表明当 DWG 文件转出成 SHP 文件时，该地物就放在当前层上。

（4）对话框右下角为“表结构设置”，可以对当前表进行相应的修改，如更改表类型、表说明、增加字段、更新字段等。

1）字段名称：为该字段所对应的英文代码，用户可以自定义，如层高可以表示为 CG。

2）字段类型：即填写该字段的数据类型，有整型，字符串型等。

3）长度：即该字段填写内容的长度，如字符串类型字段，长度是 10 就只能填 10 个字符，整型只能填写 10 位数字。

4）小数位数：是指浮点型数据类型该保留的小数位。若是 3 位有效数字，则为 0.000。

5）说明：即属性名称所对应的内容，如权利人、层数。

6）字典：填写该字段的数据字典，若没有则空着。

2. 复制实体附加属性

此功能可以将已经赋予了属性的实体的属性信息复制给同一类型的其他实体。先选择要复制的源实体后，再选择要被赋予该属性内容的实体即可。

3. 批量赋实体属性

批量给实体的属性字段赋值。按命令提示键入要处理的属性字段名，并键入属性值。

4. 图形实体检查

可对实体进行检查，并将检查结果放在记录文件中，可以逐个或批量修改检查出的错误，如图 5－17 所示。主要可以完成如下检查项。

（1）编码正确性检查。检查地物是否存在编码，类型正确与否。

（2）属性完整性检查。检查地物的属性值是否完整。

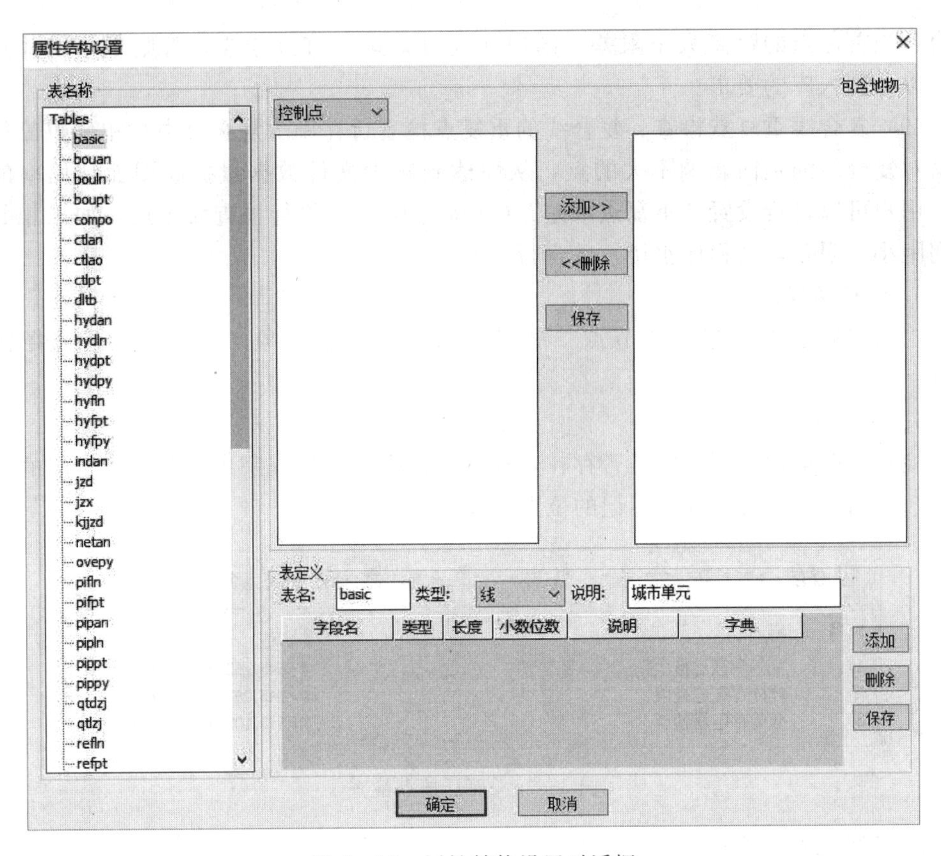

图 5－16 属性结构设置对话框

(3) 图层正确性检查。检查地物是否按规定的图层放置，防止误操作。例如，一般房屋应该放在“JMD”层的，如果放置在其他层，程序就会报错，并对此进行修改。

(4) 符号线型线宽检查。检查线状地物所使用的线型是否正确。例如，陡坎的线型应该是“10421”，如果用了其他线型，程序将自动报错。

(5) 线自相交检查。检查地物之间是否相交。

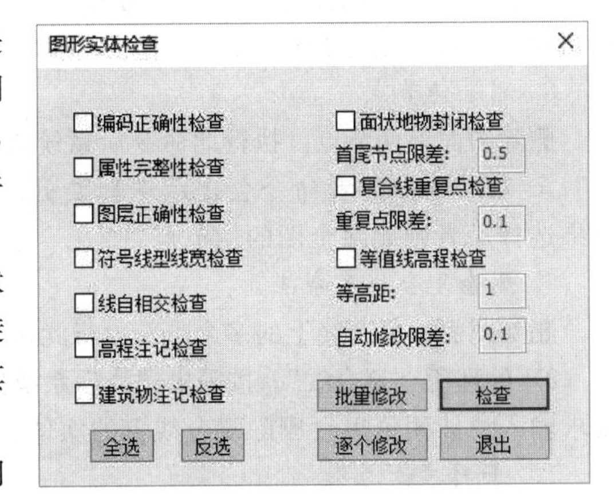

图 5－17 图形实体检查

(6) 高程注记检查。检核高程点图面高程注记与点位实际的高程是否相符。

(7) 建筑物注记检查。检核建筑物图面注记与建筑物实际属性是否相符，如材料、层数等。

(8) 面状地物封闭检查。此项检查是面状地物入库前的必要步骤。用户可以自定义“首尾节点限差”(默认为 0.5m)，程序自动将没有闭合的面状地物将其首尾强行闭合：当首尾点的距离大于限差，则用新线将首尾点直接相连，否则尾点将并到首点，以达到入库的要求。

（9）复合线重复点检查。复合线的重复点检查旨在剔除复合线中与相邻点靠得太近又对复合线的走向影响不大的点，从而达到减少文件数据量提高图面利用率的目的。用户可以自行设置“重复点限差”（默认为 0.1），执行检查命令后，如果相邻点的间距小于限差，则程序报错，并自行修改。

5. 检查伪节点

检查实体中是否存在伪节点。根据提示选择检查对象，检查点数，选择阈值即可。

6. 检查面悬挂点

检查在搜索阈值范围内是否存在悬挂点，依提示可检查宗地、图斑或房屋的面悬挂点。如图 5-18 所示红色标记的位置为面悬挂点。

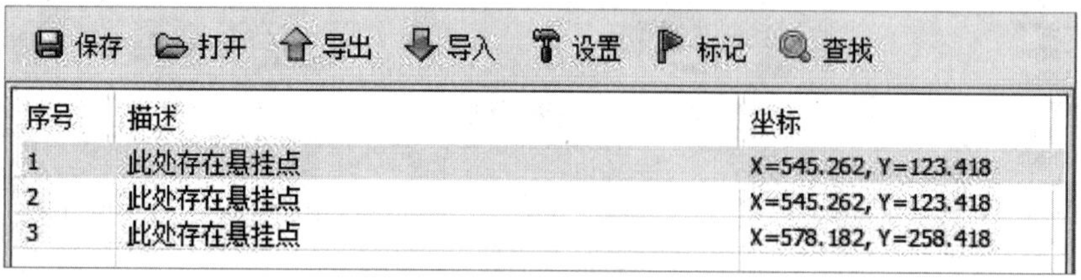

保存 打开 导出 导入 设置 标记 查找

序号	描述	坐标
1	此处存在悬挂点	X=545.262, Y=123.418
2	此处存在悬挂点	X=545.262, Y=123.418
3	此处存在悬挂点	X=578.182, Y=258.418

图 5-18 面悬挂点检查

7. 过滤无属性实体

过滤图形中无属性的实体。绘制完图形后执行此命令，在对话框中选择文件保存的路径，点击确定进行过滤。

8. 删除伪节点

删除图面上伪节点。执行此命令后系统提示“请选择：（1）手工选择（2）全图选择”，＞如果选择前者命令会提示选择要处理的实体，然后删除这些实体的伪节点；如果选择后者则删除全图的伪节点。

9. 删除复合线多余点

删除图面中复合线上的多余点。执行此命令后系统提示“请选择：（1）只处理等值线（2）处理所有复合线”。按需求选择后系统提示：“请输入滤波阈值＜0.5 米＞：”，按要求输入滤波阈值后会删除复合线上的实体。

10. 删除重复实体

删除完全重复的实体。

11. 等高线穿越地物检查

检查等高线是否穿越地物。该功能可在安装目录下的 config.db 文件中的 NOT-ThroughDGX 表里进行配置。该表存储不允许被等高线穿越的地物编码，支持模糊设置。如：不允许穿越房屋，则只需配置 141，所有 SouthMap 编码为 141 开头的地物，都会被判断为不允许被等高线穿越。

12. 等高线高程注记检查

检查等高线高程注记是否有错。

13. 等高线拉线高程检查

拉线后检查线所通过等高线是否有错。按提示指定起始位置和终止位置后命令栏会显示所拉线与等高线有多少个交点，是否存在错误。

14. 等高线相交检查

检查等高线之间是否相交。

15. 坐标文件检查

自动检查草图法测图模式中的坐标文件（*.DAT)，不仅对DAT数据中的文件格式进行检查，还对点号、编码、坐标值进行全面的类型、值域检查并报错，显示在文本框中，以便于修改。

16. 点位误差检查

点位精度检查是在现场找到控制点，实地设站测定地物点坐标，与图上相同位置地物点进行比较，计算点位中误差，来确定地物点的定位精度。一般每幅图采点30～50个。实地采集完毕后将数据导入图5-19所示表中进行计算。

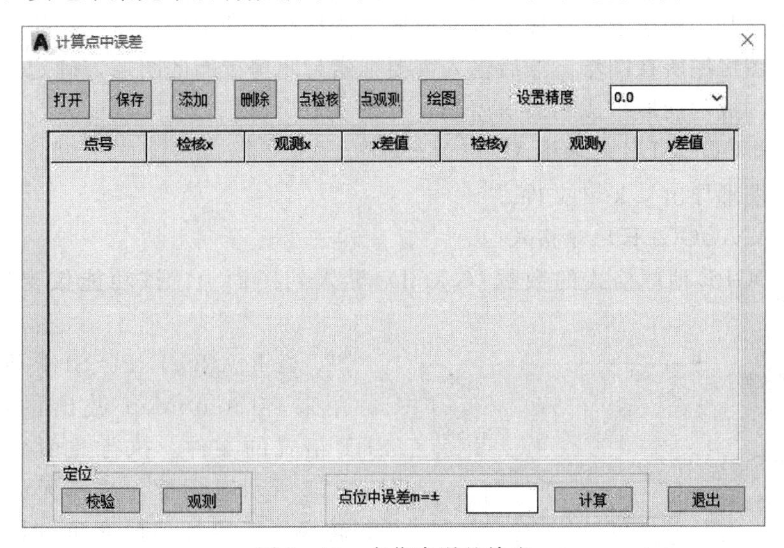

图5-19 点位中误差检查

17. 边长误差检查

边长精度检查有两种方法：一是根据实际采集的点位反算出的边长与原边长之差；二是根据人工实际量距与原边长的差，计算得到边长的中误差。实地采集完毕后将数据导入图5-20所示表中进行计算。

18. 手动跟踪构面

将未连接成整体的复合线连接起来构成一个面，例如：花坛、道路边线、房屋边线等断开的线，可以通过手动构面，构造出其围成的面域。执行此命令按提示选取要连接的一段边线，然后依次选择需要进行构面的的复合线边线，当最后需要闭合的时候，直接回车键闭合结束。

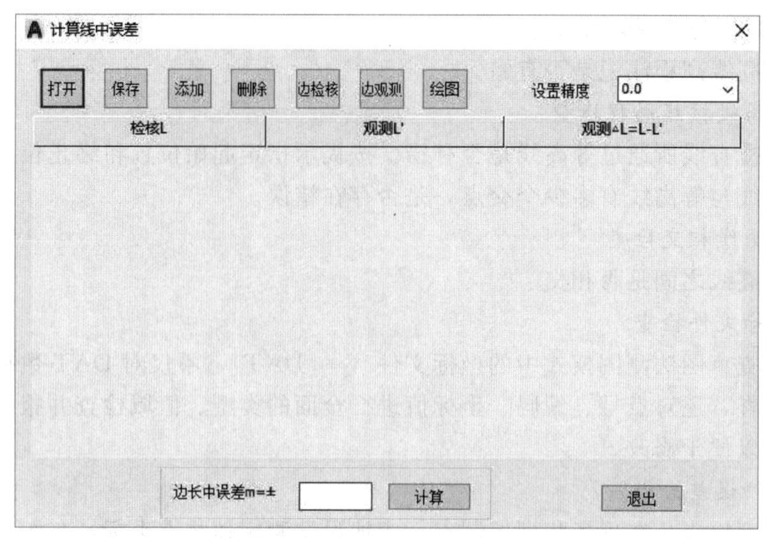

图 5-20　线中误差计算

19. 搜索封闭房屋

自动搜索某一图层上复合线围成的面域，并把它自动生成房屋面。执行此命令按提示输入旧图房屋所在图层，然后输入需要搜索封闭房屋面的图层，确定后即将该图层上复合线围成的面域生成一般房屋。

20. 导出 GOOGLE 地球格式

将当前图形导出 * .kml 文件。

21. 导入 GOOGLE 地球格式

将 GOOGLE 地球格式的数据（.kml）导入到图面上。该功能仅支持导入线、注记。

22. 输出 ARC/INFO SHP 格式

用来将 SouthMap 做出的图转换成 .SHP 格式的文件。执行此命令后弹出如图 5-21 所示对话框，选择无编码的实体是否转换、弧段插值的角度间隔、文字是转换到点还是线，然后选择生成的 SHP 文件保存路径，完成 .SHP 格式文件的转换。

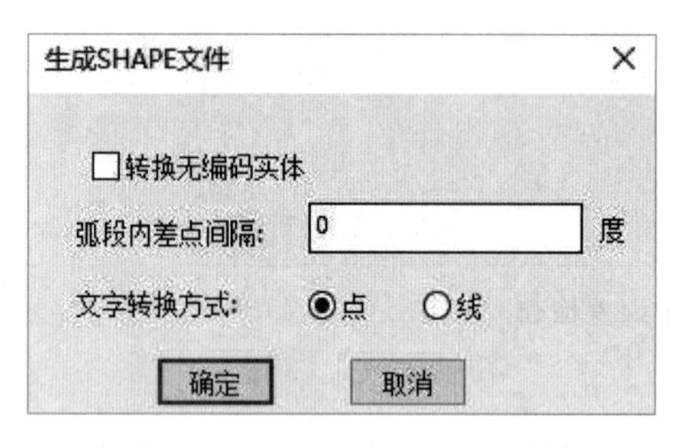

图 5-21　生成 ARC/INFO SHP 格式对话框

23. 输入 ARC/INFO SHP 格式

输入 SHP 文件，生成 SouthMap 图形。

24. 输入 ARC/INFO SHP 格式（多个）

输入多个 SHP 文件，生成 SouthMap 图形。

25. 输出 ArcGIS10 MDB 格式

将当前图形输出生成 ArcGIS 的 MDB 文件。此功能无须安装 ArcGIS 相关软件，生成的 MDB 需在 ArcGIS10 或以上的版本才能打开。

26. 输入 ArcGIS10 MDB 格式

将 MDB 文件导入生成 SouthMap 图形。

【项目小结】

本项目主要介绍了大比例尺数字地形图的质量要求、数字测图质量控制方法、数字地形图的质量检查与验收，以及数字测图项目成果检查与评定、技术总结等。通过本项目的学习，应该掌握大比例尺数字地形图的质量要求和生产中的质量控制，数字地形图检查与验收的方法，以及数字测图项目技术总结的编写方法。

【课后习题】

一、单项选择题

1. 测绘产品的检查验收实行二级检查一级验收制度，其中最终检查通常是由（　　）完成。

A. 生产单位的作业部门　　B. 生产单位质量检查部门

C. 作业小组　　D. 任务的委托方

2. 测绘产品的检查验收实行二级检查一级验收制度，通常采用抽样检查，而不采用全数检查的是（　　）。

A. 过程检查　　B. 最终检查　　C. 验收　　D. 成果汇交

3. 以下不属于验收工作程序的是（　　）?

A. 组成批成果　　B. 确定样本量

C. 填写过程检查记录　　D. 抽取样本

4. 单位成果质量等级分为（　　）级。

A. 2　　B. 3　　C. 4　　D. 5

5. 测绘技术总结分为（　　）和专业技术总结。

A. 项目总结　　B. 测绘项目技术设计

C. 测绘成果质量说明　　D. 测绘成果质量评价

二、多项选择题

1. “概查”是指对单位成果质量要求的特定检查项的检查，这个“特定检查项”一般指（　　）。

A. 重要的、特别关注的质量要求或指标　B. 出现系统性的偏差、错误的检查项

C. 偶然性的注记错误　　D. 符号压盖

2. 检验报告内容包括检验工作概况、受检成果概况、（　　）、质量统计及质量描述、附件等八项。

A. 检验依据　　B. 抽样情况

C. 检查内容与方法　　D. 主要质量问题及处理

3. 抽样情况主要包括（　　）。

A. 抽样依据　　B. 抽样方法　　C. 样本数量　　D. 坐标系统

4. 受检成果概况主要内容包括来源、测区位置、生产单位、（　　）、批量等。

A. 单位资质等级　B. 生产日期　C. 生产方式　D. 成果形式

5. 检验工作概况主要包括检验时间、检验地点、(　　) 等。

A. 检验方式　B. 检验人员

C. 检验的软硬件设备　D. 交通及气候状况

三、判断题

1. 过程检查是在作业组（人员）自查互检的基础上，按相应的技术标准、技术设计书和有关的技术规定所进行的全面检查。(　　)

2. 批成果应由相同技术条件要求下生产的同一测区、同一比例尺单位成果集合组成，当检验批划分为多个批次检验时，各批次分别进行质量检验和批成果质量判定。(　　)

项目 5
课后习题答案

3. 没有通过过程检查的单位成果，就能进行最终检查。(　　)

4. 测绘技术总结是长期保存的重要技术档案。(　　)

5. 地形图质量检查应该抽样检查，返工后可以不检查直接通过。(　　)

四、简答题

1. 数字地形图的质量特性有哪些？

2. 与传统测图相比，数字测图的内业质量控制有哪些特点？

3. 数字测图成果质量检查与验收包括哪些内容？

4. 简述数字测图成果质量评定的方法。

【课堂测验】

请扫描二维码，完成本项目课堂测验。

课堂测验 5

课堂测验 5 答案

普及测绘法制宣传，守护崛起大国安全

党的二十大报告明确指出：“推进国家安全体系和能力现代化，坚决维护国家安全和社会稳定。”2023 年 4 月 15 日是第八个全民国家安全教育日，主题是“贯彻总体国家安全观，增强全民国家安全意识和素养，夯实以新安全格局保障新发展格局的社会基础”。国家安全领域主要包括政治安全、国土安全、军事安全、经济安全、金融安全、文化安全、社会安全、科技安全、网络安全、粮食安全、生态安全、资源安全、核安全、海外利益安全、生物安全、太空安全、极地安全、深海安全、人工智能安全和数据安全领域。

作为一名测绘从业人员，我们要认真学习测绘法，防范和制止危害国家安全的行为发生，增强测绘职工保密安全意识，筑牢保密思想防线。保持政治敏锐性和警惕性，切实提高反奸防谍和保密意识，坚定不移维护国家安全和社会稳定。

《中华人民共和国测绘法》第四十六条规定：县级以上人民政府测绘地理信息主管部门应当会同本级人民政府其他有关部门建立地理信息安全管理制度和技术防控体系，并加强对地理信息安全的监督管理。

《中华人民共和国测绘法》第四十七条规定：地理信息生产、保管、利用单位应当对属于国家秘密的地理信息的获取、持有、提供、利用情况进行登记并长期保存，实行可追溯管理。从事测绘活动涉及获取、持有、提供、利用属于国家秘密的地理信息，应当遵守保密法律、行政法规和国家有关规定。地理信息生产、利用单位和互联网地图服务提供者收集、使用用户个人信息的，应当遵守法律、行政法规关于个人信息保护的规定。

《中华人民共和国测绘法》第六十五条规定：违反本法规定，地理信息生产、保管、利用单位未对属于国家秘密的地理信息的获取、持有、提供、利用情况进行登记、长期保存的，给予警告，责令改正，可以并处二十万元以下的罚款；泄露国家秘密的，责令停业整顿，并处降低测绘资质等级或者吊销测绘资质证书；构成犯罪的，依法追究刑事责任。违反本法规定，获取、持有、提供、利用属于国家秘密的地理信息的，给予警告，责令停止违法行为，没收违法所得，可以并处违法所得二倍以下的罚款；对直接负责的主管人员和其他直接责任人员，依法给予处分；造成损失的，依法承担赔偿责任；构成犯罪的，依法追究刑事责任。

项目 6

数字测图技术总结编写

【项目概述】

本项目主要学习数字测图技术总结的编写编写依据、编制原则及编写内容，重点学习大比例尺数字测图技术总结的方法。以一个具体的数字测图技术总结案例为依托，引导学生完成本校校园 1∶500 数字测图技术总结。

【学习目标】

通过本项目学习，让学生理解数字测图技术总结的编制依据、原则及内容，掌握大比例尺数字测图技术总结的编写方法。

【内容分解】

项目	重难点	任务	学习目标	主要内容	实训教学组织
数字测图技术总结编写	大比例尺数字测图技术总结	任务 6.1：编制数字测图技术总结	理解大比例尺数字测图技术总结的主要内容	大比例尺数字测图技术总结的编制依据、编制原则及编制内容	以附录 1 为例，理解大比例尺数字测图的编制方法，为完成校园 1∶500 数字地形图测绘技术总结”做好准备
		任务 6.2：数字测图技术总结案例	以案例为依托，学习数字测图技术总结的编制方法	以 W 市工业园区 C 区 1∶500 数字化地形图测绘技术总结为例，掌握数字测图技术设计编写内容	以本校校园地形图测绘为项目载体，完成“校园 1∶500 数字地形图测绘技术总结”

任务 6.1　编制数字测图技术总结

数字测图技术总结是在千头万绪的测绘任务完成后，根据技术设计文件、技术标准、规范等的执行情况，技术设计方案实施中出现的主要问题和处理方法，成果（或产品）质量、新技术的应用等进行分析研究、认真总结，并作出项目的客观描述和评价。数字测图技术总结为用户对成果（或产品）的合理使用提供方便，为测绘单位持续质量改进提供依据，同时也为技术设计、有关技术标准、规定的制定提供资料。它有利于生产技术和理论水平的提高，为其他工程项目积累经验，为科学研究积累资料。它是与测绘成果（或产品）有直接关系的技术性文件，是需要永久保存的重要技术档案。

6.1.1 数字测图技术总结的作用

（1）为用户对成果的合理使用提供方便。

（2）为测绘单位质量改进提供数据。

（3）为测绘项目技术设计、有关技术标准、规定的制定提供资料。

（4）与数字地形图成果有直接关系的技术性文件，是需要长期保存的重要技术档案。

6.1.2 数字测图技术总结的分类

（1）项目总结是一个测绘项目在其最终成果（或产品）检查合格后，在各专业技术总结的基础上，对整个项目所作的技术总结。

（2）专业技术总结是测绘项目中所包含的各测绘专业活动在其成果（或产品）检查合格后，分别总结撰写的技术文档。

对于工作量较小的项目，可根据需要将项目总结和专业技术总结合并为项目总结。

6.1.3 数字测图技术总结编写依据

（1）测绘任务书和合同的有关要求，顾客书面要求或口头要求的记录，市场的需求或期望。

（2）测绘技术设计文件、相关的法律、法规、技术标准和规范。

（3）测绘成果（或产品）的质量检查报告。

（4）以往测绘技术设计、测绘技术总结提供的信息以及现有生产过程和产品的质量记录和有关数据。

（5）其他有关文件和资料。

6.1.4 数字测图技术总结编写要求

（1）项目总结由承担项目的法人单位负责编写或组织编写。专业技术总结由具体承担相应测绘专业任务的法人单位负责编写。具体的编写工作通常由单位的技术人员承担。

（2）内容真实、全面，重点突出。说明和评价技术要求的执行情况时，不应简单抄录设计书的有关技术要求；应重点说明作业过程中出现的主要技术问题和处理方法、特殊情况的处理及其达到的效果、经验、教训和遗留问题等。

（3）文字应简明扼要，公式，数据和图表应准确，名词、术语、符号和计量单位等均应与有关的法规和标准一致。

（4）技术总结的幅面、封面格式、字体与字号等应符合相关要求。

（5）技术总结编写完成后，单位的总工程师或技术负责人应对技术总结编写的客观性、完整性等进行审查并签字，而且要对本次技术总结编写的质量负责。技术总结经审核签字后，随测绘成果或产品、测绘技术设计文件和成果检查报告一并上交和归档。

6.1.5 数字测图技术总结的构成要素

1. 概述

应概要说明测绘任务总体情况。例如：任务来源、目标、工作量、任务的安排与完成情况，以及作业区概况和已有资料利用等情况。

2. 技术设计执行情况

主要说明、评价测绘技术设计文件和有关的技术标准、规范的执行情况。内容主要包括生产所依据的测绘技术设计文件和技术标准、规范。设计书执行情况以及过程中技术性更改情况。生产过程中出现的主要技术问题和处理方法。特殊情况的处理以及其达到的效果等。新技术、新方法、新材料等的应用情况。经验、教训、遗留问题、改进意见和建议等。

3. 成果（或产品）质量说明和评价

需简要说明、评价测绘技术成果（或产品）质量情况，包括必要的精度、产品达到的技术质量指标，并说明其质量检查报告的名称及编号。

4. 上交和归档的成果及其资料清单

需分别说明上交和归档的成果（或产品）的形式、数量等，以及一并上交和归档的资料文档清单。

6.1.6 数字测图项目总结的主要内容

数字测图技术总结是一个项目在其最终成果（或产品）检查合格后，在各专业技术总结的基础上，对整个项目所作的技术总结。由概述、技术设计执行情况、测绘成果（或产品）质量说明与评价、上交和归档测绘成果（或产品）及其资料清单四部分组成。

1. 概述

概述部分主要包括以下4方面内容。

(1) 项目来源、内容、目标、工作量，项目的组织和实施，专业测绘任务的划分、内容和相应任务的承担单位，产品交付与接收情况等。

(2) 项目执行情况：说明生产任务安排与完成情况，统计有关的作业定额和作业率，经费执行情况等。

(3) 测区概况包括测区名称、范围、测量内容，行政隶属，自然地理特征，交通情况，困难类别等。

(4) 已有资料及其利用情况包括。

1) 资料的来源、地理位置和利用情况等。

2) 资料中存在的主要问题及处理方法。

2. 技术设计执行情况

技术设计执行情况的主要内容如下。

(1) 生产所依据的技术性文件。内容包括：

1) 项目设计书、项目所包括的全部专业技术设计书、技术设计更改文件。

2) 使用的仪器设备与工具的型号、规格与特性，仪器的检校情况，使用的软件基本情况介绍等。

3）有关的技术标准和规范。

（2）项目总结所依据的各专业技术总结。

（3）说明和评价项目实施过程中，项目设计书和有关的技术标准、规范的执行情况，并说明目设计书的技术更改情况（包括技术设计更改的内容、原因的说明等）。

（4）重点描述项目实施过程中出现的主要技术问题和处理方法、特殊情况的处理及其达到的效果等。

（5）说明项目实施中质量保障措施（包括组织管理措施、资源保证措施和质量控制措施以及数据安全措施）的执行情况。

（6）当生产过程中采用新技术、新方法、新材料时，应详细描述和总结其应用情况。

（7）总结项目实施中的经验、教训（包括重大的缺陷和失败）和遗留问题，并对今后生产提出改进意见和建议。测绘成果（或产品）质量说明与评价。

3. 测绘成果（或产品）质量说明与评价

测绘成果（或产品）质量说明与评价内容包括：说明和评价项目最终测绘成果（或产品）的质量情况，产品达到的技术指标，并说明最终测绘成果（或产品）的质量检查报告的名称和编号。

4. 上交和归档测绘成果（或产品）及其资料清单

上交和归档测绘成果（或产品）及资料清单包括：

（1）测绘成果（或产品）。说明其名称、数量、类型等，当上交成果的数量或范围有变化时需附上交成果分布图。

（2）文档资料。包括项目设计书及其有关的设计更改文件、项目总结、质量检查报告。必要时，也包括项目包含的专业技术设计书及其关专业设计更改文件和专业技术总结，文档簿（图例簿）以及其他作业过程中的重要记录。

（3）其他需要上交和归档的资料。

6.1.7 数字测图专业技术总结的编写

专业技术总结的主要内容和编写要求均类似于项目总结。

其中概述部分主要包括以下6部分：

（1）项目名称、来源、目标、内容。

（2）生产单位、起止时间、任务安排概况。

（3）成图比例尺、作业技术依据。

（4）测区范围及其行政隶属。

（5）自然地理和社会经济的特征、困难类别。

（6）计划与实际完成工作量的比较，作业率的统计等。

利用已有资料情况包括：

（1）采用的高程基准和坐标系统。

（2）起算数据和资料的名称，等级，坐标系统，项目来源和精度情况。

（3）资料中存在的主要问题和处理方法。

其中，测区原有的资料可在当地的自然资源局或档案局获取。

列出执行技术规范标准，比如：《工程测量标准》（GB 50026—2020）、《国家基本比例尺地图图式　第1部分：1∶500 1∶1000 1∶2000地形图图式》（GB/T 20257.1—2017）等、项目合同中业主方的要求及技术设计书等。

列出数据指标与生产规格包括：

（1）项目使用仪器和主要测量工具的名称、型号、主要技术参数和检校情况。

（2）各类图根点的布设，标志的设施，施测方法和重测情况。

（3）DEM的数据采集、分层设色的要求。

（4）野外地形数据的采集方法、要素代码、精度要求，属性的内容、要求。采用的平面坐标，高程系统，比例尺，地形图分幅编号等。

总结中要体现硬件设备（硬件设备投入情况和仪器检验情况）、软件使用情况、人员配置情况以及项目实施整体流程［选点、埋石、平面控制测量、高程控制测量、地形测量（图根测量和地形测绘）］等内容。

质量检查主要内容有：

（1）成果质量：要求包含平面控制、高程控制、地形图等方面。

（2）成果检查：包括自检互检、过程检查、最终检查、质量评定、数据安全措施。

环境，安全管理与资料提交归档内容包括：

（1）说明执行的法律法规、重要环境因素、重要危险源的识别及其影响、重要危险源的控制措施等。

（2）列明需要提交的资料与归档资料。

附表、附图内容包括：

（1）已有资料清单。

（2）控制点布设图。

（3）仪器，工具检验结果汇总表。

（4）精度统计图，分幅图等。

（5）上交测绘成果清单等。

注意生产过程中相关资料需全部保存，缺一不可。

Ⓛ6-1

ⓢ6-1

任务6.2　数字测图技术总结案例

详见附录2。

【项目小结】

本项目主要讲述数字测图技术总结的编制依据、原则及内容，重点讲述大比例尺数字测图技术总结的编写方法。

【课后习题】

一、单项选择题

1. 测绘技术总结分为（　　）和专业技术总结。

A. 项目总结　　　　　　　　　　B. 测绘项目技术设计
C. 测绘成果质量说明　　　　　　D. 测绘成果质量评价

2. 项目总结由承担项目的（　　）负责编写或组织编写。
A. 分包单位　　B. 法人单位　　C. 质检人员　　D. 作业组长

3. 专业技术总结由具体承担相应测绘专业任务的（　　）负责编写。
A. 委托单位　　B. 分包单位　　C. 监理单位　　D. 法人单位

4. 技术总结编写完成后，单位的（　　）应对技术总结编写的客观性、完整性等进行审查并签字。
A. 作业组长　　　　　　　　　　B. 中队长
C. 行政领导　　　　　　　　　　D. 总工程师或技术负责人

5. 测绘技术总结通常由概述、（　　）、成果（或产品）质量说明和评价、上交和归档的成果（或产品）及其资料清单四部分组成。
A. 已知数据　　　　　　　　　　B. 技术设计执行情况
C. 控制网布设情况　　　　　　　D. 精度等级

二、判断题

1. 测绘技术总结是长期保存的重要技术档案。（　　）

2. 对于工作量较小的项目可根据需要将项目总结和专业技术总结合并为项目总结。（　　）

3. 项目总结在专业技术总结之前已经完成。（　　）

4. 数字测图技术总结是一个项目在其最终成果（或产品）检查合格后，在各专业技术总结的基础上，对整个项目所作的技术总结。（　　）

5. 测绘技术总结包括项目总结和专业技术总结。（　　）

项目6
课后习题答案

附录 1

数字化地形图测绘技术设计示例

W 市工业园区 C 区 1∶500 数字化地形图测绘技术设计书

一、项目综述

(一) 测图目的

为满足 W 市工业园区 C 区规划设计用图的需要，受 W 市 Q 区人民政府（委托单位名称）委托，W 市勘测院（乙方）承担了工业园区 C 区（具体项目地块名称）约×km^2 的 1∶500 数字化地形图测量任务。为统一技术要求，保质保量按期完成该项目，特制定本设计书，望在作业过程中认真执行。

(二) 测区概况

工业园区 C 区地块位于 SY 市北部 ，隶属 Q 区。测区范围为北至……南至……西至……东至……以 DY 地区为中心，周边约××km^2，交通较为便利。

测区地形以平原为主，部分地面上有树，测区内耕地大部分为旱地，有部分水稻田。

(三) 测区已有成果资料的分析与利用

1. 控制资料

(1) 由 W 市规划局提供 4 个一级图根导线点（描述大概位置），可作为测区布设首级控制测量平面控制的起算点。

(2) 由 A 市规划局提供四等以上水准点，可作为首级控制测量高程控制的起算点（描述大概位置）。

(3) 上述成果为国家 2000 大地坐标系，1985 国家高程基准。

(4) 经实地踏勘，上述 4 个一级图根导线点标志均完好，经检测其成果可靠。鉴于本次测绘面积较小，因此将上述三点作为起算点发展二级图根用于测图。

2. 地形图资料

本测区的工作图采用 20××年我院测绘的 1∶500 地形图及其地形图数据库输出的 DLG 数据，总数量约×××幅。本测区图根控制以我院的一级、二级导线点（约×××个）和 W 市 CORS 系统为基础。

(四) 技术及作业依据

(1)《1∶500 1∶1000 1∶2000 外业数字测图规程》(GB/T 14912—2017)。

(2)《国家基本比例尺地图图示　第1部分：1∶500 1∶1000 1∶2000地形图图示》(GB/T 20257.1—2017)。

(3)《1∶500 1∶1000 1∶2000地形图数字化规范》(GB/T 17160—2008)。

(4)《国家三、四等水准测量规范》(GB/T 12898—2009)。

(5)《全球定位系统(GPS)测量规范》(GB/T 18314—2009)。

(6)《城市测量规范》(CJJ/T 8—2011)。

(7)《卫星定位城市测量技术标准》(CJJ/T 73—2019)。

(8)《测绘作业人员安全规范》(CH 1016—2008)。

二、工作流程及标准约定

(一) 工作流程

工作流程如附图1-1所示。

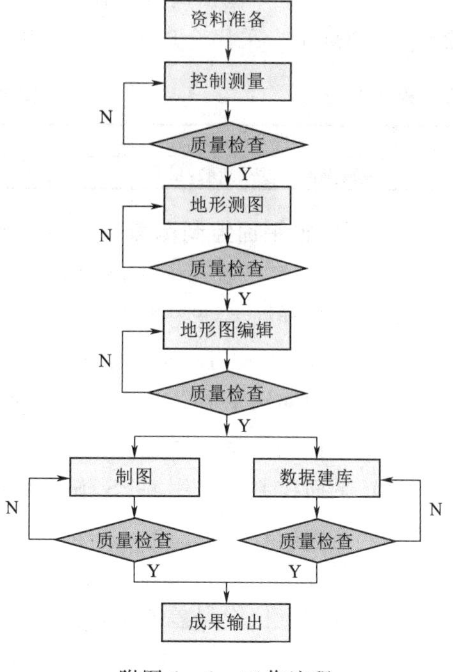

附图1-1　工作流程

(二) 标准约定

1. 坐标系统

(1) 平面坐标系统。平面坐标系统采用CGCS2000国家大地坐标系，中央子午线123°，高程抵偿投影面为1××× m。

(2) 高程坐标系统。高程坐标系统采1985国家高程基准，基本等高距为1m。

2. 地形图规格

测图比例尺为1∶500。

图幅分幅50cm×50cm标准分幅。

图号采用图幅西南角纵、横坐标千米数表示(保留两位整数和两位小数)，中间用“—”连接，纵坐标在前横坐标在后，如38.06—73.52。

三、控制测量技术要求

(一) 基本要求

(1) 图根控制测量应在各等级控制点下进行，各等级平面控制测量的最弱点相对于起算点点位中误差不应大于5cm。各等级高程控制测量的最弱点相对于起算点的高程中误差不应大于2cm。

(2) 图根点相对于图根起算点的点位中误差，按测图比例尺1∶500不应大于5cm；1∶1000、1∶2000不应大于10cm。高程中误差不应大于测图基本等高距的1/10。

(3) 图根点可采用临时标志，临时标志应在地面上设置明显并且固定的标志。当测区内高级控制点稀少时，应视需要埋设标石，埋石点应选在第一次附合的图根点上，并应做到能与其他埋石点或已测坐标的地物点通视。城镇建设区和工业建设区标石的埋设，应考虑满足数字地图修测的需要。

（4）图根点（包括高级控制点）密度应以满足测图需要为原则，一般不宜低于附表1-1的规定，采用全球卫星导航系统实时动态测量法（RTK）测图时可适当放宽。

附表1-1　图根点密度

测图比例尺	1∶500	1∶1000	1∶2000
图根点的密度/(点数/km^2)	64	16	4

（二）图根平面控制测量

1. 全球卫星导航系统平面控制测量

全球卫星导航系统图根平面控制测量宜采用RTK方法测定，测量时可采用网络RTK和单基准站RTK测量的方式，在已建立全球卫星导航系统连续运行基准站网的地区，宜采用网络RTK测量方式。采用RTK方法进行图根测量控制时，图根点平面和高程坐标测量宜同时进行。

（1）平面控制点采用GPS施测，起算点的联测不应少于3个点。一级点也可以用测距导线施测。

（2）四等网中最弱相邻点的相对中误差不得超过±5cm。一级点最弱点中误差相对于起算点的点位中误差不得超过±5cm。

（3）GNSS作业采用静态模式观测。主要技术要求见附表1-2～附表1-4。

附表1-2　GNSS网的主要技术要求

等级	平均距离/m	a/mm	$b(1\times10^{-6})$	最弱边相对中误差
四等	2	≤10	≤10	1/45000
一级	1	≤10	≤10	1/20000

注　当边长小于200m时，边长中误差应小于20mm。

附表1-3　GNSS闭合环或附合路线边数的规定

等级	四等	一级	二级
闭合环或附合路线边数	≤10	≤10	

附表1-4　GNSS各等级观测作业的基本要求

有效观测卫星数	数据采样间隔	卫星高度截止角	平均重复设站数	时间长度
≥4	10°～600°	≥15°	≥1.6	≥45min

（4）各等级的点位几何图形强度因子PDOP值应小于6。

（5）观测时应量取仪器高两次，并记录于观测手簿中，两次读数差不大于3mm，取平均值作为最后结果。

（6）每个点观测均要求用手簿进行记录，记录内容为点名、点号、观测者、天气、日期、时间、天线高、时段、接收机编号，并将特殊情况记录在说明栏。原始记录应字迹清楚、整齐，不得涂改。

（7）基线解算采用随机软件进行解算。数据处理应满足《全球定位系统（GPS）测量规范》（GB/T 18314—2009）第9条的要求。

2. 图根导线测量

图根导线测量的主要技术要求，应符合附表 1-5 的规定。

附表 1-5　　图根导线测量技术指标

附合导线长度/m	平均边长/m	相对闭合差	测角中误差/(″)		测回数	方位角闭合差/(″)		
			一般	首级控制		一般	首级控制	
1∶500	900	80	1/4000	±30	±20	1	$\pm60\sqrt{n}$	$\pm40\sqrt{n}$
1∶1.000	1800	150						
1∶2000	3000	250						

注　n 为测站数。

当图根导线布设成支导线时，支导线的长度不应超过附表 1-5 中规定长度的 1/2，最大边长不应超过附表 1-5 中平均边长的 2 倍，边数不宜多于 3 条。水平角应使用精度不低于 6″级的测角仪器施测左、右角各一测回，其圆周角闭合差不应大于 ±40″。边长采用测距仪单向施测一测回。光电测距导线技术要求应符合附表 1-6 的规定。导线测量水平角观测的技术要求应符合附表 1-7 的规定。

附表 1-6　　光电测距导线技术要求

等级	附合导线长度	平均边长	测距中误差	测角中误差	导线全长相对闭合差
一级	≤3.6km	≤300m	不超过±15m	不超过±5″	≤1/14000

附表 1-7　　导线测量水平角观测的技术要求

等级	半测回归零差	一测回内2C较差	测距中误差	同一方向值各测回较差	测距测回数	测角测回数	方位角闭合差
一级	≤8″	≤13″	不超过±15mm	≤9″	2	2	不超过 $\pm10''\sqrt{n}$

注　表中 n 为测站数。

3. 图根水准测量

图根水准可沿图根点布设为附合路线、闭合路线或节点网，按中丝读数法单程观测。图根水准测量应起讫于不低于四等精度的高程控制点上，其技术要求按照附表 1-8 规定执行。

当水准路线布设成支线时，应采用往返观测，前后视距宜相等，其路线长度不应大于 2.5km。当水准路线组成单节点时，各段路线的长度不应大于 3.7km。

附表 1-8　　图根水准测量技术要求

仪器类型	附和路线长度/km	视线长度/m	观测次数		往返测较差、附合或环线闭合差/mm	
			与已知点联测	附合或闭合线路	平地	山地
DS10	≤5	≤100	往返各一次	往一次	$\pm40\sqrt{L}$	$\pm12\sqrt{n}$

四、作业方法和技术要求

(一) 作业方法和测图的基本要求

(1) 1∶500 数字化地形图测绘及修测主要采用全站仪数字化方法，有条件也可采用GNSS网络RTK测图。野外数字测量使用院自编软件W市大比例尺数字线划图野外采集系统或CASS测图软件。

(2) 个别局部变动地方，可用邻近的房角、电杆等主要地物点引设测站，并对其他主要地物校核无误后，进行修测；修测高程点一般从邻近的图根水准点引测；个别局部变动地方可利用3个固定高程点引测，引测高程的较差1∶500测图不超过10cm。

(3) 仪器对中误差应小于5mm，照准一图根点作为起始方向，观测另一图根点作为校核，平面误差应小于10cm，高程应小于5cm。应测量重合点，与旧图重合应小于1mm（实地50cm），与前一站所测地物小于0.5mm（实地25cm）。测距长度应小于150m。

(4) 每方格的高程注记点数不少于4个。

(5) 每幅图测绘人员负责拼接东、北两个边。各作业单位应与前期测图接边。图幅接边限差平面位置较差不应大于图上1.5mm，高程较差不应大于0.15m，小于限差时可平均配赋，但要保持地物、地貌相互位置和走向的正确性，接边较差等于或大于限差时要到实地检查纠正。

(6) 地形图上的地物地貌均应测出图廓外5mm。

(二) 更新测绘原则

(1) 新建小区应先进行控制测量后进行更新测绘。

(2) 居民地的修测：修测永久性房屋及附属设施，邻街的全部修测，居民地内部修测大于$100m^2$以上永久性建筑物。

(3) 工矿企业和单位修测围墙等用地界线和内部大于$100m^2$以上永久性建筑物。

(4) 新建或改建的已成型的公路、铁路（包括桥梁、车站等）、高铁、轨道交通是修测的重点，应测量至所在原图新增道路两侧未变化（拆除）的第一排建（构）筑物。

(5) 新架设或拆除的高压电力线（35kV以上），主干电信线和无轨线路，要力求连贯，交待合理；接边矛盾时应调注电压（以kV为单位）。重要的独立地物、工矿企业的重要设施应测绘。

(6) 新开的河道、主干渠以及治理和改修的旧河道应测绘。

(7) 新辟公园、广场、绿化地（大于$2000m^2$）应测绘。

(8) 沟、坡、坑、垄、大片地形变化（大于图上4个格）应测绘。

(三) 新测地形图野外数据采集的内容

1. 地形图应表示的要素

地形图应表示测量控制点、居民地和垣栅、工矿建（构）筑物及其他设施、交通及附属设施、管线及附属设施、水系及附属设施、境界、地貌和土质、植被等各项地物、地貌要素，以及地理名称注记等，并着重显示与城市规划、建设有关的各项要素。

2. 测量控制点的测绘

导线点（一级、二级、三级导线点）、图根点只注点位和高程（与高程注记点相同，小数点后保留两位），不绘导线点符号。

3. 居民地和垣栅的测绘

(1) 居民地的各类建筑物、构筑物及主要附属设施应准确测绘实地外围轮廓和如实反映建筑结构特征。

(2) 房屋的轮廓应以墙基外角为准，按结构注记层数。临时性房屋（居民地内临时性小房）可舍去。

(3) 正建房屋测绘施工范围线，用地类界表示，注“施工”。

4. 工矿建（构）筑物及其他设施的测绘

(1) 工矿建（构）筑物及其他设施依比例尺表示的，应实测其外部轮廓，并配置符号或按图式规定用依比例尺符号表示；不依比例尺表示的，应准确测定其定位点或定位线，用不依比例尺符号表示。

(2) 成排的旗杆一般只表示两端的。公共场所（大学、研究所、公园、街头、广场）的雕塑像用《1∶500 1∶1000 1∶2000 外业数字测图规程》（GB/T 14912—2017）附录B中相应符号表示。

(3) 临时报亭、岗亭一般不表示。

5. 交通及附属设施的测绘

(1) 交通及附属设施的测绘，图上应准确反映道路的类别，附属设施的结构和关系：正确处理道路的相交关系。

(2) 铁路轨顶（曲线段取内轨顶）、公路路中、道路交叉处、桥面等应测注高程（高速路、城市中不允许行人进入的封闭路可只测外边线和隔离网，高程不必测注在路中）。

(3) 公路与其他双线道路在图上均应按实宽依比例尺表示。公路、街道按其铺面材料分为水泥、沥青、条石或石板和土路等，应分别以混凝土、沥、石、土等注记于图中路面上，铺面材料改变处应用点线分开，农村道路路面被掩盖时，取路边可见处路宽等宽绘出。

(4) 路堤、路堑应按实地宽度绘出边界，并应在其坡顶、坡脚适当测注高程。

6. 管线及附属设施的测绘

(1) 永久性的电力线、电信线均应准确表示，电杆、铁塔位置应实测，当多种线路在同一杆架上时，只表示主要的；电力线铁塔、双杆（串瓷瓶3个以上）、特高单杆（串瓷瓶3个以上）用双箭头表示，其他的用单箭头符号；当接图矛盾时在变电站、变压器、入地处交接合理。城市建筑区内电力线、电信线可不连线，但应在杆架处绘出线路方向。各种线路应做到线类分明，走向连贯。

(2) 架空的、地面上的、有管堤的管道均应实测，分别用相应符号表示，当架空管线直线部分的支架密集时，可适当取舍。

7. 水系及附属设施的测绘

(1) 河、湖、池塘、沟渠、井等及其他水利设施，均应准确测绘表示，有名称的加注名称。

(2) 河流、湖泊、沟渠等水涯线，宜按测图时的水位测定，图幅接边应将水涯线顺接，当水涯线与泊岸在图上投影距离小于1mm时以泊岸线符号表示。河流、湖泊、沟渠护岸斜坡用《1∶500 1∶1000 1∶2000 外业数字测图规程》(GB/T 14912—2017)附录B中相应符号表示，沟渠用双线符号表示，河流、沟渠在图上宽度小于1mm不表示。

(3)河流、引水渠上的码头应实测轮廓线，注“码头”。

8. 地貌的测绘

(1)地貌的测绘，图上应正确表示其形态、类别和分布特征。

(2)各种天然形成和人工修筑的坡、坎，其高度0.5m以上、长度在10m以上时应表示。

9. 植被的测绘

(1)地形图上应正确反映出植被的类别特征和范围分布，为了接图的一致性，旱地、菜地等要用符号显示。对耕地、园地应实测范围，配置相应的符号表示。

(2)树木的测绘，行树测绘两端中间配置符号。散树、林地测绘范围配制符号。

10. 名称与注记

(1)图上所有居民地、道路、街、巷、河流等自然地理名称，以及主要单位名称，均应进行调查核实，有法定名称的应以法定名称为准，并应正确注记。

(2)区级以上的机关单位及占地面积在图上10cm×20cm以上的单位有名称的要注记名称。

(3)军队及保密单位不注名称，有地址门牌的注地址；拒绝测绘的单位注“拒测”。

(4)使馆区不进入内部测绘，在占地范围内注大使馆全称。

(四)图形编辑

1. 一般规定

(1)要素代码及图层。DWG数据分层应按《1∶500 1∶1000 1∶2000 外业数字测图规程》(GB/T 14912—2017)执行。应注意要素的分层，即代码首位的数字应与层相吻合。

不同类别(不同代码)的线要素不应连续采集。例如：房屋与墙、楼房与平房是不同类的地物要素，不能采集成一条线，而应分别采集。

应正确使用各类地物要素的范围线，它们是用来描述本层中没有特别定义的边线或做独立符号的外围线。

(2)要素符号图形。点、线要素的符号图形应符合《1∶500 1∶1000 1∶2000 外业数字测图规程》(GB/T 14912—2017)中的有关规定。

2. 建筑物

(1)楼房应尽量区分层的分界线，不规则楼房的注记应写成：最低楼层—最高楼层。例如：“永2—18”。

(2)房屋中的注记点位须在面中，特别是房屋面积较小时，应注意查看。

(3)简单房屋中的斜线用相应菜单添加。

(4)“永”字用相应菜单注记。

3. 道路

(1) 道路边线应连续，在不影响同层识读的前提下不被其他要素打断。

(2) 道路线由不同线形构成，应用相应菜单分段采集，但线段要相接，最好应用捕捉节点采集。

(3) 公路桥实测两边。

(4) 道路的路面注记如“沥”“混凝土”等用相应菜单添加。

4. 水系

(1) 常年河、时令河、地下河段、渠等边线应连续采集，边线由不同线形构成时，应用相应菜单分段采集，但线段要相接，应用捕捉节点采集。

(2) 水系边线代码要注意区分要素类别，不要混淆。

5. 地貌

等高线要求给赋高程（Z 值）；“比高”用相应菜单注记。

6. 名称注记

所有注记用相应菜单注记。军事禁区和保密单位不注记单位名称。

五、安全生产规定及环境要求

（一）一般规定

本工程受《中华人民共和国测绘法》限制并保护。我院管理方针规定“安全作业、以人为本”，要求作业中将人身安全放在首位，把安全隐患消灭在萌芽状态。

为消除安全隐患，要求作业员牢记安全生产，在保证人员和仪器安全的前提下，保质保量完成任务。

（二）具体措施

(1) 工作中所有作业员必须身穿单位统一配发的安全服。

(2) 提高安全意识，认识风险，合理规避。

(3) 仪器设备专人保管，作业中每件物品责任到人。

(4) 道路上施测，要有防护设施及意识，尽快放站至安全区域。

(5) 注意高压电线，恶劣天气谨防高空坠物。

(6) 本着“依法测绘，文明测绘”的原则，在遇到个别单位或个人不配合工作时，不与当事人发生争执。

（三）环境要求

在所处工作区域，节约有效的使用水、电、燃油等资源，做到测绘现场清洁，按规定处置废弃物。

六、质量控制要求

各级质量检验人员要坚持质量第一原则，如实填写质量记录，评定产品质量等级，凡不符合标准的图幅要及时退回作业班组进行返工修正，不合格品经返工后应重新进行质量检查，问题严重不能进行修改的图幅应报废重测。

（一）新测数字化图的检验

(1) 作业分院必须坚持对地形图进行三级检查。作业员必须认真自检自校确认无误后可上交成果。作业组需进行内、外业 100%的过程检查，分院需对成果进行内业

100%，外业巡视不低于30%最终检查。

（2）分院检查包括下列内容。

1）成果是否正确，资料是否齐全，图根点密度以及各项精度指标是否符合要求。

2）地形图图廓、方格网、控制点展绘精度是否合乎要求。

3）建筑区抽样5%图幅考核地物点平面点位精度（包括绝对位置精度，相对位置精度）和高程点高程精度；数量为每幅绝对位置精度点位不低于40个，相对位置精度不低于20条边，高程注记点位不低于20个。精度统计以幅为单位。

地物点平面位置精度统计：大于两倍中误差为粗差，不参加统计。统计计算点位中误差公式：$M_o=\sqrt{[\Delta o\Delta o]/n}$，其中$\Delta o=\sqrt{(X_{测}-X_{图})^2+(Y_{测}-Y_{图})^2}$，$n$=检测点数。

高程点高程精度统计：大于两倍中误差为粗差，不参加统计；按检测方法的不同，选用计算高程中误差的公式。

4）地物地貌各要素测绘是否正确，取舍是否恰当，图式符号运用是否正确，接边精度是否合乎要求，责任制表填写是否完整、齐全。

5）对成品图进行图廓整饰，图廓精度检查。

（二）局部变化图幅的检验

作业中队应巡视检查，分院巡视不少于30%的图幅。

（三）DWG文件的检查

（1）文件名应正确，形文件、字库的符合性，检查文件中的废块。

（2）将图形数据调入AutoCAD编辑状态，对DWG文件进行检查。检查采集的图形数据应按规定分层存放，线型应一致，线划采集应用的命令应规范，采集各类地形、地物的分类代码应符合要求。检查光盘中的图形数据文件应为最终成果，元数据文件应正确。

（四）回放图的检查

回放图应按图式检查图廓精度、图层、字体、线型，避免丢掉或增加图层、汉字为“??”等现象发生。

（五）产品验收

（1）质量管理处对最终成果进行验收。本院基础测绘队伍的产品对于新测图实行5%～10%的抽检，对于修测部分实行5%的抽检。

（2）验收工作主要包括如下内容。

1）控制点的布设、测量、计算、成果应符合要求。

2）对最终成图全面内业验收，包括地物地貌取舍应恰当，图式符号运用应正确，绘图应符合要求，各项要素应正确无误。

3）对DWG文件分层、线型、分类代码进行100%程序检查。检查光盘中的图形数据文件应为最终成果，元数据文件应正确。

4）野外抽查5%的图幅考核成图精度、地理精度、综合取舍和图式符号运用。

5）综合评定产品质量等级。

（3）针对我院的质量检查软件，在产品验收的过程中特做如下规定：

1）对块参照的比例因子不做检查。

2）允许多段线采用样条拟合（S）方式。

3）多段线线型生成方式允许设置成“禁用”。

4）图廓可采用软件现行标准。对图廓注记的宽度因子不作限制

5）图中允许存在线状地物相邻点坐标重合情况。

6）允许将个别土坡、泊岸等复杂线型拆散后编辑修改。

七、成果提交和归档

（1）图根点展点图、观测与计算手簿、成果表（按1∶10000图、或生产处下达的范围）。责任制表［新测图1∶500图要求每幅图填写一张；修测图1∶1000图填写一张，分别填写（1）（2）（3）（4）的内容］、结合表。

（2）技术设计书、质量检验报告、精度统计表、技术总结。

（3）带GIS数据的DWG文件、元数据文件。

（4）以上成果和资料应及时归档，同时应提供一套资料室供图DWG文件。

附录 2

林家三道沟项目区激光雷达扫描及 1：2000 地形图测绘项目技术总结

报告编制单位：沈阳××测绘科技有限公司

报告编写时间：2022 年××月××日

目　录

1 任务概述

1.1 自然地理情况

林家三道沟金矿床位于凤城市青城子矿化集中区，矿体呈似层状，脉状产出于大石桥组大理岩与盖州组片岩接触部的片岩中，严格受地层产状和层间构造带控制，并与印支期岩浆侵入体密切相关。矿石中金属矿物以黄铁矿为主，毒砂、砷黝铜矿、磁黄铁矿、黄铜矿等，是一个典型的中低温，具雨水和含矿热卤水热液层控型隐伏矿床。主矿体赋存在辽河群盖州黑云母片岩与黑云母变粒岩组成的互层带中，赋矿岩石为黑云母片岩、黑云变粒岩。围岩蚀变主要为硅化、碳酸盐化、黄铁矿化、石墨化。在充分研究该区矿体赋存规律的基础上，采用钻探手段，开展深部找矿工作。通过钻探加密工作，该区取得了较好的地质找矿成果，找到了矿化富集地段，通过钻孔资料分析，矿体规模较大，产状较稳定，矿化较连续。矿床开发外部建设条件较好，矿床开采水文地质条件简单，环境地质、工程地质条件较好，矿石属易造型金矿石。

1.2 项目概况

沈阳××测绘科技有限公司受辽宁省×××××××××××××有限责任公司委托，于2022年××月××日开始林家三道沟项目区激光雷达扫描及1∶2000地形图数据生产项目，完善该地区比例尺1∶2000地形图用图需求，从而更好地为找矿工作打好基础。

1.3 项目成果

（1）0.05m分辨率数字正射影像图。

（2）1∶2000比例尺数字线划地形图。

1.4 投入与完成情况

（1）人员投入情况。

外业航飞、数据解算及RTK实地测量工作投入4人。

外业数据采集，内业DOM制作，DEM制作，点云数据处理，DLG采集等工作投入10人。

（2）设备投入情况。

外业共投入汽车1辆，SZT－R1000无人机机载激光Lidar设备1套，GNSS接收机2台，笔记本电脑2台。

内业共投入服务器1套，工作站6台，数据处理相关软件CASS、Terrasolid、Southlidar、IE等软件10余套。

（3）项目完成情况。

林家三道沟项目区激光雷达扫描及1∶2000地形图测绘项目于2022年8月15日开始生产，截至2022年8月28日完成外业数据采集，内业DOM制作，DEM制作，点云数据处理，DLG采集等工作，项目总面积为4.544km^2，于2022年8月30日提交全部成果。

1.5 已知数据情况及分析

（1）测区范围线。即Google Earth的kml文件。用于制定踏勘路线、航线设计、内业处理范围等。

（2）Google影像与DEM数据。用于判断测区地形、航线设计、基站布设等。

（3）测区周边DLG成果数据。用于与本次DLG成果进行接边。

（4）千寻知寸连续运行卫星定位服务系统。辽宁省卫星导航定位连续运行基准站系统（LNCORS）。

（5）测区附近1个已知控制点LB110，用于位置精度检核。

2 技术方案

2.1 作业依据

（1）《国家基本比例尺地图图式 第1部分：1∶500 1∶1000 1∶2000地形图图式》（GB/T 20257.1—2017）。

（2）《城市测量规范》（CJJ/T 8—2011）。

（3）《全球定位系统（GPS）测量规范》（GB/T 18314—2009）。

（4）《卫星导航定位基准站网络实时动态测量（RTK）规范》（GB/T 39616－2020）。

（5）《测绘技术设计规定》（CH/T 1004—2005）。

（6）《GPS高程测量规范》（DB32/T 1223－2008）。

（7）《城市基础地理信息系统技术规范》（CJJ 100—2004）。

（8）《测绘成果质量检查与验收》（GB/T 24356—2009）。

（9）《机载激光雷达数据处理技术规范》（CH/T 8023—2011）。

（10）《机载激光雷达数据获取技术规范》（CH/T 8024—2011）。

（11）《基础地理信息数字成果 1∶500、1∶1000、1∶2000数字线划图》（CH/T 9008.1—2010）。

（12）《基础地理信息数字产品 1∶10000 1∶50000数字线划图》（CH/T 1011—2005）。

2.2 数学基础

（1）平面基准：2000国家大地坐标系；高斯-克吕格投影，按3°分带，中央经线为123°。

（2）高程基准：1985国家高程基准。

2.3 精度指标

基本精度指标要求严格按照国家相关1∶2000地形图航摄数字化测绘的要求执行。

（1）点云数据采集密度。本项目要求完成1∶2000机载激光雷达数据获取规范所要求的地表点数见附表2-1。

附表2-1 点云密度要求表

分幅比例尺	数字高程模型成果格网间距/m	点云密度/(点/m^2)
1∶2000	2.0	≥1

注 为使精度得到更高保障，本项目实际获取点云密度为30per m^2以上，地面点点云密度为16per m^2以上。

（2）高程模型及正射影像图中误差。数字高程模型相对于野外控制点的高程中误差，数字正射影像图相对于野外控制点的平面中误差应符合附表2-2的规定，矢量要素的精度根据成图比例尺要求，应符合 CH/T 9008.1、CH/T 1011 等相关标准的规定。

附表 2-2　　精度要求表

比例尺	地形类别	数字高程模型 高程中误差/m	数字正射影像图 平面中误差/m
1∶2000	平地	0.4	1.2
	丘陵地	0.5	1.2
	山地	1.2	1.6
	高山地	1.5	1.6

（3）基本等高距见附表 2-3。

附表 2-3　　基本等高距

地形类别	比例尺	备　注
	1∶2000	
平地/m	1	
丘陵地/m	2	
山地/m	2	
高山地/m	2	

（4）图上地物点相对于临近图根点的点位中误差见附表 2-4。

附表 2-4　　图上地物点相对于临近图根点的点位中误差

区域类型	点位中误差/mm
一般地区	0.8
城镇建筑区、工矿区	0.6
水域	1.5

注　施测困难的一般地区测图，点位中误差不宜超过表中限差的 1.5 倍。

（5）等高线的插求点或数字高程模型格网点相对于邻近图根点的高程中误差见附表 2-5。

附表 2-5　　等高线的插求点或数字高程模型格网点相对于邻近图根点的高程中误差

一般地区	地形类别	平地	丘陵地	山地	山地
	高程中误差/m	$1/3h_d$	$1/2h_d$	$2/3h_d$	$1h_d$

注　h_d 为地形图的基本等高距（m）。

2.4　作业方式

（1）本项目采用激光雷达扫描仪辅以相机，采集实景三维点云数据及正射影像照片，经处理得到地面点云和立体像对及正射，后采用立体测图的方式进行数字线划图制作。

（2）作业整体流程如附图 2-1 所示。

3　项目实施

3.1　外业航飞

本项目作业测区面积为 4.544km^2 左右。本次项目使用的设备为 SZT-R1000 无

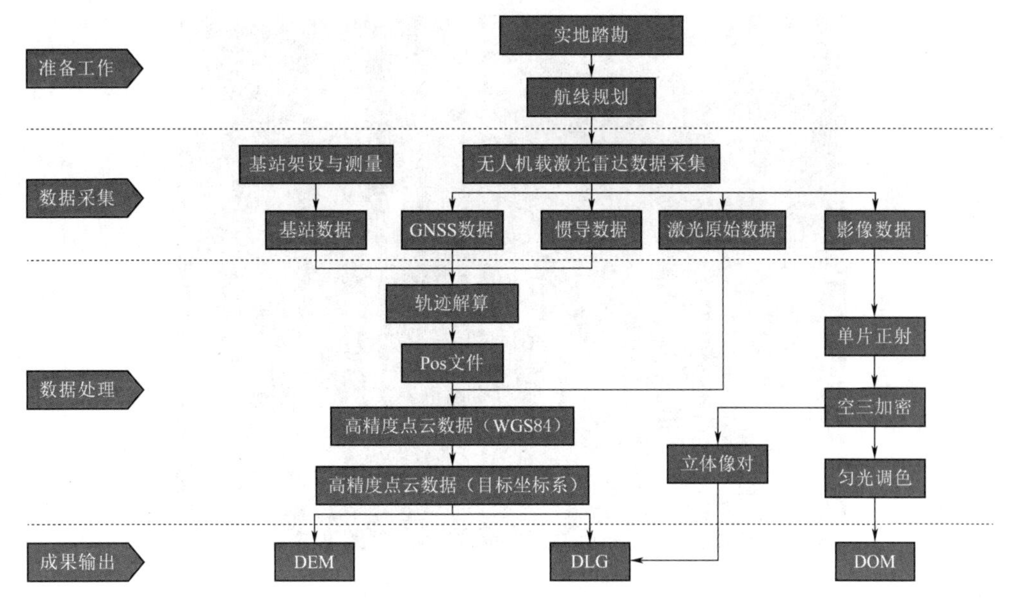

附图2-1 作业整体流程图

人机机载激光Lidar，精度可以最大限度保障。

3.1.1 航线规划参数设置

按照作业要求设计规划航线，包括航带间重叠度、飞行高度、飞行速度、扫描仪扫描频率等参数的规划。航线规划的目的是在精度要求下更快、更好地完成测量项目的外业部分。

具体的航线根据提供的KML区域、DEM高程进行初步规划，在进行现场勘察后，由地表情况进行飞行高度、飞行速度等的进一步调整，以保证数据采集作业的安全性与有效性。为满足需求，本次航线具体参数见附表2-6。

附表2-6 **航线规划设计表**

架次	航高/m	航速/(m/s)	航程/km	航间距/m	扫描频率/kHz	线扫速度Line/s	扫描角度/(°)	风力
0815-1	400	10	11.544	100	200	30	90	2级
0815-2	400	10	6.645	100	200	30	90	3级
0815-3	400	10	12.069	100	200	30	90	4级
0816-1	400	10	12.911	100	200	30	90	3级
0816-2	400	10	10.825	100	200	30	90	3级
0816-3	400	10	12.277	100	200	30	90	3级

本次项目航线规划全部在奥维中完成，同时航线规划严格按照确定好的参数设置，总共规划6架次，总航线规划图截图如附图2-2所示。

由于本项目数据采集附带影像，为保证单架次测区最高点旁向重叠率足够制作DOM以及飞行安全问题，本项目航高比最高点高140m，航线间隔100m，这样最高

附图 2-2 总航线规划图截图

点重叠率满足，其他海拔较低的区域重叠率必然满足，且点密度满足 1：2000 机载激光雷达数据获取规范。

附图 2-3 为影像重叠率粗差图。

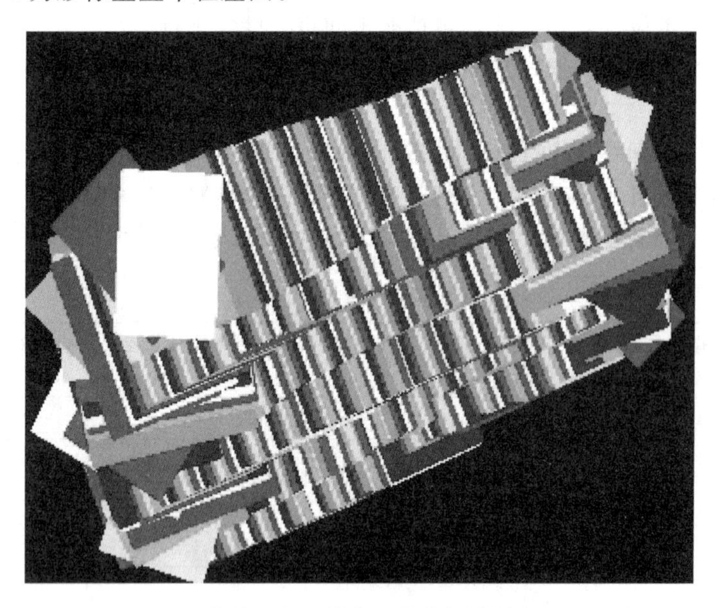

附图 2-3 影像重叠率粗差图

本次项目外业飞行完成后实际点云密度如附图 2-4 所示。

3.1.2 基站位置选择

航线规划完成后需要考虑架设基站的位置，根据多次作业的经验，一般单基站的有限距离为 25km 左右（不同外界环境导致的有效距离不同）。所以在选择基站架设

附图 2-4 实际飞行完成后地面点点云密度图

位置的时候除了考虑方便、安全等因素，还需要考虑辐射距离等因素。

基于本项目特点以及控制点位置图（附图 2-5），从控制点中选择 jzd 作为架设基站的基准点，这个点位于测区中间，到测区最远点不超过 5km，完全满足测区覆盖条件，此外 jzd 点易于寻找，基于以上原因选择了此点作为本项目的基站点。

附图 2-5 控制点及基站点位置图

3.1.3　寻找起飞点

在外业航飞开始之前，航飞人员通过奥维地图对测区进行勘察，初步选择有利于飞机起飞的起飞点，减少飞行过程中因寻找起飞点而耽误的时间，从而加快本次项目进程。

3.1.4　点云数据采集

（1）确定作业时间。激光雷达可全天候作业，但为保证安全以及考虑到影像需光线良好，选择在白天进行数据采集作业。

（2）飞行准备。

1）提前联系获取空域管制计划，协调好空域。

2）地面基站准备。

3）系统测试以及飞行准备。

（3）数据采集。

1）打开GNSS基站的记录开关，记录基站数据。

2）打开设备保护罩。

3）对测区进行实地勘察，并选择一块平坦开阔区域（GNSS信号良好），对惯导进行初始化。

4）使用三维激光扫描仪控制软件ZT－Control连接设备。

5）查看惯导是否初始化完成，连接POS后，查看卫星数是否满足采集要求。设置扫描截止角参数和设置扫描线速度参数。

6）开启POS记录开关，开启激光扫描开关以及拍照开关。

7）按提前规划的航线进行飞行。

8）飞行期间，时刻关注无人机状态。

3.1.5　点云数据解算

完成外业航飞任务后，同时确定数据质量没有问题后将外业航飞数据进行整理分类，按照航飞日期、架次、数据类型将数据放置不同文件夹，方便后续数据的解算，一般单架次包括gps、imu、scanner三种原始数据（附图2－6）。

附图2－6　数据保存

经软件进行轨迹解算、轨迹精度检查、融合点云数据等操作后，得到格式为LAS的点云数据及影像数据。

3.1.6　点云数据处理

在点云处理软件Terrasolid中，拉取剖面检查点云是否有分层（附图2－7）。

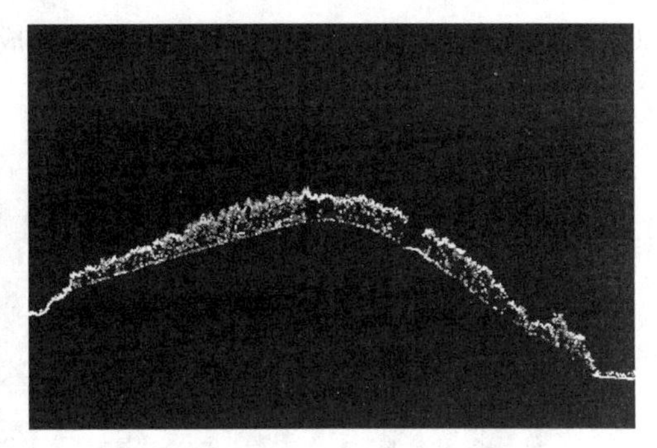

附图2-7 Terrasolid软件显示图

确认点没有分层后，无人机载激光雷达数据外业采集结束。

3.2 内业点云数据处理

3.2.1 数据检查

（1）检查点云数据是否覆盖整个测区。

（2）检查航带之间是否有重叠（不小于13%），是否有漏洞。

（3）检查点云是否存在分层。

（4）检查点云精度、密度是否满足项目需求。

3.2.2 点云分类、输出DEM

（1）利用Southlidar软件将点云（.las格式）导入，对数据进行分块处理，分块处理的目的是减小单块数据运算量，加快处理速度。

（2）使用类算法对点云进行分类，分类出地面点与非地面点。

（3）粗分类对于复杂地形不可能实现正确无误，需要对粗分类的结果进行检查和修改。检查修改的内容主要是两类：应该保留在地面层中点（山脊山谷、路沟坎、大坝、礁石、田埂等）被粗分类到非地面层，需要手动返回到地面层中；需要分类掉的点（植被、建筑物、交通设施、桥、小物体等）未粗分类干净彻底，需要手动分类干净。

如附图2-8所示，图（a）为粗分类后的地面点，图（b）为非地面点。

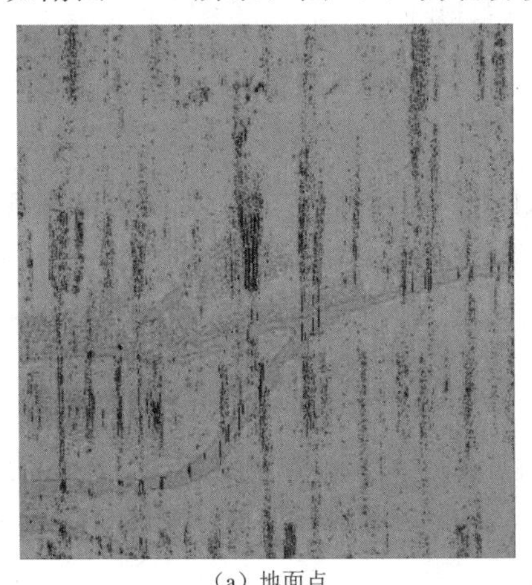

（a）地面点

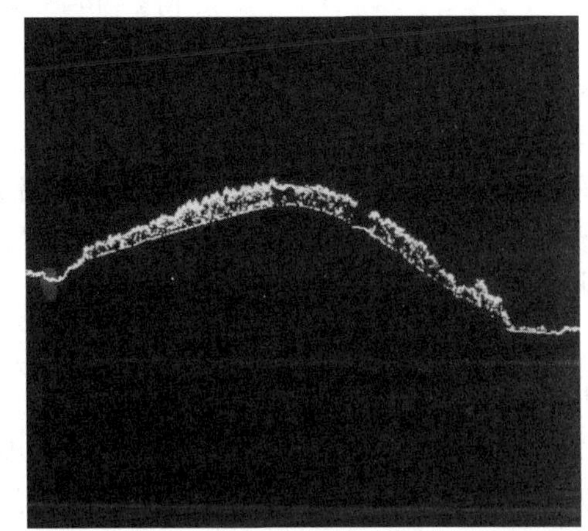

（b）非地面点

附图2-8 点云分类显示图

(4) 分类完成后，用分类后输出 DEM，成果如下。

附图 2-9 输出 DEM 图

3.2.3 生成等高线

将 DEM 成果加载到 Southlidar 软件中生成等高线数据，如附图 2-10 所示。

附图 2-10 等高线数据图

3.2.4 制作 DOM 及像对

基础数据：影像（JPG），原始 cam 文件。

采用 Pix4Dmapper 对影像进行像点坐标量测，加密采用全数字摄影测量系统，利用自动空三功能进行解算并输出数字正射影像图及像对成果（如附图 2-11、附图 2-12 所示）。

3.3 数字线划地形图制作

3.3.1 立体测图

(1) 内业测图软件及流程。内业测图采用航天远景全数字摄影测量工作站进行，工作流程：建立测区—引入 ORIMA 工程—引入坐标转换关系—模型管理—小模型图幅测图—图幅接边—输出外业调绘底图。

步骤如下：

附图2-11　空三3D视图

附图2-12　正射影像图截图

1）对领取的全区的各级控制点在种子文件上进行展绘。

2）根据立体像对的像控点分布绘制测图范围。

3）按分层分色的要求，根据相片判读采集对象，做了大类的分层和分色，大类分层按地图要素的9大类进行方案制定。

4）数据采集。在恢复起立体模型后，先用展绘好的各级控制点检查模型精度，再用相邻模型采集的数据检查两模型的接边精度。合格后按要素进行采集。

采集时先采集主要水系和主要道路，然后按像对测图范围内以水系或道路分割的区块逐个测绘，每个区块测绘的顺序遵循了：1居民地，2点状地物，3道路，4水系，5管线，6地貌，7植被的流程。

线、面状要素的数字化采点间隔以线、面状要素几何形状不失真为原则，采点密度随着曲率的增大而增加。点状要素采集其定位点，线状要素采集其中心线。具有多种属性的公共要素只采集一次。

按模型进行全要素采集，做到不变形，不移位、无错漏，采集依比例尺表示的地物符号时，以测标中心切准轮廓线或拐点连线，采集不依比例尺表示的地物符号时，以测标中心切准其定位点、定位线。

（2）具体要求。

1）居民地。测图时，房屋一律切至房盖角，楼房测顶层的最外檐（阁楼不记入楼层）。房屋不逐个测绘。不同层数，不同结构性质，主要房屋和附属房屋分隔表示，分隔线用实线要准确绘出。城镇旧居民区，房屋毗连，根据房屋形式不同，屋脊高低不一，屋脊前后不齐等分隔表示。摄影时正在建筑中的房屋，测绘基座范围。对于架空管线的支柱、墩，内业测图时其符号大于不依比例尺符号，依比例尺表示用虚线绘出其范围线。

2）独立地物。不依比例尺独立地物准确测绘位置和均按图式相应符号正确表示。依比例尺独立地物准确绘出其外围轮廓线，在其中央绘相应符号。独立坟、散坟要表示。

3）道路及附属设施。公路、铁路、城市道路及涵洞、桥梁、车站等以立体影像绘相应符号依比例尺表示。在各级道路中心每隔50～100m测注一个高程注记点。大车路宽度变化时，取中等宽度绘制平行线。小路以中心线、单线表示。路堤、路堑、陡坎、斜坡、陡崖等不测注比高，测上下坎高程。

4）管线和垣栅。电力线杆、通信线杆实测位置，电塔依比例尺表示其位置，电力线、通信线影像清晰直接测绘杆位。

围墙、栅栏、栏杆、篱笆、活树篱笆等各类垣栅类别清楚，取舍得当。永久性的铁丝网表示合理。

5）水系及附属设施。河流、水塘、水库的水涯线以摄影时为准，测绘岸边线，若水涯线与岸边线小与图上1.5mm时，以岸边线代替水涯线表示。没有水的时令河，绘3mm长虚线，宽度依比例尺表示；河流宽度图上大于0.5mm绘双线，小于0.5mm绘单线，沟渠大于图上1mm绘双线，小于1mm绘单线；河流、水渠均已加绘水流方向符号。

6）植被。植被地类界以虚线绘出，其外围线以立体影像为准，若地类界与地面上其他地物重合或其间距小于图上2mm时，地类界省略不绘，当与地面上无实体的线状地物重合时，地类界移位0.2mm表示。

3.3.2 数据编辑

（1）使用的软件：使用南方CASS 9.0软件。图形编辑，地物编码与分层软件已设置，在编辑时严格按照软件的设置进行各类地形、地物要素的编辑。

（2）对数据的要求。各种地物的编码与图层不能有矛盾；线段相交，不得有悬挂和过头现象，房屋应封闭，各种辅助线应正确；注记应尽量避免压盖物体，其字体、字大、字向等应符合地形图图式的规定。

（3）地物地貌要素编辑原则。

1）避让原则：通常采用次要地物避让主要地物的方法。为使图面清晰，在精度允许范围内，当房屋等建筑物边线与陡坎、斜坡、围墙等边线重合时，以房屋等建筑物为准，其他地物可避让，位移0.1m表示；两点状地物（如塔、碑、亭）相距较近，同时绘出确有困难时，将高大突出的地物准确表示，另一个地物避让，位移0.1m表示；房屋、围墙等高出地面的建筑物与道路（双线路边线、单线路中心线）重合时，以建筑物边线为准，道路位移0.1m表示；点状地物符号与房屋、道路、水系等其他地物边线重合时，为保持独立地物符号的完整性，其他地物位移0.1m；道路路堤（堑）边线重合时，将次要部分（或两者之一）断开0.1m表示。因避让将产生不允许变形时，不予避让。

2）重复表示原则：凡不同性质（或不同符号）表示的地物边线重合且不可位移时，重复表示。

3）面状地物封闭原则：编辑过程中面状地物均各自封闭。

4）不打断原则：等高线等线状地物遇到注记、铁丝网等不断开。

4 质量控制

4.1 仪器设备

仪器设备规格见附表2-7。

附表2-7 仪器设备规格表

序号	名　称	型号/规格	单位	数量	检验与完好情况
1	定位设备	银河1 PLUS	台	1	检验合格
2	笔记本电脑		台	1	好
3	服务器		台	1	好
4	工作站		台	4	好
5	三维激光移动测量系统	SZT-R250	套	1	检验合格

保证使用技术先进、性能优良的仪器设备，所使用的各类测绘仪器均需在法定单位检验合格并使用期内，逾期的需重新检验。

4.2 质量检查的基本要求

4.2.1 航飞数据检查

（1）POS数据检查和备份：下载POS原始数据并存储，检查分析数据记录编号完整性。

（2）点云数据检查和备份：下载点云原始数据并存储，检查文件记录编号完整性。

（3）POS数据质量检查内容。

1）偏心分量测定精度是否满足要求。

2）GNSS信号有无失锁，卫星数量是否满足要求。

3）时间信号有无重复或者丢失。

4）IMU数据是否正常和连续。

5）IMU/GNSS数据处理精度是否满足要求。

（4）点云数据检查内容。

1）航带重叠满足要求，无绝对漏洞。

2）点云覆盖满足要求。

3）同架次不同航带拼接满足限差要求。

4）不同架次不同航带拼接误差满足限差要求。

5）点云数据密度是否与设计一致。

6）点云精度满足要求。

4.2.2 像片控制点测量资料

像控点布点合理，成果精度符合设计和规范要求，整饰内容齐全、记录完整正确。

4.2.3 基站布设检查

（1）地面基站原始数据检查和备份：检查地面基站记录的原始数据是否存在异常，分析该数据是否可用。

（2）地面GNSS基站数据质量检查内容。

1）采用预报星历，并应保证95%以上的有效观测的高度角大于10°；测距观测质量MP1和MP2小于0.5m；钟的日频稳定性不低于10^{-8}。

2）采集时段与飞行时段吻合，并且采集频率满足要求。

4.2.4 内业图面检查

（1）对数据进行分层检查，各种地形地物要素：道路，电力线河流，注记等，总体表达合理，关系正确。个别错误已经改正。

（2）输出图图面检查：对图面注记、整饰、地形地物之间关系表达的合理性进行了检查，成果符合图式要求。

（3）着重对综合取舍的准确性进行了检查，发现个别农村居民地中的棚房表示得过细，有些临时或过小的地物也表示了，检查后作业部门都进行改正，总体表达符合规范和设计的要求。

5 成果提交

成果提交见附表2-8。

附表2-8 提交成果表

序号	成果名称	规格	数量	备注
1	数字地形图	1∶2000	1	
2	数字正射影像图	像素大小：0.04m×0.04m	1	
3	技术总结报告书	份	1	

参 考 文 献

[1] 李金生，唐均，王鹏生. 数字测图技术 [M]. 成都：西南交通大学出版社，2021.
[2] 张博. 数字测图 [M]. 北京：测绘出版社，2018.
[3] 南方地理信息数据成图软件 SouthMap 操作指南 [Z]. 广州南方测绘科技股份有限公司，2020.
[4] 南方 NTS 测绘之星用户操作手册 [Z]. 广州南方测绘科技股份有限公司，2020.
[5] 南方创享 RTK 测量系统使用手册 [Z]. 广州南方卫星导航仪器有限公司，2020.
[6] 工程之星 5.0 使用手册 [Z]. 2 版. 广州南方卫星导航仪器有限公司，2019.
[7] GB/T 18316—2008 数字测绘成果质量检查与验收 [S]
[8] GB/T 24356—2023 测绘成果质量检查与验收 [S]
[9] GB/T 20257.1—2017 国家基本比例尺地图图式　第 1 部分：1∶500 1∶1000 1∶2000 地形图图式 [S]
[10] GB/T 17941—2008 数字测绘成果质量要求 [S]